Parabéns!
Agora você faz parte do **Plurall**, a plataforma digital do seu livro didático! No **Plurall**, você tem acesso gratuito aos recursos digitais deste livro por meio do seu computador, celular ou *tablet*.
Além disso, você pode contar com a nossa tutoria *on-line* sempre que surgir alguma dúvida sobre as atividades e os conteúdos deste livro.

Incrível, não é mesmo?
Venha para o **Plurall** e descubra uma nova forma de estudar!
Baixe o aplicativo do **Plurall** para Android e IOS ou acesse **www.plurall.net** e cadastre-se utilizando o seu código de acesso exclusivo:

AASZWW66A

Este é o seu código de acesso Plurall. Cadastre-se e ative-o para ter acesso aos conteúdos relacionados a esta obra.

@plurallnet
@plurallnetoficial

GELSON IEZZI
CARLOS MURAKAMI
NILSON JOSÉ MACHADO

FUNDAMENTOS DE MATEMÁTICA ELEMENTAR

Limites
Derivadas
| Noções
de integral

326 exercícios propostos com resposta

132 questões de vestibulares com resposta

7ª edição | São Paulo – 2013

© Gelson Iezzi, Carlos Murakami, Nilson José Machado, 2013

Copyright desta edição:
SARAIVA S. A. Livreiros Editores, São Paulo, 2013
Rua Henrique Schaumann, 270 — Pinheiros
05413-010 — São Paulo — SP
Fone: (0xx11) 3611-3308 — Fax vendas: (0xx11) 3611-3268
SAC: 0800-0117875
www.editorasaraiva.com.br
Todos os direitos reservados.

Dados Internacionais de Catalogação na Publicação (CIP)
(Câmara Brasileira do Livro, SP, Brasil)

Iezzi, Gelson

Fundamentos de matemática elementar, 8 : limites, derivadas, noções de integral / Gelson Iezzi, Carlos Murakami, Nilson José Machado. — 7. ed. — São Paulo : Atual, 2013.

ISBN 978-85-357-1756-3 (aluno)
ISBN 978-85-357-1757-0 (professor)

1. Matemática (Ensino médio) 2. Matemática (Ensino médio) — Problemas e exercícios etc. 3. Matemática (Vestibular) — Testes I. Murakami, Carlos. II. Machado, Nilson José. III. Título. IV. Título: Limites, derivadas, noções de integral.

13-01117   CDD-510.7

Índice para catálogo sistemático:
1. Matemática : Ensino médio   510.7

Fundamentos de matemática elementar — vol. 8

Gerente editorial: Lauri Cericato
Editor: José Luiz Carvalho da Cruz
Editores-assistentes: Fernando Manenti Santos/Guilherme Reghin Gaspar/Juracy Vespucci/Livio A. D'Ottaviantonio
Auxiliares de serviços editoriais: Margarete Aparecida de Lima/Rafael Rabaçallo Ramos
Digitação e cotejo de originais: Guilherme Reghin Gaspar/Elillyane Kaori Kamimura
Pesquisa iconográfica: Cristina Akisino (coord.)/Enio Rodrigo Lopes
Revisão: Pedro Cunha Jr. e Lilian Semenichin (coords.)/Renata Palermo/Rhennan Santos/Felipe Toledo/Eduardo Sigrist/Luciana Azevedo/Maura Loria/Patricia Cordeiro/Elza Gasparotto/Aline Araújo
Gerente de arte: Nair de Medeiros Barbosa
Supervisor de arte: Antonio Roberto Bressan
Projeto gráfico: Carlos Magno
Capa: Homem de Melo & Tróia Design
Imagem de capa: www.jodymillerphoto.com/Flickr RF/Getty Images
Ilustrações: Conceitograf/Mario Yoshida
Diagramação: TPG
Assessoria de arte: Maria Paula Santo Siqueira
Encarregada de produção e arte: Grace Alves
Coordenadora de editoração eletrônica: Silvia Regina E. Almeida
Produção gráfica: Robson Cacau Alves
Impressão e acabamento: Gráfica Eskenazi

731.344.007.003

Rua Henrique Schaumann, 270 – Cerqueira César – São Paulo/SP – 05413-909

Apresentação

Fundamentos de Matemática Elementar é uma coleção elaborada com o objetivo de oferecer ao estudante uma visão global da Matemática, no ensino médio. Desenvolvendo os programas em geral adotados nas escolas, a coleção dirige-se aos vestibulandos, aos universitários que necessitam rever a Matemática elementar e também, como é óbvio, àqueles alunos de ensino médio cujo interesse se focaliza em adquirir uma formação mais consistente na área de Matemática.

No desenvolvimento dos capítulos dos livros de *Fundamentos* procuramos seguir uma ordem lógica na apresentação de conceitos e propriedades. Salvo algumas exceções bem conhecidas da Matemática elementar, as proposições e os teoremas estão sempre acompanhados das respectivas demonstrações.

Na estruturação das séries de exercícios, buscamos sempre uma ordenação crescente de dificuldade. Partimos de problemas simples e tentamos chegar a questões que envolvem outros assuntos já vistos, levando o estudante a uma revisão. A sequência do texto sugere uma dosagem para teoria e exercícios. Os exercícios resolvidos, apresentados em meio aos propostos, pretendem sempre dar explicação sobre alguma novidade que aparece. No final de cada volume, o aluno pode encontrar as respostas para os problemas propostos e assim ter seu reforço positivo ou partir à procura do erro cometido.

A última parte de cada volume é constituída por testes de vestibulares, selecionados dos melhores vestibulares do país e com respostas. Esses testes podem ser usados para uma revisão da matéria estudada.

Aproveitamos a oportunidade para agradecer ao professor dr. Hygino H. Domingues, autor dos textos de história da Matemática, que contribuem muito para o enriquecimento da obra.

Neste volume fazemos uma revisão do estudo das funções elementares, estudamos conceitos de limite e continuidade e noção de derivada, associando derivada à variação da função. Finalizamos com noções introdutórias de integral definida. Esse último capítulo ultrapassa um pouco as fronteiras do ensino médio.

O texto deste volume (8) não sofreu muitas alterações. A teoria foi totalmente revista e, onde foi necessário, fizeram-se pequenas modificações. Reduzimos ao número mínimo os exercícios de cálculos de limites pela definição. As respostas dos exercícios foram cuidadosamente conferidas. No manual do professor estão resolvidos os exercícios mais complicados.

Finalmente, como há sempre uma enorme distância entre o anseio dos autores e o valor de sua obra, gostaríamos de receber dos colegas professores uma apreciação sobre este trabalho, notadamente os comentários críticos, os quais agradecemos.

Os Autores.

Apresentação

Sumário

CAPÍTULO I — Funções 1
   I. A noção de função 1
   II. Principais funções elementares 5
   III. Composição de funções 10
   IV. Funções inversíveis 13
   V. Operações com funções 19

CAPÍTULO II — Limite 20
   I. Noção intuitiva de limite 20
   II. Definição de limite 23
   III. Unicidade do limite 25
   IV. Propriedades do limite de uma função 30
   V. Limite de uma função polinomial 37
   VI. Limites laterais 46
Leitura: Arquimedes, o grande precursor do Cálculo Integral 52

CAPÍTULO III — O infinito 54
   I. Limites infinitos 54
   II. Propriedades dos limites infinitos 63
   III. Limites no infinito 70
   IV. Propriedades dos limites no infinito 81

CAPÍTULO IV — Complemento sobre limites 87
   I. Teoremas adicionais sobre limites 87
   II. Limites trigonométricos 91
   III. Limites da função exponencial 95
   IV. Limites da função logarítmica 100
   V. Limite exponencial fundamental 104
Leitura: Newton e o método dos fluxos 113

CAPÍTULO V — Continuidade 115
   I. Noção de continuidade 115
   II. Propriedades das funções contínuas 121
   III. Limite da $\sqrt[n]{f(x)}$ 123

CAPÍTULO VI — Derivadas 127
    I. Derivada no ponto x_0 127
    II. Interpretação geométrica 130
    III. Interpretação cinemática 133
    IV. Função derivada 135
    V. Derivadas das funções elementares 136
    VI. Derivada e continuidade 140
Leitura: Leibniz e as diferenciais 142

CAPÍTULO VII — Regras de derivação 144
    I. Derivada da soma 144
    II. Derivada do produto 145
    III. Derivada do quociente 149
    IV. Derivada de uma função composta (regra da cadeia) 152
    V. Derivada da função inversa 155
    VI. Derivadas sucessivas 161

CAPÍTULO VIII — Estudo da variação das funções 163
    I. Máximos e mínimos 163
    II. Derivada — crescimento — decréscimo 167
    III. Determinação dos extremantes 179
    IV. Concavidade 195
    V. Ponto de inflexão 197
    VI. Variação das funções 201
Leitura: Cauchy e Weierstrass: o rigor chega ao Cálculo 205

CAPÍTULO IX — Noções de Cálculo Integral 208
    I. Introdução — Área 208
    II. A integral definida 213
    III. O cálculo da integral 217
    IV. Algumas técnicas de integração 228
    V. Uma aplicação geométrica: cálculo de volumes 233

Respostas dos exercícios 236

Questões de vestibulares 254

Respostas das questões de vestibulares 278

Significados da siglas de vestibulares 280

CAPÍTULO I

Funções

Neste capítulo resumiremos aspectos essenciais do estudo das funções, feito ao longo dos volumes 1, 2 e 3 desta coleção. Introduziremos mais algumas noções que serão necessárias ao desenvolvimento deste livro.

I. A noção de função

1. Definições

Dados dois conjuntos A e B, não vazios, chama-se **relação de A em B** um conjunto formado por pares ordenados (x, y) em que $x \in A$ e $y \in B$.

Exemplos:

Se $A = \{a, b, c, d\}$ e $B = \{0, 1, 2\}$, então:

$R_1 = \{(a, 0)\}$

$R_2 = \{(a, 1), (b, 0), (b, 1), (c, 2), (d, 2)\}$

$R_3 = \{(a, 0), (b, 1), (c, 1), (d, 2)\}$

são três exemplos de relações de A em B.

FUNÇÕES

2. Uma relação f de A em B recebe o nome de **função definida em A com imagens em B** ou **aplicação de A em B** se, e somente se, para todo $x \in A$ existe um só $y \in B$ tal que $(x, y) \in f$.

No exemplo anterior, só a relação R_3 é uma função, pois em R_1 os elementos b, c, d não participam de nenhum par e em R_2 o elemento b participa de dois pares.

3. Lei de correspondência

Geralmente, existe uma sentença aberta $y = f(x)$ que expressa a lei mediante a qual, dado um $x \in A$, determina-se o $y \in B$ de modo que $(x, y) \in f$.

Assim, por exemplo, dados os conjuntos $A = \{0, 1, 2, 3\}$ e $B = \{0, 1, 2, 3, 4, 5, 6, 7, 8, 9\}$ e a sentença aberta $y = x^2$, é possível considerar a função:

$f = \{(0, 0), (1, 1), (2, 4), (3, 9)\}$

de A em B, cujos pares (x, y) verificam a lei $y = x^2$.

Para indicarmos uma função f de A em B que obedece à lei de correspondência $y = f(x)$, vamos usar a seguinte notação:

f: A → B
x → f(x)

Frequentemente encontramos funções em que a lei de correspondência para obter y a partir de x muda, dependendo do valor de x. Dizemos que essas funções são **definidas por várias sentenças**.

Exemplos:

1º) f: $\mathbb{R} \to \mathbb{R}$ tal que

$f(x) = \begin{cases} 1, \text{ se } x \leq 0 \\ -1, \text{ se } x > 0 \end{cases}$

é uma função definida por duas sentenças:

y = 1   quando $x \leq 0$
ou
y = −1   quando $x > 0$

2º) f: ℝ → ℝ tal que

$$f(x) = \begin{cases} -x, \text{ se } x < 0 \\ 0, \text{ se } 0 \leq x < 1 \\ x, \text{ se } x \geq 1 \end{cases}$$

é uma função definida por três sentenças:

y = −x   quando x ∈]−∞, 0[
ou
y = 0   quando x ∈ [0, 1[
ou
y = x   quando x ∈ [1, +∞[

As funções definidas por várias sentenças têm uma importância especial neste livro.

4. Domínio e imagem

Chama-se **domínio** da função f: A → B o conjunto A. Notação: D(f).

Chama-se **imagem** da função f: A → B o conjunto constituído pelos elementos y ∈ B para os quais existe algum x ∈ A tal que (x, y) ∈ f. Notação: Im(f).

Chama-se **contradomínio** da função f: A → B o conjunto B. Notação: CD(f).

Por exemplo, se A = {0, 1, 2, 3}, B = {0, 1, 2, 3, 4, 5, 6, 7, 8, 9} e f: A → B é definida pela sentença y = x^2, temos:

f = {(0, 0), (1, 1), (2, 4), (3, 9)}
D(f) = {0, 1, 2, 3}
Im(f) = {0, 1, 4, 9}
CD(f) = {0, 1, 2, 3, 4, 5, 6, 7, 8, 9}

É evidente que, para todo f, Im(f) ⊂ B.

Lembremos ainda que, feita a representação cartesiana (gráfico) da função f, temos:

I) **Domínio D(f)** é o conjunto das abscissas dos pontos do gráfico, isto é, o conjunto das abscissas dos pontos tais que as retas verticais por eles conduzidas interceptam o gráfico.

II) **Imagem Im(f)** é o conjunto das ordenadas dos pontos do gráfico, isto é, o conjunto das ordenadas dos pontos tais que as retas horizontais por eles conduzidas interceptam o gráfico.

Exemplos:

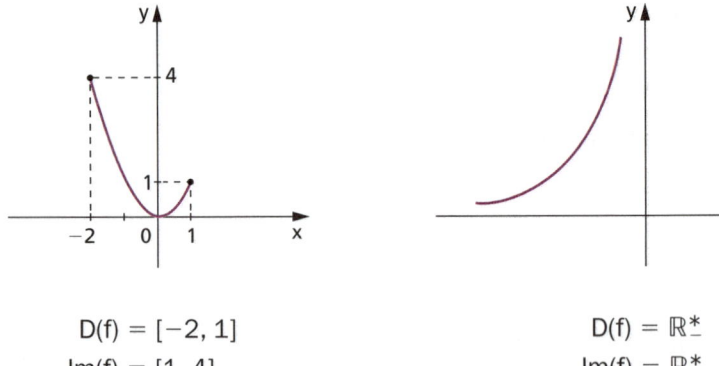

$D(f) = [-2, 1]$
$Im(f) = [1, 4]$

$D(f) = \mathbb{R}_-^*$
$Im(f) = \mathbb{R}_+^*$

Uma função está bem definida quando são conhecidos D(f), CD(f) e a lei de correspondência y = f(x). É comum, entretanto, darmos apenas a sentença aberta y = f(x) para nos referirmos a uma função f. Nesse caso, fica subentendido que D(f) é o conjunto formado pelos números reais cujas imagens são reais, isto é:

$x \in D(f) \Rightarrow y = f(x) \in \mathbb{R}$

5. Funções iguais

Duas funções f: A → B e g: C → D são iguais se, e somente se, A = C, B = D e f(x) = g(x) para todo x ∈ A.

Exemplos:

1º) Se A = {−1, 0, 1} e B = {0, 1, 2, 4}, as funções f: A → B e g: A → B dadas por $f(x) = x^2$ e $g(x) = x^4$ são iguais, pois:

$f(-1) = (-1)^2 = (-1)^4 = g(-1)$

$f(0) = 0^2 = 0^4 = g(0)$

$f(1) = 1^2 = 1^4 = g(1)$

2º) Se A = $\mathbb{R}^*$ e B = $\mathbb{R}$, as funções f: A → B e g: A → B dadas por $f(x) = x - 2$ e $g(x) = \dfrac{x^2 - 2x}{x}$ são iguais pois, para todo x ∈ $\mathbb{R}^*$, temos:

$f(x) = x - 2 = \dfrac{x}{x} \cdot (x - 2) = \dfrac{x^2 - 2x}{x} = g(x)$

II. Principais funções elementares

6. Funções polinomiais

Dada a sequência finita de números reais $(a_0, a_1, a_2, ..., a_n)$, chama-se função polinomial associada a esta sequência a função $f: \mathbb{R} \to \mathbb{R}$ dada por:

$f(x) = a_0 + a_1x + a_2x^2 + ... + a_nx^n$

Os reais $a_0, a_1, a_2, ..., a_n$ são chamados **coeficientes** e as parcelas a_0, a_1x, a_2x^2, ..., a_nx^n são denominadas **termos** da função polinomial.

Uma função polinomial que tem todos os coeficientes nulos é chamada **função nula**.

Chama-se **grau** de uma função polinomial f, não nula, o número natural p tal que $a_p \neq 0$ e $a_i = 0$ para todo $i > p$.

Exemplos:

1º) $f(x) = 1 + 2x + 5x^2 + 7x^3$ tem grau 3

2º) $g(x) = 2 + 3x^2$ tem grau 2

3º) $h(x) = 1 + 4x$ tem grau 1

4º) $i(x) = 3$ tem grau 0

Uma função polinomial do tipo $f(x) = k$, isto é, uma função em que $a_0 = k$ e $a_1 = a_2 = ... = 0$ é chamada **função constante**.

O gráfico de uma função constante é uma reta paralela ao eixo dos x, pelo ponto $(0, k)$. A imagem é o conjunto $Im = \{k\}$.

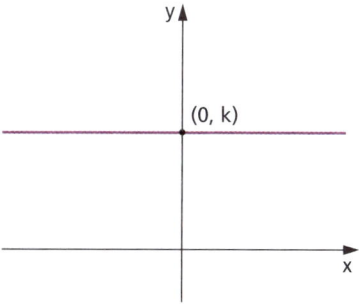

Uma função polinomial que apresenta $a_0 = b$, $a_1 = a \neq 0$ e $a_2 = a_3 = ... = 0$ é chamada **função afim**; portanto, afim é uma função polinomial do tipo $f(x) = ax + b$, com $a \neq 0$.

O gráfico de uma função afim é uma reta passando pelos pontos (0, b) e $\left(-\frac{b}{a}, 0\right)$. Quando a > 0, a função afim é crescente e, se a < 0, ela é decrescente. Sua imagem é $\mathbb{R}$.

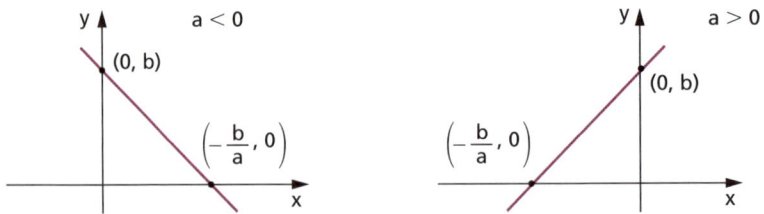

Uma função polinomial que tem $a_0 = c$, $a_1 = b$, $a_2 = a \neq 0$ e $a_3 = a_4 = ... = 0$ é chamada **função quadrática**; portanto, quadrática é uma função polinomial do tipo $f(x) = ax^2 + bx + c$, com $a \neq 0$.

O gráfico de uma função quadrática é uma parábola que tem eixo de simetria na reta $x = -\frac{b}{2a}$ e vértice no ponto $V\left(-\frac{b}{2a}, -\frac{\Delta}{4a}\right)$. Se a > 0, a parábola tem concavidade voltada para cima e, se a < 0, para baixo. Conforme $\Delta = b^2 - 4ac$ seja positivo, nulo ou negativo, a interseção da parábola com o eixo dos x é formada por 2, 1 ou nenhum ponto, respectivamente.

Assim, são os seguintes seis tipos de gráficos que podem ser obtidos para funções quadráticas.

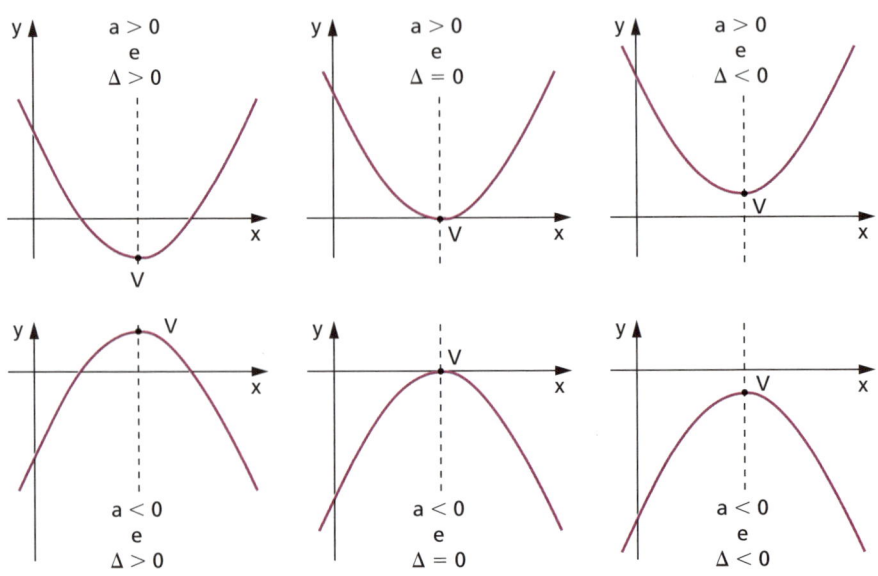

7. Funções circulares

Dado um número real x, seja P sua imagem no ciclo trigonométrico. As coordenadas de P em relação ao sistema uOv, $\overline{OP_2}$ e $\overline{OP_1}$ são chamadas cos x (cosseno de x) e sen x (seno de x), respectivamente.

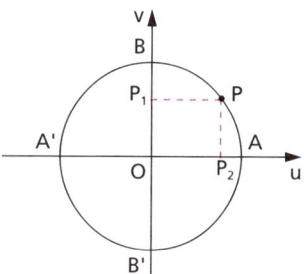

Chama-se **função seno** a função f: $\mathbb{R} \to \mathbb{R}$ que associa a cada real x o real $\overline{OP_1}$ = sen x, isto é, f(x) = sen x.

São notáveis as seguintes propriedades da função seno:

1ª) sua imagem é Im = [−1, 1], isto é, −1 ⩽ sen x ⩽ 1 para todo x ∈ $\mathbb{R}$;

2ª) é periódica e seu período é 2π;

3ª) seu gráfico é a senoide.

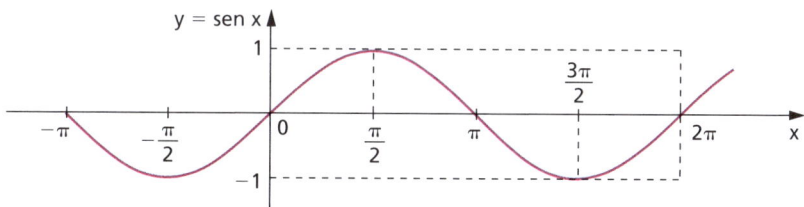

Chama-se **função cosseno** a função f: $\mathbb{R} \to \mathbb{R}$ que associa a cada real x o real $\overline{OP_2}$ = cos x, isto é, f(x) = cos x.

São notáveis as seguintes propriedades da função cosseno:

1ª) sua imagem é o intervalo [−1, 1], isto é, −1 ⩽ cos x ⩽ 1 para todo x ∈ $\mathbb{R}$;

2ª) é periódica e seu período é 2π;

3ª) seu gráfico é a cossenoide.

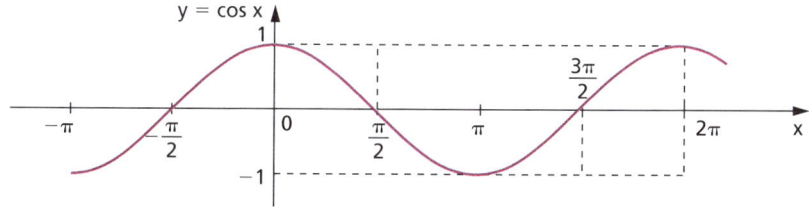

Para $x \in \mathbb{R}$ e $x \neq \frac{\pi}{2} + k\pi$ ($k \in \mathbb{Z}$), sabemos que $\cos x \neq 0$ e, então, existe o quociente $\frac{\operatorname{sen} x}{\cos x}$, denominado tg x.

Chama-se **função tangente** a função f: $\left\{ x \in \mathbb{R} \mid x \neq \frac{\pi}{2} + k\pi \right\} \to \mathbb{R}$ que associa a cada x o real tg $x = \frac{\operatorname{sen} x}{\cos x}$, isto é, $f(x) = \operatorname{tg} x$.

Destacam-se as seguintes propriedades da função tangente:

1ª) sua imagem é $\mathbb{R}$, isto é, para todo $y \in \mathbb{R}$ existe um $x \in \mathbb{R}$ tal que tg $x = y$;

2ª) é periódica e seu período é π;

3ª) seu gráfico é a tangentoide.

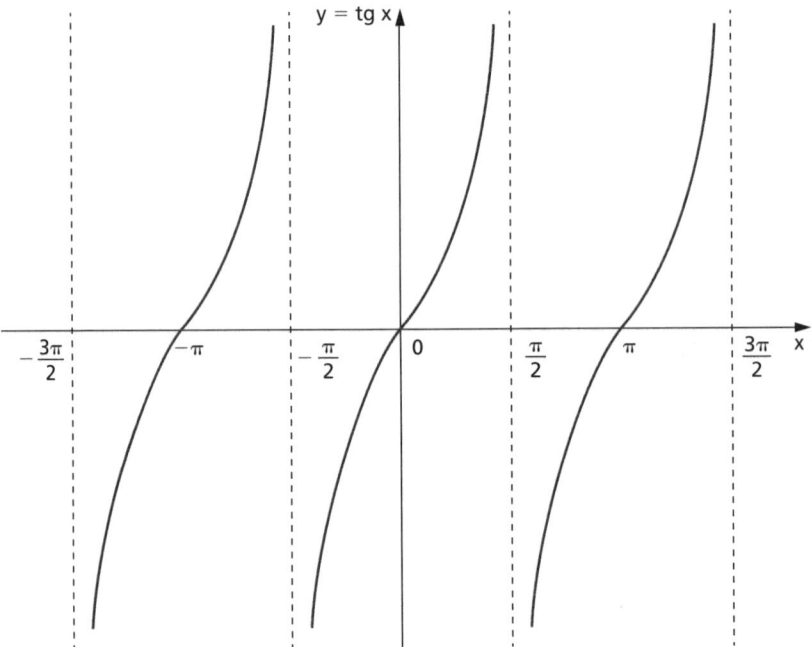

8. Funções exponenciais

Dado um número real *a*, com $0 < a \neq 1$, chama-se **função exponencial de base *a*** a função f: $\mathbb{R} \to \mathbb{R}$ definida pela lei $f(x) = a^x$.

Destacamos as seguintes propriedades das funções exponenciais:

1ª) sua imagem é $\mathbb{R}_+^*$, isto é, $a^x > 0$ para todo $x \in \mathbb{R}$;

2ª) se $0 < a < 1$, a função é decrescente e, se $a > 1$, a função é crescente;

3ª) seu gráfico tem um dos seguintes aspectos:

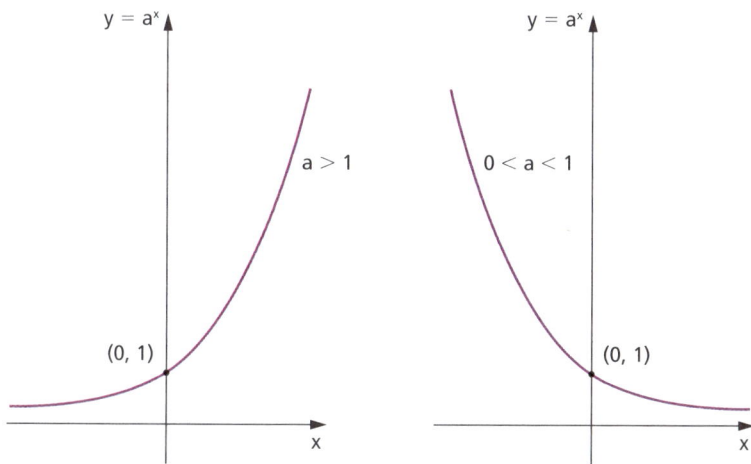

EXERCÍCIOS

1. Construa os gráficos das seguintes funções definidas em $\mathbb{R}$:

a) $f_1(x) = \begin{cases} 1, \text{ se } x \leq 0 \\ 2, \text{ se } x > 0 \end{cases}$

b) $f_2(x) = \begin{cases} -1, \text{ se } x \leq 1 \\ x, \text{ se } x > 1 \end{cases}$

c) $f_3(x) = \begin{cases} x, \text{ se } x \neq 0 \\ 1, \text{ se } x = 0 \end{cases}$

d) $f_4(x) = \begin{cases} -x, \text{ se } x < -1 \\ 0, \text{ se } -1 \leq x \leq 1 \\ x, \text{ se } x > 1 \end{cases}$

e) $f_5(x) = \begin{cases} x + 1, \text{ se } x < 0 \\ (x - 1)^2, \text{ se } x \geq 0 \end{cases}$

f) $f_6(x) = \begin{cases} x^2 + 2x + 1, \text{ se } x \leq 0 \\ x^2 + 1, \text{ se } x > 0 \end{cases}$

FUNÇÕES

2. Construa os gráficos das seguintes funções elementares:

   a) $f(x) = |x|$, isto é, $f(x) = \begin{cases} x, & \text{se } x \geq 0 \\ -x, & \text{se } x < 0 \end{cases}$

   b) $g(x) = \dfrac{x}{|x|}$ se $x \neq 0$ e $g(0) = 0$

   c) $h(x) = \dfrac{1}{x}$, $x \neq 0$

   d) $i(x) = \dfrac{1}{x^2}$, $x \neq 0$

   e) $j(x) = x^3$

3. Construa o gráfico da função $f: \mathbb{R} \to \mathbb{R}$ dada pela lei:
   $$f(x) = \begin{cases} \cos x, & \text{para } x \leq 0 \\ 2^x, & \text{para } x > 0 \end{cases}$$

III. Composição de funções

9. Definição

Dadas as funções $f: A \to B$ e $g: B \to C$, chama-se **função composta de g com f** a função $F: A \to C$ definida pela lei $F(x) = g(f(x))$.

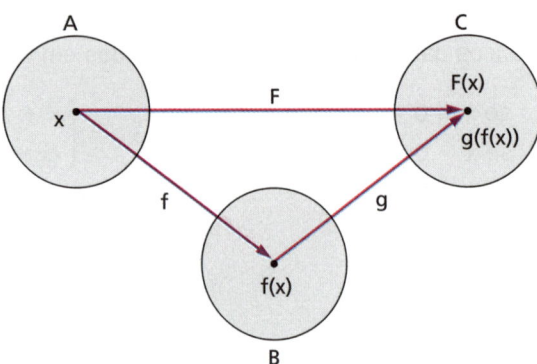

Isso quer dizer que a função F leva cada $x \in A$ no elemento $F(x)$ obtido da seguinte forma: sobre $x \in A$ aplica-se f, obtendo o elemento $f(x) \in B$, e sobre $f(x)$ aplica-se g, obtendo-se o elemento $g(f(x)) \in C$, também chamado $F(x)$.

A função F, composta de g e f, também pode ser indicada com o símbolo g∘f (lê-se: "g círculo f").

10. Exemplos:

1º) Consideremos os conjuntos A = {−1, 0, 1, 2}, B = {0, 1, 2, 3, 4}, C = {1, 3, 5, 7, 9}. Consideremos também as funções f: A → B tal que $f(x) = x^2$ e g: B → C tal que g(x) = 2x + 1.

É imediato que:

f(−1) = 1, f(0) = 0, f(1) = 1 e f(2) = 4

Também é evidente que:

g(0) = 1, g(1) = 3, g(2) = 5, g(3) = 7 e g(4) = 9

Nesse caso, a função composta F é a função de A em C que tem o seguinte comportamento:

F(−1) = g(f(−1)) = g(1) = 3
F(0) = g(f(0)) = g(0) = 1
F(1) = g(f(1)) = g(1) = 3
F(2) = g(f(2)) = g(4) = 9

O esquema ilustra o que ocorreu:

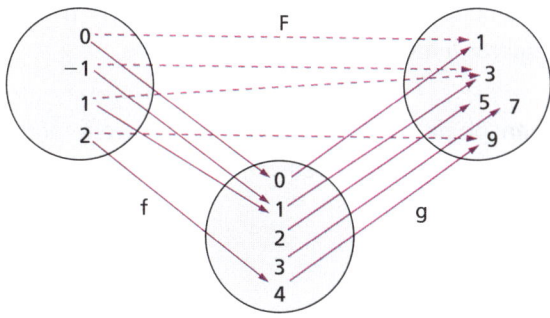

A função F tem também uma lei de correspondência que pode ser encontrada se procurarmos o valor de F(x):

F(x) = g(f(x)) = 2 · f(x) + 1 = $2x^2 + 1$

De forma geral, para obtermos a lei de correspondência da função composta $F = g \circ f$ devemos trocar x por $f(x)$ na lei de g.

2º) Sejam as funções de $\mathbb{R}$ em $\mathbb{R}$: $f(x) = \text{sen } x$ e $g(x) = x^2$. A composta de g com f é a função $F: \mathbb{R} \to \mathbb{R}$ tal que:

$$F(x) = (g \circ f)(x) = g(f(x)) = (f(x))^2 = \text{sen}^2 x$$

3º) Sejam as funções de $\mathbb{R}$ em $\mathbb{R}$: $f(x) = 2x$ e $g(x) = e^x$. A composta de g com f é a função $F: \mathbb{R} \to \mathbb{R}$ tal que:

$$F(x) = (g \circ f)(x) = g(f(x)) = e^{f(x)} = e^{2x}$$

11. Observações

1ª) A composta $g \circ f$ só é definida quando o contradomínio de f é igual ao domínio de g.

2ª) Quando $A = C$, isto é, $f: A \to B$ e $g: B \to A$ é possível definir duas compostas $g \circ f = F_1$ e $f \circ g = F_2$.

Assim, por exemplo, se $f: \mathbb{R}_+ \to \mathbb{R}$ é dada por $f(x) = \sqrt{x}$ e $g: \mathbb{R} \to \mathbb{R}_+$ é dada por $g(x) = x^2 + 1$, temos:

$$F_1(x) = (g \circ f)(x) = g(f(x)) = (f(x))^2 + 1 = (\sqrt{x})^2 + 1 = x + 1$$

$$F_2(x) = (f \circ g)(x) = f(g(x)) = \sqrt{g(x)} = \sqrt{x^2 + 1}$$

sendo $F_1: \mathbb{R}_+ \to \mathbb{R}_+$ e $F_2: \mathbb{R} \to \mathbb{R}$.

De maneira geral, quando ambas existem, $g \circ f$ e $f \circ g$ são funções distintas e isto nos obriga a dobrar a atenção quando compomos.

12. Para a compreensão de alguns assuntos deste livro é fundamental que saibamos decompor (sempre que isso for possível) uma função em duas ou mais funções elementares.

Exemplos:

1º) A função $F(x) = \text{sen}^2 x$ deve ser vista como $F(x) = (\text{sen } x)^2$; portanto, F é a composta $g \circ f$, sendo $g(x) = x^2$ e $f(x) = \text{sen } x$, uma vez que o esquema para calcular $F(x)$ a partir de x é o seguinte:

$$x \xrightarrow{f} \text{sen } x \xrightarrow{g} (\text{sen } x)^2$$

2º) A função $F(x) = \cos e^{3x^2+1}$ como seria decomposta? Olhando o esquema para calcular F(x), temos:

$$x \underset{f}{\to} 3x^2 + 1 \underset{g}{\to} e^{3x^2+1} \underset{h}{\to} \cos e^{3x^2+1}$$

então F é a composta $h \circ (g \circ f)$, sendo $f(x) = 3x^2 + 1$, $g(x) = e^x$ e $h(x) = \cos x$.

EXERCÍCIOS

4. Se $f: A \to B$ é dada pela lei $f(x) = x - 1$, $g: B \to C$ é dada por $g(x) = 2x + 1$, $A = \{1, 2, 3\}$, $B = \{0, 1, 2, 3, 4\}$ e $C = \{0, 1, 2, 3, 4, 5, 6, 7, 8, 9\}$, determine os pares ordenados que constituem $g \circ f$.

5. Se f e g são funções de $\mathbb{R}$ em $\mathbb{R}$ dadas pelas leis $f(x) = x^3$ e $g(x) = x + 1$, obtenha as leis que definem as compostas: $g \circ f$, $f \circ g$, $f \circ f$ e $g \circ g$.

6. Sejam as funções reais $f(x) = x + 2$, $g(x) = x^2$ e $h(x) = 2^x$. Determine $h \circ g \circ f$ e $f \circ g \circ h$.

7. Determine as funções elementares f e g de modo que $g \circ f = F$, quando F é uma função real dada por uma das leis abaixo:
a) $F(x) = |x^2 + 1|$
b) $F(x) = \text{sen}(x^2 + 4)$
c) $F(x) = \text{tg } x^3$
d) $F(x) = \text{tg}^2 x$
e) $F(x) = 2^{\cos x}$
f) $F(x) = \text{sen } 3^x$

8. Determine as funções elementares f, g e h de modo que $h \circ g \circ f = F$, sendo F uma função real dada por $F(x) = \cos 2^{x+3}$.

IV. Funções inversíveis

13. Dada uma função $f: A \to B$, consideremos a relação inversa de f:

$f^{-1} = \{(y, x) \in B \times A \mid (x, y) \in f\}$

Quase sempre f^{-1} **não** é uma função, ou porque existe $y \in B$ para o qual não há $x \in A$ com $(y, x) \in f^{-1}$ ou porque para o mesmo $y \in B$ existem $x_1, x_2 \in A$ com $x_1 \neq x_2$, $(y, x_1) \in f^{-1}$ e $(y, x_2) \in f^{-1}$. Vejamos dois exemplos:

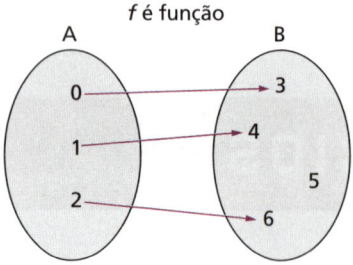

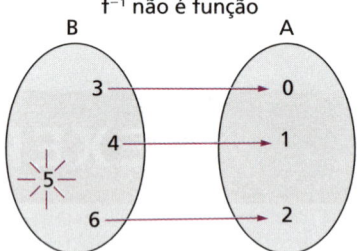

(5 não tem correspondente)

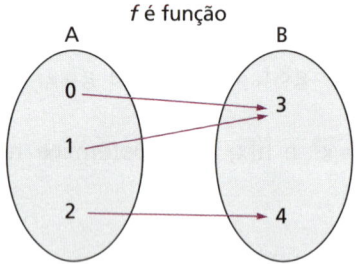

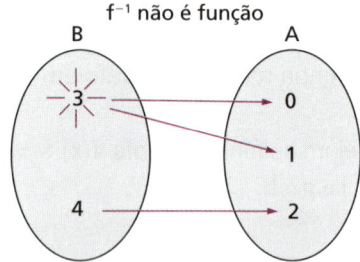

(3 tem dois correspondentes)

É imediato que f^{-1} é uma função quando **todo** $y \in B$ é o correspondente de um **único** $x \in A$.

14. Definição

Uma função $f: A \to B$ é **inversível** se, e somente se, a relação inversa de f também é uma função, isto é, para cada $y \in B$ existe um único $x \in A$ tal que $y = f(x)$.

Indica-se a função inversa de f com a notação f^{-1}.

15. Observações

1ª) Sendo f^{-1} a função inversa de f, temos as seguintes propriedades:

a) $D(f^{-1}) = B = Im(f)$

b) $Im(f^{-1}) = A = D(f)$

c) $(y, x) \in f^{-1} \Leftrightarrow (x, y) \in f$

d) o gráfico de f^{-1} é simétrico do gráfico de f em relação à reta $y = x$.

2ª) Dada a função inversível $f: A \to B$, definida pela lei $y = f(x)$, para obtermos a lei que define f^{-1} procedemos assim:

a) transformamos algebricamente a expressão $y = f(x)$ até expressarmos x em função de y: $x = f^{-1}(y)$.

b) na lei $x = f^{-1}(y)$ trocamos os nomes das variáveis (x por y e vice-versa), obtendo a lei $y = f^{-1}(x)$.

Assim, por exemplo, se $f: \mathbb{R} \to \mathbb{R}$ é dada por $f(x) = 3x + 2$ e queremos obter a inversa de f, temos:

$$f(x) = y = 3x + 2 \Rightarrow x = \frac{y - 2}{3}$$

Permutando as variáveis, temos:

$$y = \frac{x - 2}{3}$$

portanto, f^{-1} é uma função de $\mathbb{R}$ em $\mathbb{R}$ dada por $f^{-1}(x) = \frac{x - 2}{3}$.

16. Inversas notáveis

Há algumas funções, inversas de funções elementares, cuja importância é grande para o estudo que faremos neste volume:

a) Função $y = \sqrt{x}$

A função $f: \mathbb{R}_+ \to \mathbb{R}_+$ dada pela lei de correspondência $y = x^2$ é inversível. Sua inversa é $f^{-1}: \mathbb{R}_+ \to \mathbb{R}_+$ dada por $y = \sqrt{x}$. Seus gráficos, simétricos em relação à bissetriz do 1º quadrante, são os seguintes:

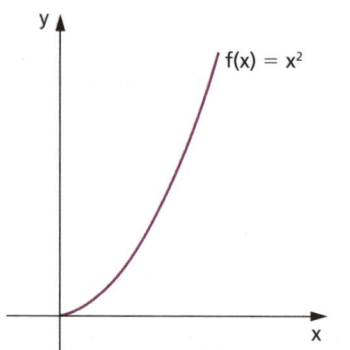
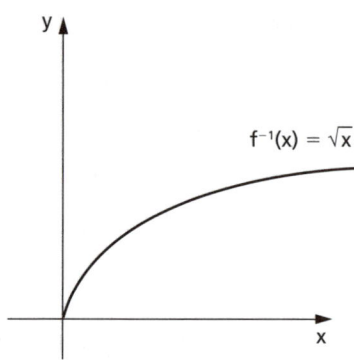

b) Função logarítmica: $y = \log_a x$ $(0 < a \neq 1)$

A função $f: \mathbb{R} \to \mathbb{R}_+^*$ dada pela lei $y = a^x$, $0 < a \neq 1$, chamada **exponencial**, é inversível. Sua inversa é $f^{-1}: \mathbb{R}_+^* \to \mathbb{R}$ dada por $y = \log_a x$, chamada **logarítmica**. Dependendo do valor de a, os gráficos da logarítmica e da exponencial tomam um dos aspectos seguintes:

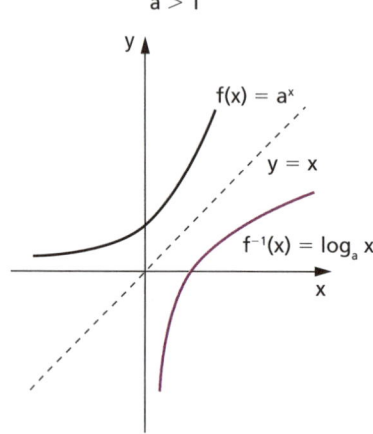
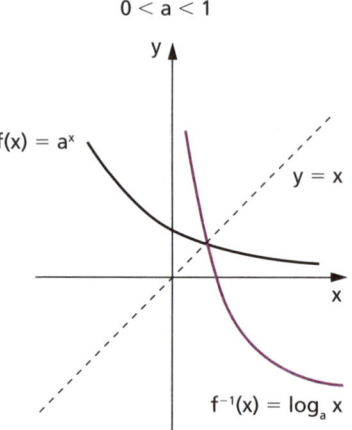

c) Função arco seno: $y = \text{arc sen } x$

A função seno $(y = \text{sen } x)$, quando restrita ao domínio $\left[-\dfrac{\pi}{2}, \dfrac{\pi}{2}\right]$ e ao contradomínio $[-1, 1]$, é inversível e sua inversa é a função de $[-1, 1]$ em $\left[-\dfrac{\pi}{2}, \dfrac{\pi}{2}\right]$ dada pela lei $y = \text{arc sen } x$.

A partir da senoide, usando a simetria em relação à bissetriz y = x, construímos o gráfico ao lado.

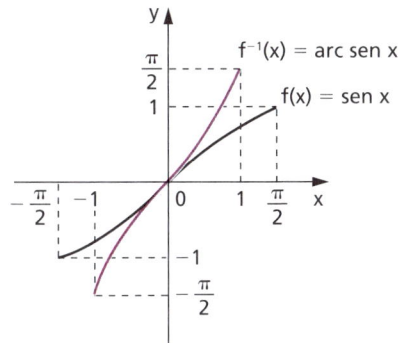

d) Função arco cosseno: y = arc cos x

A função cosseno (y = cos x), quando restrita ao domínio $[0, \pi]$ e ao contradomínio $[-1, 1]$, é inversível e sua inversa é a função de $[-1, 1]$ em $[0, \pi]$ dada pela lei y = arc cos x.

Analogamente à função anterior, temos o gráfico abaixo.

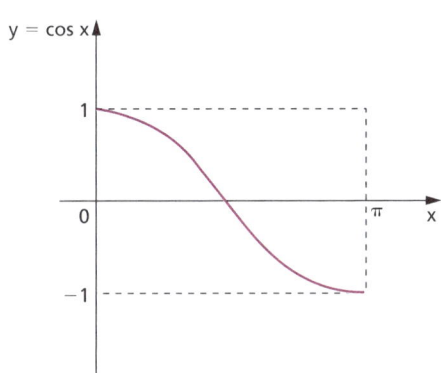
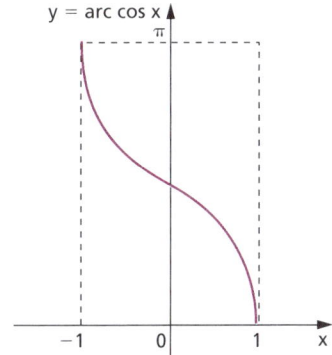

e) Função arco tangente: y = arc tg x

A função tangente (y = tg x), quando restrita ao domínio $\left]-\dfrac{\pi}{2}, \dfrac{\pi}{2}\right[$ e ao contradomínio $\mathbb{R}$, é inversível e sua inversa é a função de $\mathbb{R}$ em $\left]-\dfrac{\pi}{2}, \dfrac{\pi}{2}\right[$ dada pela lei y = arc tg x.

Eis o gráfico:

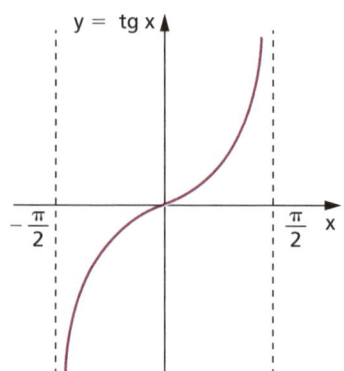
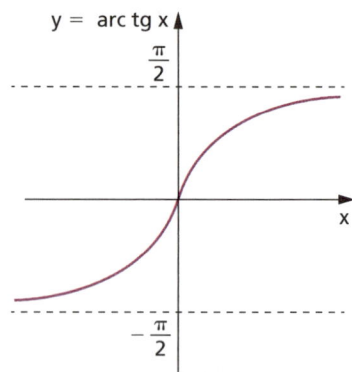

EXERCÍCIOS

9. Examine cada uma das funções abaixo e estabeleça quais são inversíveis. Para estas, defina a inversa.

a) $f: \{a, b, c\} \to \{a', b', c'\}$ tal que $f = \{(a, a'), (b, b'), (c, c')\}$

b) $g: \{1, 2, 3\} \to \{4, 5, 6, 7\}$ tal que $g(1) = 4, g(2) = 6$ e $g(3) = 4$

c) $h: \mathbb{R} \to \mathbb{R}$ tal que $h(x) = 1 - 5x$

d) $i: \mathbb{R} \to \mathbb{R}$ tal que $i(x) = x^3 - 2$

e) $j: \mathbb{R}_- \to \mathbb{R}_+$ tal que $j(x) = x^2$

f) $p: \mathbb{R}^* \to \mathbb{R}^*$ tal que $p(x) = \dfrac{1}{x}$

10. Determine a inversa da função $f: \mathbb{R} \to \mathbb{R}$ assim definida:

$$f(x) = \begin{cases} x, & \text{quando } x \leq 1 \\ \dfrac{x+1}{2}, & \text{quando } 1 < x \leq 3 \\ x^2 - 7, & \text{quando } x > 3 \end{cases}$$

11. Sejam as funções $f: \mathbb{R} \to \mathbb{R}$ tal que $f(x) = 2x - 3$ e $g: \mathbb{R} \to \mathbb{R}$ tal que $g(x) = \sqrt[3]{x - 1}$. Determine a função $g^{-1} \circ f^{-1}$.

12. Determine a inversa da função f: $\mathbb{R}_+^* \to \mathbb{R}$ dada por $f(x) = \log \sqrt{x}$.

13. Determine a inversa da função $f: \left[-\dfrac{\pi}{2}, \dfrac{\pi}{2}\right] \to [-1, 1]$ dada pela lei $f(x) = \text{sen}\,\dfrac{x}{2}$.

V. Operações com funções

17. Adição

Dadas duas funções f: A → B e g: A → B, chama-se **soma f + g** a função h: A → B definida pela lei $h(x) = (f + g)(x) = f(x) + g(x)$.

Por exemplo, sejam as funções de $\mathbb{R}$ em $\mathbb{R}$: $f(x) = e^x$ e $g(x) = e^{-x}$. Sua soma é a função $h(x) = e^x + e^{-x}$.

18. Subtração

Dadas duas funções f: A → B e g: A → B, chama-se **diferença f − g** a função h: A → B definida pela lei $h(x) = (f - g)(x) = f(x) - g(x)$.

Como exemplo, sejam as funções de $\mathbb{R}$ em $\mathbb{R}$: $f(x) = \text{sen}\,x$ e $g(x) = \log x$. Sua diferença é a função $h(x) = \text{sen}\,x - \log x$.

19. Multiplicação

Dadas as funções f: A → B e g: A → B, chama-se **produto f · g** a função h: A → B definida pela lei $h(x) = (fg)(x) = f(x) \cdot g(x)$.

Assim, se $f(x) = x^2$ e $g(x) = \cos x$ são funções de $\mathbb{R}$ em $\mathbb{R}$, seu produto é a função $h(x) = x^2 \cdot \cos x$.

20. Quociente

Dadas as funções f: A → B e g: A → B, chama-se **quociente $\dfrac{f}{g}$** a função h: $\overline{A} \to B$ definida pela lei $h(x) = \left(\dfrac{f}{g}\right)(x) = \dfrac{f(x)}{g(x)}$ para $x \in \overline{A} = \{x \in A \mid g(x) \neq 0\}$.

Assim, se $f(x) = x^2$ e $g(x) = x - 1$ são funções de $\mathbb{R}$ em $\mathbb{R}$, seu quociente é a função $h(x) = \dfrac{x^2}{x - 1}$ definida em $\mathbb{R} - \{1\}$.

CAPÍTULO II

Limite

I. Noção intuitiva de limite

21. Seja a função $f(x) = \dfrac{(2x + 1)(x - 1)}{(x - 1)}$ definida para todo x real e $x \neq 1$. Se $x \neq 1$, podemos dividir o numerador e o denominador por $x - 1$, obtendo $f(x) = 2x + 1$.

Estudemos os valores da função f quando x assume valores próximos de 1, mas diferentes de 1.

Atribuindo a x valores próximos de 1, porém menores que 1, temos:

x	0	0,5	0,75	0,9	0,99	0,999
f(x)	1	2	2,5	2,8	2,98	2,998

Se atribuirmos a x valores próximos de 1, porém maiores que 1, temos:

x	2	1,5	1,25	1,1	1,01	1,001
f(x)	5	4	3,5	3,2	3,02	3,002

Observemos em ambas as tabelas que, quando x se aproxima cada vez mais de 1, $f(x)$ aproxima-se cada vez mais de 3, isto é, quanto mais próximo de 1 estiver x, tanto mais próximo de 3 estará $f(x)$.

Notemos na primeira tabela que:

$x = 0{,}9 \Rightarrow f(x) = 2{,}8$ isto é, $x - 1 = -0{,}1 \Rightarrow f(x) - 3 = -0{,}2$

$x = 0{,}99 \Rightarrow f(x) = 2{,}98$ isto é, $x - 1 = -0{,}01 \Rightarrow f(x) - 3 = -0{,}02$

$x = 0{,}999 \Rightarrow f(x) = 2{,}998$ isto é, $x - 1 = -0{,}001 \Rightarrow f(x) - 3 = -0{,}002$

e a segunda tabela nos mostra que:

$x = 1{,}1 \Rightarrow f(x) = 3{,}2$ isto é, $x - 1 = 0{,}1 \Rightarrow f(x) - 3 = 0{,}2$

$x = 1{,}01 \Rightarrow f(x) = 3{,}02$ isto é, $x - 1 = 0{,}01 \Rightarrow f(x) - 3 = 0{,}02$

$x = 1{,}001 \Rightarrow f(x) = 3{,}002$ isto é, $x - 1 = 0{,}001 \Rightarrow f(x) - 3 = 0{,}002$

portanto, pelas duas tabelas vemos que:

$|x - 1| = 0{,}1 \Rightarrow |f(x) - 3| = 0{,}2$

$|x - 1| = 0{,}01 \Rightarrow |f(x) - 3| = 0{,}02$

$|x - 1| = 0{,}001 \Rightarrow |f(x) - 3| = 0{,}002$

Observemos que podemos tornar f(x) tão próximo de 3 quanto desejarmos, bastando para isso tomarmos x suficientemente próximo de 1.

Um outro modo de dizermos isto é: *podemos tornar o módulo da diferença entre* f(x) *e 3 tão pequeno quanto desejarmos desde que tomemos o módulo da diferença entre* x *e 1 suficientemente pequeno.*

22. A linguagem utilizada até aqui não é uma linguagem matemática, pois ao dizermos "|f(x) − 3| tão pequeno quanto desejarmos" e "|x − 1| suficientemente pequeno", não sabemos quantificar o quão pequenas devem ser essas diferenças.

A Matemática usa símbolos para indicar essas diferenças pequenas. Os símbolos usualmente são ε (épsilon) e δ (delta).

Assim, dado um número positivo ε, se desejamos |f(x) − 3| menor que ε, devemos tomar |x − 1| suficientemente pequeno, isto é, devemos encontrar um número positivo δ, suficientemente pequeno, de tal modo que:

$$0 < |x - 1| < \delta \Rightarrow |f(x) - 3| < \varepsilon$$

A condição $0 < |x - 1|$ é neste caso equivalente a $0 \neq |x - 1|$, isto é, $x \neq 1$, porque estamos interessados nos valores de f(x), quando x está próximo de 1, mas não quando x = 1.

É importante perceber que δ depende do ε considerado. Nas duas tabelas vemos que:

1º) $|x - 1| = 0{,}1 \Rightarrow |f(x) - 3| = 0{,}2$
então, se for dado $\varepsilon = 0{,}2$, tomamos $\delta = 0{,}1$ e afirmamos que:
$$0 < |x - 1| < 0{,}1 \Rightarrow |f(x) - 3| < 0{,}2$$

2º) $|x - 1| = 0{,}01 \Rightarrow |f(x) - 3| = 0{,}02$
então, se for dado $\varepsilon = 0{,}02$, tomamos $\delta = 0{,}01$ e temos:
$$0 < |x - 1| < 0{,}01 \Rightarrow |f(x) - 3| < 0{,}02$$

3º) $|x - 1| = 0{,}001 \Rightarrow |f(x) - 3| = 0{,}002$
então, se for dado $\varepsilon = 0{,}002$, tomamos $\delta = 0{,}001$ e temos:
$$0 < |x - 1| < 0{,}001 \Rightarrow |f(x) - 3| < 0{,}002$$

Notemos que, dado ε, tomamos $\delta = \dfrac{\varepsilon}{2}$. Generalizando, afirmamos que, qualquer que seja o valor positivo ε, podemos tomar $\delta = \dfrac{\varepsilon}{2}$ tal que:

$$0 < |x - 1| < \delta = \frac{\varepsilon}{2} \Rightarrow |f(x) - 3| < \varepsilon$$

De fato:
$$0 < |x - 1| < \delta = \frac{\varepsilon}{2} \Rightarrow |x - 1| < \frac{\varepsilon}{2} \Rightarrow 2|x - 1| < \varepsilon \Rightarrow$$
$$\Rightarrow |2x - 2| < \varepsilon \Rightarrow \underbrace{|2x + 1 - 3|}_{f(x)} < \varepsilon \Rightarrow |f(x) - 3| < \varepsilon$$

Notamos que

$$0 < |x - 1| < \delta \Leftrightarrow 1 - \delta < x < 1 + \delta \text{ e } x \neq 1$$

e

$|f(x) - 3| < \varepsilon \Leftrightarrow 3 - \varepsilon < f(x) < 3 + \varepsilon$

vejamos qual é o significado de ε e δ no gráfico ao lado.

Para todo x entre $1 - \delta$ e $1 + \delta$ e $x \neq 1$, temos os valores de f(x) entre $3 - \varepsilon$ e $3 + \varepsilon$.

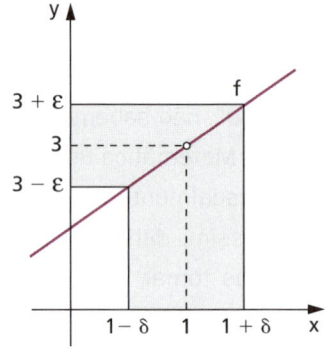

23. O valor considerado $\dfrac{\varepsilon}{2}$ para δ não é único, é simplesmente o maior valor que δ pode assumir.

Assim, se considerarmos $\delta_1 = \dfrac{\varepsilon}{3}$, teremos também:

$0 < |x - 1| < \delta = \dfrac{\varepsilon}{3} \Rightarrow |f(x) - 3| < \varepsilon$

De fato:

$0 < |x - 1| < \delta_1 = \dfrac{\varepsilon}{3} \Rightarrow |x - 1| < \dfrac{\varepsilon}{3} \Rightarrow 2|x - 1| < \dfrac{2\varepsilon}{3} \Rightarrow$

$\Rightarrow |2x - 2| < \dfrac{2\varepsilon}{3} \Rightarrow |\underbrace{2x + 1}_{f(x)} - 3| < \dfrac{2\varepsilon}{3} \Rightarrow$

$\Rightarrow |f(x) - 3| < \dfrac{2\varepsilon}{3} \Rightarrow |f(x) - 3| < \varepsilon \left(\text{pois } \dfrac{2\varepsilon}{3} < \varepsilon\right)$

Considerando $\delta_1 < \delta$, percebemos que o intervalo de extremos $1 - \delta_1$ e $1 + \delta_1$ está contido no intervalo de extremos $1 - \delta$ e $1 + \delta$ e, portanto, todo x que satisfaz

$1 - \delta_1 < x < 1 + \delta_1$ e $x \neq 1$

satisfará

$1 - \delta < x < 1 + \delta$ e $x \neq 1$

e, consequentemente, teremos

$3 - \varepsilon < f(x) < 3 + \varepsilon$

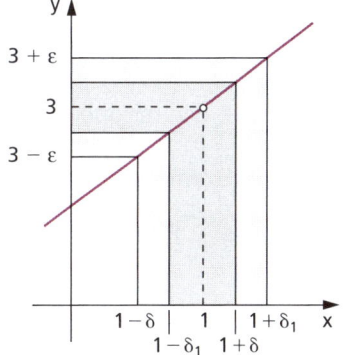

o que pode ser confirmado no gráfico ao lado.

Quando, para qualquer valor polsitivo ε, podemos encontrar um valor apropriado para δ tal que:

$0 < |x - 1| < \delta \Rightarrow |f(x) - 3| < \varepsilon$

dizemos que o limite de f(x), para x tendendo a 1, é 3. Em símbolos:

$\lim\limits_{x \to 1} f(x) = 3$

II. Definição de limite

24. Seja I um intervalo aberto ao qual pertence o número real *a*. Seja *f* uma função definida para $x \in I - \{a\}$. Dizemos que o limite de f(x), quando x tende a *a*, é L e escrevemos $\lim\limits_{x \to 1} f(x) = L$, se para todo $\varepsilon > 0$, existir $\delta > 0$ tal que se $0 < |x - a| < \delta$ então $|f(x) - L| < \varepsilon$.

LIMITE

Em símbolos, temos:

$$\lim_{x \to 1} f(x) = L \Leftrightarrow (\forall \varepsilon > 0, \exists \delta > 0 \mid 0 < |x - a| < \delta \Rightarrow |f(x) - L| < \varepsilon)$$

É importante observarmos nessa definição que nada é mencionado sobre o valor da função quando x = a, isto é, não é necessário que a função esteja definida em *a*. Assim, no exemplo anterior, vimos que:

$$\lim_{x \to 1} \frac{(2x + 1)(x - 1)}{(x - 1)} = \lim_{x \to 1} (2x + 1) = 3$$

mas $f(x) = \dfrac{(2x + 1)(x - 1)}{(x - 1)}$ não está definida para x = 1.

Pode ocorrer que a função esteja definida em *a* e $\lim_{x \to a} f(x) \neq f(a)$.

Por exemplo, na função

$$f(x) = \begin{cases} 2x + 1 & \text{se } x \neq 1 \\ 5 & \text{se } x = 1 \end{cases}$$

temos:

$$\lim_{x \to 1} f(x) = \lim_{x \to 1} (2x + 1) = 3 \neq f(1)$$

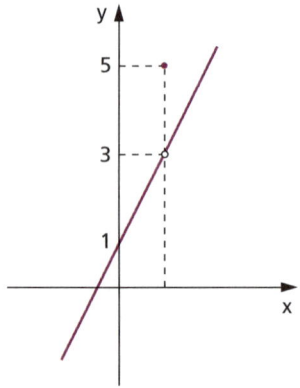

É importante ter sempre em mente no cálculo de $\lim_{x \to a} f(x)$ que interessa o comportamento de f(x) quando x se aproxima de *a* e não o que ocorre com f quando x = a.

O próximo teorema afirma que uma função não pode se aproximar de dois números diferentes quando x se aproxima de *a*. É o teorema da unicidade do limite de uma função; ele nos garante que, se o limite de uma função existe, então ele é único.

III. Unicidade do limite

25. Teorema

Se $\lim_{x \to a} f(x) = L_1$ e $\lim_{x \to a} f(x) = L_2$, então $L_1 = L_2$.

Demonstração:

Demonstraremos este teorema por redução ao absurdo.
Supondo $L_1 \neq L_2$, temos:

$\lim_{x \to a} f(x) = L_1$, vem:

$\forall \varepsilon > 0, \exists \delta_1 > 0 \mid 0 < |x - a| < \delta_1 \Rightarrow |f(x) - L_1| < \varepsilon$ (1)

$\lim_{x \to a} f(x) = L_2$, vem:

$\forall \varepsilon > 0, \exists \delta_2 > 0 \mid 0 < |x - a| < \delta_2 \Rightarrow |f(x) - L_2| < \varepsilon$ (2)

Escrevendo $L_1 - L_2$ como $L_1 - f(x) + f(x) - L_2$ e aplicando a desigualdade triangular $(|a + b| \leq |a| + |b|, \forall a, b \in \mathbb{R})$, temos:

$|L_1 - L_2| = |(L_1 - f(x)) + (f(x) - L_2)| \leq |L_1 - f(x)| + |f(x) - L_2| =$
$= |f(x) - L_1| + |f(x) - L_2|$

Chamando de δ o menor dos números δ_1 e δ_2, temos $\delta \leq \delta_1$ e $\delta \leq \delta_2$ e considerando (1) e (2), temos:

$\forall \varepsilon > 0, \exists \delta > 0$ tal que:
$0 < |x - a| < \varepsilon \Rightarrow |f(x) - L_1| + |f(x) - L_2| < 2\varepsilon$

mas $|L_1 - L_2| < |f(x) - L_1| + |f(x) - L_2|$, então:

$\forall \varepsilon > 0, \exists \delta > 0$ tal que:
$0 < |x - a| < \varepsilon \Rightarrow |L_1 - L_2| < 2\varepsilon$

Se tomarmos $\varepsilon = \dfrac{|L_1 - L_2|}{2}$, vem:

para $\varepsilon = \dfrac{|L_1 - L_2|}{2}$, $\exists \delta = \min\{\delta_1, \delta_2\}$

tal que $0 < |x - a| < \varepsilon \Rightarrow |L_1 - L_2| < |L_1 - L_2|$

que é uma contradição e, portanto, a nossa suposição é falsa. Logo $L_1 = L_2$.

LIMITE

EXERCÍCIOS

14. Seja a função f definida por $f(x) = 5x - 2$ para todo x real. Se $\lim\limits_{x \to 2} f(x) = 8$, encontre um δ para $\varepsilon = 0{,}01$ tal que:

$0 < |x - 2| < \delta \Rightarrow |f(x) - 8| < 0{,}01$

Solução

$|f(x) - 8| < 0{,}01 \Leftrightarrow |(5x - 2) - 8| < 0{,}01 \Leftrightarrow |5x - 10| < 0{,}01 \Leftrightarrow$
$\Leftrightarrow 5 \cdot |x - 2| < 0{,}01 \Leftrightarrow |x - 2| < 0{,}002$

Se tomarmos $\delta = 0{,}002$, teremos:

$0 < |x - 2| < 0{,}002 \Rightarrow |f(x) - 8| < 0{,}01$

Notemos que qualquer número positivo menor que 0,002 pode ser usado no lugar de 0,002 como sendo o δ pedido, isto é, de $0 < \delta_1 < 0{,}002$, a afirmação

$0 < |x - 2| < \delta_1 \Rightarrow |f(x) - 8| < 0{,}01$

é verdadeira, porque todo número x que satisfaça a desigualdade $0 < |x - 2| < \delta_1$ satisfará também a desigualdade $0 < |x - 2| < \delta$.

15. Seja f uma função tal que $f(x) = 3x + 2$, $x \in \mathbb{R}$.
Se $\lim\limits_{x \to 1} f(x) = 5$, encontre um δ para $\varepsilon = 0{,}01$ tal que $0 < |x - 1| < \delta \Rightarrow$
$\Rightarrow |f(x) - 5| < 0{,}01$.

16. Dada a função f tal que $f(x) = 5 - 2x$, $x \in \mathbb{R}$, determine um número δ para $\varepsilon = 0{,}001$ de modo que $0 < |x + 2| < \delta \Rightarrow |f(x) - 9| < \varepsilon$, sabendo que $\lim\limits_{x \to -2} f(x) = 9$.

17. Seja a função $f(x) = \dfrac{x^2 - 1}{x + 1}$ definida para todo x real e $x \neq -1$. Sabendo que $\lim\limits_{x \to -1} f(x) = -2$, calcule δ de modo que $0 < |x + 1| < \delta \Rightarrow |f(x) + 2| < 0{,}01$.

18. Supondo conhecido que $\lim\limits_{x \to \frac{2}{3}} \dfrac{9x^2 - 4}{3x - 2} = 4$, quão próximo de $\dfrac{2}{3}$ deve estar x para que a fração $\dfrac{9x^2 - 4}{3x - 2}$ esteja próxima de 4, com aproximação inferior a 0,0001?

LIMITE

19. Usando a definição, demonstre que $\lim_{x \to 1} (3x + 2) = 5$.

Solução
Devemos mostrar que, para qualquer $\varepsilon > 0$, existe $\delta > 0$ tal que:
$0 < |x - 1| < \delta \Rightarrow |(3x + 2) - 5| < \varepsilon$
Notemos que:
$|(3x + 2) - 5| < \varepsilon \Leftrightarrow |3x - 3| < \varepsilon \Leftrightarrow 3|x - 1| < \varepsilon \Leftrightarrow |x - 1| < \dfrac{\varepsilon}{3}$
Assim, se escolhermos $\delta = \dfrac{\varepsilon}{3}$, teremos:
$\forall \varepsilon > 0, \exists \delta = \dfrac{\varepsilon}{3} > 0 \mid 0 < |x - 1| < \delta \Rightarrow |(3x + 2) - 5| < \varepsilon$
De fato, se
$0 < |x - 1| < \delta = \dfrac{\varepsilon}{3} \Rightarrow |x - 1| < \dfrac{\varepsilon}{3} \Rightarrow 3|x - 1| < \varepsilon \Rightarrow$
$\Rightarrow |3x - 3| < \varepsilon \Rightarrow |(3x + 2) - 5| < \varepsilon$

20. Demonstre, usando a definição, que:
a) $\lim_{x \to 2} (4x - 1) = 7$ b) $\lim_{x \to 3} (4 - 2x) = -2$ c) $\lim_{x \to -1} (3x - 2) = -5$

21. Demonstre, usando a definição, que: $\lim_{x \to 1} x^2 = 1$.

Solução
Devemos provar:
$\forall \varepsilon > 0, \exists \delta > 0 \mid 0 < |x - 1| < \delta \Rightarrow |x^2 - 1| < \varepsilon$
Notemos que:
$|x^2 - 1| < \varepsilon \Rightarrow -\varepsilon < x^2 - 1 < \varepsilon \Rightarrow 1 - \varepsilon < x^2 < 1 + \varepsilon$
Suponhamos que o valor de δ que queremos encontrar seja menor ou igual a 1, isto é,
$0 < |x - 1| < \delta \leqslant 1 \Rightarrow |x - 1| < 1 \Rightarrow -1 < x - 1 < 1 \Rightarrow 0 < x < 2$
e, sendo $\varepsilon' > 0$ tal que se $0 < \varepsilon < 1$ então $\varepsilon' = \varepsilon$ ou se $\varepsilon \geqslant 1$ então $0 < \varepsilon' < 1$, temos:
$1 - \varepsilon \leqslant 1 - \varepsilon' < x^2 < 1 + \varepsilon' \leqslant 1 + \varepsilon \Rightarrow 0 < 1 - \varepsilon' < x^2 < 1 + \varepsilon' \Rightarrow$
$\Rightarrow \sqrt{1 - \varepsilon'} < |x| < \sqrt{1 + \varepsilon'} \Rightarrow \sqrt{1 - \varepsilon'} < x < \sqrt{1 + \varepsilon'} \Rightarrow$
$\Rightarrow \sqrt{1 - \varepsilon'} - 1 < x - 1 < \sqrt{1 + \varepsilon'} - 1 \Rightarrow \begin{cases} |x - 1| < \sqrt{1 + \varepsilon'} - 1 \\ \text{e} \\ |x - 1| < 1 - \sqrt{1 - \varepsilon'} \end{cases}$

LIMITE

Notando que
$0 < \sqrt{1+\varepsilon'} - 1 < 1 - \sqrt{1-\varepsilon'} < 1$ temos:

para todo $\varepsilon > 0$, existe $\delta = \sqrt{1+\varepsilon'} - 1$ em que $\varepsilon' = \varepsilon$ se $0 < \varepsilon < 1$ ou $0 < \varepsilon' < 1$ se $\varepsilon \geq 1$, tal que:

$0 < |x - 1| < \delta \Rightarrow |x^2 - 1| < \varepsilon$

De fato,

$0 < |x - 1| < \delta \Rightarrow |x - 1| < \sqrt{1+\varepsilon'} - 1 \Rightarrow$

$\Rightarrow \sqrt{1-\varepsilon'} - 1 < 1 - \sqrt{1+\varepsilon'} < x - 1 < \sqrt{1+\varepsilon'} - 1 \Rightarrow$

$\Rightarrow \sqrt{1-\varepsilon'} - 1 < x - 1 < \sqrt{1+\varepsilon'} - 1 \Rightarrow \sqrt{1-\varepsilon'} < x < \sqrt{1+\varepsilon'} \Rightarrow$

$\Rightarrow 1 - \varepsilon' < x^2 < 1 + \varepsilon' \Rightarrow -\varepsilon' < x^2 - 1 < \varepsilon' \Rightarrow |x^2 - 1| < \varepsilon' \leq \varepsilon$

22. Prove pela definição de limite que:

a) $\lim\limits_{x \to 2} x^2 = 4$
b) $\lim\limits_{x \to -3} (x^2 + 1) = 10$
c) $\lim\limits_{x \to 2} (1 - x^2) = -3$

23. Prove pela definição de limite que $\lim\limits_{x \to 2} \dfrac{9}{x+1} = 3$.

Solução

Devemos provar:

$\forall \varepsilon > 0, \exists \delta > 0 \mid 0 < |x - 2| < \delta \Rightarrow \left|\dfrac{9}{x+1} - 3\right| < \varepsilon$

Notemos que:

$\left|\dfrac{9}{x+1} - 3\right| < \varepsilon \Rightarrow -\varepsilon < \dfrac{9}{x+1} - 3 < \varepsilon \Rightarrow 3 - \varepsilon < \dfrac{9}{x+1} < 3 + \varepsilon$

Considerando $\varepsilon' > 0$, tal que $\varepsilon' = \varepsilon$ se $0 < \varepsilon < 3$ ou $0 < \varepsilon' < 3$ se $\varepsilon \geq 3$, temos:

$3 - \varepsilon \leq 3 - \varepsilon' < \dfrac{9}{x+1} < 3 + \varepsilon' \leq 3 + \varepsilon \Rightarrow$

$\Rightarrow 0 < 3 - \varepsilon' < \dfrac{9}{x+1} < 3 + \varepsilon' \Rightarrow$

$\Rightarrow \dfrac{1}{3-\varepsilon'} > \dfrac{x+1}{9} > \dfrac{1}{3+\varepsilon'} \Rightarrow \dfrac{9}{3-\varepsilon'} > x + 1 > \dfrac{9}{3+\varepsilon'} \Rightarrow$

$\Rightarrow \dfrac{9}{3-\varepsilon'} - 3 > x - 2 > \dfrac{9}{3+\varepsilon'} - 3 \Rightarrow$

$$\Rightarrow \frac{3\varepsilon'}{3-\varepsilon'} > x - 2 > \frac{-3\varepsilon'}{3+\varepsilon'} \Rightarrow$$

$$\Rightarrow \begin{cases} |x-2| < \dfrac{3\varepsilon'}{3-\varepsilon'} \\ \quad e \\ |x-2| < \dfrac{3\varepsilon'}{3+\varepsilon'} \end{cases}$$

Notando que $0 < \dfrac{3\varepsilon'}{3+\varepsilon'} < \dfrac{3\varepsilon'}{3-\varepsilon'}$, temos para todo $\varepsilon > 0$, existe

$\delta = \dfrac{3\varepsilon'}{3+\varepsilon'} > 0$ em que $\varepsilon' = \varepsilon$ se $0 < \varepsilon < 3$ ou $0 < \varepsilon' < 3$ se $\varepsilon \geq 3$, tal que:

$$0 < |x-2| < \delta \Rightarrow \left|\frac{9}{x+1} - 3\right| < \varepsilon$$

De fato:

$$0 < |x-2| < \delta \Rightarrow |x-2| < \frac{3\varepsilon'}{3+\varepsilon'} \Rightarrow$$

$$\Rightarrow \frac{-3\varepsilon'}{3+\varepsilon'} < x - 2 < \frac{3\varepsilon'}{3+\varepsilon'} < \frac{3\varepsilon'}{3-\varepsilon'} \Rightarrow$$

$$\Rightarrow \frac{-3\varepsilon'}{3+\varepsilon'} < x - 2 < \frac{3\varepsilon'}{3-\varepsilon'} \Rightarrow$$

$$\Rightarrow \frac{9}{3+\varepsilon'} - 3 < x - 2 < \frac{9}{3-\varepsilon'} - 3 \Rightarrow$$

$$\Rightarrow \frac{9}{3+\varepsilon'} < x + 1 < \frac{9}{3-\varepsilon'} \Rightarrow \frac{1}{3+\varepsilon'} < \frac{x+1}{9} < \frac{1}{3-\varepsilon'} \Rightarrow$$

$$\Rightarrow 3 - \varepsilon' < \frac{9}{x+1} < 3 + \varepsilon' \Rightarrow -\varepsilon' < \frac{9}{x+1} - 3 < \varepsilon' \Rightarrow$$

$$\Rightarrow \left|\frac{9}{x+1} - 3\right| < \varepsilon' \leq \varepsilon$$

Ufa! Quanto trabalho! Será que vai ser sempre assim? Não, com as propriedades dos limites (item seguinte) evitaremos tantos artifícios.

24. Prove pela definição de limite que $\lim\limits_{x \to 1} \dfrac{6}{x+2} = 2$.

25. Prove pela definição de limite que $\lim\limits_{x \to 2} \dfrac{x+2}{x-1} = 4$.

26. Prove pela definição de limite que $\lim\limits_{x \to 1} x^3 = 1$.

LIMITE

IV. Propriedades do limite de uma função

26. No parágrafo anterior vimos que, para provarmos $\lim_{x \to a} f(x) = L$, devemos exibir um $\delta > 0$ para um dado $\varepsilon > 0$.

Considerando que frequentemente uma função é construída a partir de funções mais simples; por exemplo uma função polinomial f é uma soma finita de funções do tipo $f_i(x) = a_i x^i$ em que $a_i \in \mathbb{R}$ e $i \in \mathbb{N}$, isto é:

$$f(x) = a_0 + a_1 x + a_2 x^2 + \ldots + a_n x^n = \sum_{i=0}^{n} a_i x^i = \sum_{i=0}^{n} f_i(x)$$

Se as funções f_i têm limites para x tendendo a a, então uma combinação conveniente nos fornece o limite de f quando x tende a a.

A fim de que não tenhamos que voltar repetidamente à definição de limite para provarmos $\lim_{x \to a} f(x) = L$, vamos apresentar as propriedades algébricas do limite de uma função.

No que segue estamos supondo que a é elemento de um intervalo aberto I, e que em I $-$ {a} estão definidas as funções $f, g, \ldots$ "envolvidas" na propriedade.

27. 1ª propriedade

"Se $c \in \mathbb{R}$ e f é a função definida por $f(x) = c$, para todo x real, então $\lim_{x \to a} c = c$."

Demonstração:

Devemos provar:

$\forall \varepsilon > 0, \exists \delta > 0 \mid 0 < |x - a| < \delta \Rightarrow |f(x) - c| < \varepsilon$

É sempre verdadeiro, pois:

$|f(x) - c| = |c - c| = 0 < \varepsilon$

28. 2ª propriedade

Se $c \in \mathbb{R}$ e $\lim_{x \to a} f(x) = L$, então $\lim_{x \to a} [c \cdot f(x)] = c \cdot \lim_{x \to a} f(x) = c \cdot L$.

Demonstração:

Devemos considerar dois casos:

1º caso: c = 0

Se c = 0, então c · f(x) = 0 · f(x) = 0 e c · L = 0 · L = 0.
Pela 1ª propriedade, temos:
$$\lim_{x \to a} [c \cdot f(x)] = \lim_{x \to a} 0 = 0 = c \cdot L$$

2º caso: c ≠ 0

Devemos provar:

$$\forall \varepsilon > 0, \exists \delta > 0 \mid 0 < |x - a| < \delta \Rightarrow |c \cdot f(x) - c \cdot L| < \varepsilon$$

Temos, por hipótese:
$$\lim_{x \to a} f(x) = L$$

isto é,

$$\forall \varepsilon > 0, \exists \delta_1 > 0 \mid 0 < |x - a| < \delta_1 \Rightarrow |f(x) - L| < \varepsilon$$

Então $\forall \varepsilon > 0$, considerando $\dfrac{\varepsilon}{|c|}$, temos:

$$\exists \delta > 0 \mid 0 < |x - a| < \delta \Rightarrow |f(x) - L| < \dfrac{\varepsilon}{|c|}$$

isto é,

$$\exists \delta > 0 \mid 0 < |x - a| < \delta \Rightarrow |c| \cdot |f(x) - L| < \dfrac{\varepsilon}{|c|} \cdot |c| = \varepsilon$$

ou seja:

$$\exists \delta > 0 \mid 0 < |x - a| < \delta \Rightarrow |c \cdot f(x) - c \cdot L| < \varepsilon$$

29. 3ª propriedade

Se $\lim\limits_{x \to a} f(x) = L$ e $\lim\limits_{x \to a} g(x) = M$, então $\lim\limits_{x \to a} (f + g)(x) = L + M$.

Demonstração:

Devemos provar:

$$\forall \varepsilon > 0, \exists \delta > 0 \mid 0 < |x - a| < \delta \Rightarrow |(f + g)(x) - (L + M)| < \varepsilon$$

LIMITE

Para todo $\varepsilon > 0$, consideremos $\frac{\varepsilon}{2}$. Temos:

$$\exists \delta_1 > 0 \mid 0 < |x - a| < \delta_1 \Rightarrow |f(x) - L| < \frac{\varepsilon}{2}$$

$$\exists \delta_2 > 0 \mid 0 < |x - a| < \delta_2 \Rightarrow |g(x) - M| < \frac{\varepsilon}{2}$$

Considerando $\delta = \min\{\delta_1, \delta_2\}$ e, portanto, $\delta \leq \delta_1$ e $\delta \leq \delta_2$, vem

$$\delta = \min\{\delta_1, \delta_2\} \mid 0 < |x - a| < \delta \Rightarrow |f(x) - L| + |g(x) - M| < \frac{\varepsilon}{2} + \frac{\varepsilon}{2} = \varepsilon$$

Mas, pela desigualdade triangular, temos:

$$|f(x) - L| + |g(x) - M| \leq |f(x) + g(x) - (L + M)| = |(f + g)(x) - (L + M)|$$

então:

$$\exists \delta = \min\{\delta_1, \delta_2\} \mid 0 < |x - a| < \delta \Rightarrow |(f + g)(x) - (L + M)| < \varepsilon$$

30. Esta propriedade pode ser estendida para uma soma de um número finito de funções, isto é:

Se $\lim_{x \to a} f_1(x) = L_1$, $\lim_{x \to a} f_2(x) = L_2$, ..., $\lim_{x \to a} f_n(x) = L_n$, então $\lim_{x \to a} (f_1 + f_2 + ... + f_n)(x) = L_1 + L_2 + ... + L_n$.

Demonstração:

Deixamos como exercício para o leitor.

31. 4ª propriedade

Se $\lim_{x \to a} f(x) = L$ e $\lim_{x \to a} g(x) = M$, então $\lim_{x \to a} (f - g)(x) = L - M$.

Demonstração:

$$\lim_{x \to a} (f - g)(x) = \lim_{x \to a} [f(x) - g(x)] = \lim_{x \to a} [f(x) + (-1) \cdot g(x)] =$$

$$= \lim_{x \to a} f(x) + \lim_{x \to a} [(-1) \cdot g(x)] = \lim_{x \to a} f(x) - \lim_{x \to a} g(x) = L - M$$

32. Antes de passarmos para a próxima propriedade, vamos considerar dois lemas:

Lema 1

$\lim\limits_{x \to a} f(x) = L$ se, e somente se, $\lim\limits_{x \to a} (f(x) - L) = 0$

Prova:

$\lim\limits_{x \to a} (f(x) = L \Leftrightarrow (\forall \varepsilon > 0, \exists \delta > 0 \mid 0 < |x - a| < \delta \Rightarrow |f(x) - L| < \varepsilon) \Leftrightarrow$

$\Leftrightarrow (\forall \varepsilon > 0, \exists \delta > 0 \mid 0 < |x - a| < \delta \Rightarrow |f(x) - L - 0| < \varepsilon) \Leftrightarrow$

$\Leftrightarrow \lim\limits_{x \to a} (f(x) - L) = 0$

Lema 2

$\lim\limits_{x \to a} f(x) = L$ e $\lim\limits_{x \to a} g(x) = 0$, então $\lim\limits_{x \to a} (f \cdot g)(x) = 0$

Prova:

Devemos provar que:

$\forall \varepsilon > 0, \exists \delta > 0 \mid 0 < |x - a| < \delta \Rightarrow |f(x) \cdot g(x)| < \varepsilon$

Considerando que $\lim\limits_{x \to a} f(x) = L$, isto é,

$\forall \varepsilon > 0, \exists \delta > 0 \mid 0 < |x - a| < \delta \Rightarrow |f(x) - L| < \varepsilon$

e fazendo $\varepsilon = 1$, vem:

$\exists \delta_1 > 0 \mid 0 < |x - a| < \delta_1 \Rightarrow |f(x) - L| < 1$

mas $|f(x)| - |L| \leq |f(x) - L|$ e portanto:

$\exists \delta_1 > 0 \mid 0 < |x - a| < \delta_1 \Rightarrow |f(x)| < 1 + |L|$ (1)

Considerando que $\lim\limits_{x \to a} g(x) = 0$, isto é,

$\forall \varepsilon > 0, \exists \delta > 0 \mid 0 < |x - a| < \delta \Rightarrow |g(x)| < \varepsilon$

e tomando $\dfrac{\varepsilon}{1 + |L|}$ temos:

$\exists \delta_2 > 0 \mid 0 < |x - a| < \delta_2 \Rightarrow |g(x)| < \dfrac{\varepsilon}{1 + |L|}$

isto é,

$\exists \delta_2 > 0 \mid 0 < |x - a| < \delta_2 \Rightarrow (1 + |L|) \cdot |g(x)| < \varepsilon$ (2)

LIMITE

Sendo $\delta = \min\{\delta_1, \delta_2\}$, e portanto $\delta \leq \delta_1$ e $\delta \leq \delta_2$, temos:

$$\forall \varepsilon > 0, \exists \delta = \min\{\delta_1, \delta_2\} > 0 \mid 0 < |x - a| < \delta \Rightarrow$$
$$\Rightarrow |f(x) \cdot g(x)| = \underbrace{|f(x)|}_{(1)} \cdot \underbrace{|g(x)|}_{(2)} < (1 + |L|) \cdot |g(x)| < \varepsilon$$

33. 5ª propriedade

Se $\lim_{x \to a} f(x) = L$ e $\lim_{x \to a} g(x) = M$, então $\lim_{x \to a} (f \cdot g)(x) = LM$.

Demonstração:

Notemos que:
$$(f \cdot g)(x) = f(x) \cdot g(x) = f(x) \cdot g(x) - L \cdot g(x) + L \cdot g(x) - LM + LM$$

isto é:
$$(f \cdot g)(x) = [f(x) - L] \cdot g(x) + L \cdot [g(x) - M] + LM$$

Considerando que:

1) $\lim_{x \to a} f(x) = L \Leftrightarrow \lim_{x \to a} [f(x) - L] = 0,$

2) $\lim_{x \to a} g(x) = M \Leftrightarrow \lim_{x \to a} [g(x) - M] = 0,$

3) $\lim_{x \to a} [f(x) - L] = 0$ e $\lim_{x \to a} g(x) = M \Rightarrow \lim_{x \to a} \{[f(x) - L] \cdot g(x)\} = 0$

temos:
$$\lim_{x \to a} (f \cdot g)(x) = \lim_{x \to a} \{[f(x) - L] \cdot g(x) + L \cdot [g(x) - M] + LM\} =$$
$$= \lim_{x \to a} \{[f(x) - L] \cdot g(x)\} + \lim_{x \to a} \{L \cdot [g(x) - M]\} + \lim_{x \to a} LM =$$
$$= 0 + L \cdot \lim_{x \to a} [g(x) - M] + LM = L \cdot 0 + LM = LM$$

34.
Esta propriedade pode ser estendida para um produto de um número finito de funções, isto é:

Se $\lim_{x \to a} f_1(x) = L_1$, $\lim_{x \to a} f_2(x) = L_2$, ..., $\lim_{x \to a} f_n(x) = L_n$, então
$\lim_{x \to a} (f_1 \cdot f_2 \cdot \ldots \cdot f_n)(x) = L_1 \cdot L_2 \cdot \ldots \cdot L_n$.

Demonstração:

Deixamos como exercício para o leitor.

35. 6ª propriedade

Se $\lim_{x \to a} f(x) = L$, então $\lim_{x \to a} (f)^n(x) = L^n$, $n \in \mathbb{N}^*$.

(Trata-se do caso particular da propriedade vista no item 34, fazendo $f_1 = f_2 = ... = f_n = f$.)

36. Antes da próxima propriedade, vejamos mais dois lemas:

Lema 3

Se $\lim_{x \to a} f(x) = L \neq 0$, então existem δ e N positivos tais que $0 < |x - a| < \delta \Rightarrow |f(x)| > N$.

Prova:

De $\lim_{x \to a} f(x) = L$, vem:

$\forall \varepsilon > 0, \exists \delta > 0 \mid 0 < |x - a| < \delta \Rightarrow |f(x) - L| < \varepsilon$

Tomando $\varepsilon = \dfrac{|L|}{2}$, existe um $\delta > 0$ tal que:

$0 < |x - a| < \delta \Rightarrow |f(x) - L| < \dfrac{|L|}{2} \Rightarrow -\dfrac{|L|}{2} < f(x) - L < \dfrac{|L|}{2} \Rightarrow$

$\Rightarrow L - \dfrac{|L|}{2} < f(x) < L + \dfrac{|L|}{2}$

Então são possíveis dois casos:

1º) se $L > 0$, então $0 < \dfrac{L}{2} < f(x) < \dfrac{3L}{2}$,

2º) se $L < 0$, então $\dfrac{3L}{2} < f(x) < \dfrac{L}{2} < 0$,

então, para $L \neq 0$, temos $0 < \left|\dfrac{L}{2}\right| < |f(x)| < \left|\dfrac{3L}{2}\right|$.

Considerando $N = \left|\dfrac{L}{2}\right| > 0$, temos:

$0 < |x - a| < \delta \Rightarrow |f(x)| > N$

Lema 4

Se $\lim_{x \to a} g(x) = M \neq 0$, então $\lim_{x \to a} \dfrac{1}{g(x)} = \dfrac{1}{M}$.

Prova:

Considerando que $\lim_{x \to a} g(x) = M \neq 0$, pelo lema 3, temos:

$$\exists \delta_1 \, N > 0 \mid 0 < |x - a| < \delta_1 \Rightarrow |g(x)| > N \Rightarrow \dfrac{1}{|g(x)|} < \dfrac{1}{N}$$

De $\lim_{x \to a} g(x) = M$, vem:

$$\forall \varepsilon > 0, \, \exists \delta > 0 \mid 0 < |x - a| < \delta \Rightarrow |g(x) - M| < \varepsilon$$

Considerando $\varepsilon \cdot |M| \cdot N$, temos:

$$\forall \varepsilon > 0, \, \exists \delta_2 > 0 \mid 0 < |x - a| < \delta_2 \Rightarrow |g(x) - M| < \varepsilon \cdot |M| \cdot N$$

Sendo $\delta = \min\{\delta_1, \delta_2\}$, vem: $\forall \varepsilon > 0, \, \exists \delta$ tal que

$$0 < |x - a| < \delta \Rightarrow \left|\dfrac{1}{g(x)} - \dfrac{1}{M}\right| = \left|\dfrac{g(x) - M}{g(x) \cdot M}\right| =$$

$$= |g(x) - M| \cdot \dfrac{1}{|g(x)|} \cdot \dfrac{1}{|M|} < \dfrac{\varepsilon \cdot |M| \cdot N}{N \cdot |M|} = \varepsilon$$

37. 7ª propriedade

Se $\lim_{x \to a} f(x) = L$ e $\lim_{x \to a} g(x) = M \neq 0$, então $\lim_{x \to a} \left(\dfrac{f}{g}\right)(x) = \dfrac{L}{M}$.

Demonstração:

Pelo lema 4, temos:

$$\lim_{x \to a} g(x) = M \neq 0 \Rightarrow \lim_{x \to a} \dfrac{1}{g(x)} = \dfrac{1}{M}$$

e então

$$\lim_{x \to a} \left(\dfrac{f}{g}\right)(x) = \lim_{x \to a} \left[f(x) \cdot \dfrac{1}{g(x)}\right] = L \cdot \dfrac{1}{M} = \dfrac{L}{M}$$

38. 8ª propriedade

Se $\lim_{x \to a} f(x) = L$, então $\lim_{x \to a} \sqrt[n]{f(x)} = \sqrt[n]{L}$ com $L \geq 0$ e $n \in \mathbb{N}^*$ ou $L < 0$ e n é ímpar.

A demonstração deste teorema será feita oportunamente, mas iremos aplicá-lo quando for necessário.

Por uma questão de simplicidade indicaremos as propriedades de limites como sendo as propriedades L e vamos fazer rápido sumário dessas propriedades.

Se $\lim_{x \to a} f(x) = L$ e $\lim_{x \to a} g(x) = M$, então:

$L_1 \cdot \lim_{x \to a} c = c$

$L_2 \cdot \lim_{x \to a} [c \cdot f(x)] = c \cdot \lim_{x \to a} f(x) = c \cdot L$

$L_3 \cdot \lim_{x \to a} [(f + g)(x)] = \lim_{x \to a} f(x) + \lim_{x \to a} g(x) = L + M$

$L_4 \cdot \lim_{x \to a} [(f - g)(x)] = \lim_{x \to a} f(x) - \lim_{x \to a} g(x) = L - M$

$L_5 \cdot \lim_{x \to a} [(f \cdot g)(x)] = \lim_{x \to a} f(x) \cdot \lim_{x \to a} g(x) = L \cdot M$

$L_6 \cdot \lim_{x \to a} [(f)^n(x)] = \left[\lim_{x \to a} f(x) \right]^n = L^n$

$L_7 \cdot \lim_{x \to a} \left[\left(\frac{f}{g}\right)(x) \right] = \dfrac{\lim_{x \to a} f(x)}{\lim_{x \to a} g(x)} = \dfrac{L}{M} \quad (M \neq 0)$

$L_8 \cdot \lim_{x \to a} \sqrt[n]{f(x)} = \sqrt[n]{\lim_{x \to a} f(x)} = \sqrt[n]{L}$ (se $n \in \mathbb{N}^*$ e $L \geq 0$ ou se n é ímpar e $L \leq 0$)

V. Limite de uma função polinomial

Uma das consequências das propriedades L é a regra para obter o limite de uma função polinomial.

39. Teorema

O limite de uma função polinomial $f(x) = a_0 + a_1 x + a_2 x^2 + \ldots + a_n x^n = \sum_{i=0}^{n} a_i x^i$, $a_i \in \mathbb{R}$, para x tendendo para a, é igual ao valor numérico de $f(x)$ para $x = a$.

LIMITE

Antes de provarmos esta proposição, provemos que $\lim_{x \to a} x = a$.

É trivialmente verdadeira, pois, dado $\varepsilon > 0$, basta tomarmos $\delta = \varepsilon$ e temos $0 < |x - a| < \varepsilon \Rightarrow |x - a| < \varepsilon$.

Provemos agora que, se f é uma função polinomial, então $\lim_{x \to a} f(x) = f(a)$.

$$\lim_{x \to a} f(x) = \lim_{x \to a} (a_0 + a_1 x + a_2 x^2 + \ldots + a_n x^n) =$$

$$\overset{(1)}{=} \lim_{x \to a} a_0 + \lim_{x \to a} a_1 x + \lim_{x \to a} a_2 x^2 + \ldots + \lim_{x \to a} a_n x^n =$$

$$\overset{(2)}{=} a_0 + a_1 \lim_{x \to a} x + a_2 \lim_{x \to a} x^2 + \ldots + a_n \lim_{x \to a} x^n =$$

$$\overset{(3)}{=} a_0 + a_1 a + a_2 a^2 + \ldots + a_n a^n = f(a)$$

Justificações:

(1) 3ª propriedade
(2) 2ª propriedade
(3) 6ª propriedade

EXERCÍCIOS

27. Calcule os seguintes limites, especificando em cada passagem a propriedade ou o teorema utilizado.

a) $\lim_{x \to 2} (3x^2 - 5x + 2)$

b) $\lim_{x \to -1} \dfrac{x^2 + 2x - 3}{4x - 3}$

c) $\lim_{x \to 1} \left(\dfrac{2x^2 - x + 1}{3x - 2} \right)^2$

d) $\lim_{x \to -2} \sqrt[3]{\dfrac{x^3 + 2x^2 - 3x + 2}{x^2 + 4x + 3}}$

Solução

a) Pelo teorema da função polinomial (T), vem:

$\lim_{x \to 2} (3x^2 - 5x + 2) = 3 \cdot 2^2 - 5 \cdot 2 + 2 = 4$

b) $\lim_{x \to -1} \dfrac{x^2 + 2x - 3}{4x - 3} \overset{(L_7)}{=} \dfrac{\lim_{x \to -1} (x^2 + 2x - 3)}{\lim_{x \to -1} (4x - 3)} \overset{(T)}{=} \dfrac{-4}{-7} = \dfrac{4}{7}$

c) $\lim\limits_{x \to 1} \left(\dfrac{2x^2 - x + 1}{3x - 2}\right)^2 \overset{(L_6)}{=} \left(\lim\limits_{x \to 1} \dfrac{2x^2 - x + 1}{3x - 2}\right)^2 \overset{(L_7)}{=}$

$= \left(\dfrac{\lim\limits_{x \to 1}(2x^2 - x + 1)}{\lim\limits_{x \to 1}(3x - 2)}\right)^2 \overset{(T)}{=} 2^2 = 4$

d) $\lim\limits_{x \to -2} \sqrt[3]{\dfrac{x^3 + 2x^2 - 3x + 2}{x^2 + 4x + 3}} \overset{(L_8)}{=} \sqrt[3]{\lim\limits_{x \to -2} \dfrac{x^3 + 2x^2 - 3x + 2}{x^2 + 4x + 3}} \overset{(L_7)}{=}$

$= \sqrt[3]{\dfrac{\lim\limits_{x \to -2}(x^3 + 2x^2 - 3x + 2)}{\lim\limits_{x \to -2}(x^2 + 4x + 3)}} \overset{(T)}{=} \sqrt[3]{-8} = -2$

28. Calcule os seguintes limites, especificando em cada passagem a propriedade ou o teorema utilizado.

a) $\lim\limits_{x \to 1}(4x^2 - 7x + 5)$

b) $\lim\limits_{x \to -1}(x^3 - 2x^2 - 4x + 3)$

c) $\lim\limits_{x \to 2} \dfrac{3x + 2}{x^2 - 6x + 5}$

d) $\lim\limits_{x \to -1} \dfrac{3x^2 - 5x + 4}{2x + 1}$

e) $\lim\limits_{x \to -3} \dfrac{x^2 + 2x - 3}{5 - 3x}$

f) $\lim\limits_{x \to 2} \left(\dfrac{3x^2 - 2x - 5}{-x^2 + 3x + 4}\right)^3$

g) $\lim\limits_{x \to 4} \left(\dfrac{x^3 - 3x^2 - 2x - 5}{2x^2 - 9x + 2}\right)^2$

h) $\lim\limits_{x \to -1} \sqrt{\dfrac{2x^2 + 3x - 4}{5x - 4}}$

i) $\lim\limits_{x \to -2} \sqrt[3]{\dfrac{3x^3 - 5x^2 - x + 2}{4x + 3}}$

i) $\lim\limits_{x \to 2} \sqrt{\dfrac{2x^2 + 3x + 2}{6 - 4x}}$

29. Calcule $\lim\limits_{x \to 2} \dfrac{x^2 - 4}{x^2 - 2x}$.

Solução

Temos $\lim\limits_{x \to 2}(x^2 - 4) = 0$ e $\lim\limits_{x \to 2}(x^2 - 2x) = 0$ e nada podemos concluir ainda sobre o limite procurado.

Os polinômios $(x^2 - 4)$ e $(x^2 - 2x)$ anulam-se para $x = 2$; portanto, pelo teorema de D'Alembert, são divisíveis por $x - 2$, isto é:

$\dfrac{x^2 - 4}{x^2 - 2x} = \dfrac{(x + 2)(x - 2)}{x(x - 2)} = \dfrac{x + 2}{x}$

LIMITE

Considerando que no cálculo do limite de uma função, quando x tende a a, interessa o comportamento da função quando x se aproxima de a e não o que ocorre com a função quando $x = a$, concluímos:

$$\lim_{x \to 2} \frac{x^2 - 4}{x^2 - 2x} = \lim_{x \to 2} \frac{x + 2}{x} = 2$$

30. Calcule os limites:

a) $\lim\limits_{x \to 1} \dfrac{x^2 - 1}{x - 1}$

b) $\lim\limits_{x \to -2} \dfrac{4 - x^2}{2 + x}$

c) $\lim\limits_{x \to \frac{3}{2}} \dfrac{4x^2 - 9}{2x - 3}$

d) $\lim\limits_{x \to 3} \dfrac{x^2 - 4x + 3}{x^2 - x - 6}$

e) $\lim\limits_{x \to \frac{1}{2}} \dfrac{2x^2 + 5x - 3}{2x^2 - 5x + 2}$

f) $\lim\limits_{x \to -\frac{3}{2}} \dfrac{6x^2 + 11x + 3}{2x^2 - 5x - 12}$

g) $\lim\limits_{x \to 1} \dfrac{x^3 - 1}{x^2 - 1}$

h) $\lim\limits_{x \to -2} \dfrac{8 + x^3}{4 - x^2}$

i) $\lim\limits_{x \to 2} \dfrac{x^4 - 16}{8 - x^3}$

31. Seja a função f definida por:

$$f(x) = \begin{cases} \dfrac{x^2 - 3x + 2}{x - 1} & \text{se } x \neq 1 \\ 3 & \text{se } x = 1 \end{cases}$$

Calcule $\lim\limits_{x \to 1} f(x)$.

Solução

Como no cálculo do limite de uma função, quando x tende a a, interessa o comportamento da função quando x se aproxima de a e não o que ocorre com a função quando $x = a$, temos:

$$\lim_{x \to 1} f(x) = \lim_{x \to 1} \frac{x^2 - 3x + 2}{x - 1} = \lim_{x \to 1} \frac{(x - 1)(x - 2)}{(x - 1)} = \lim_{x \to 1} (x - 2) = -1$$

32. Seja a função f definida por:

$$f(x) = \begin{cases} \dfrac{2x^2 - 3x - 2}{x - 2} & \text{se } x \neq 2 \\ 3 & \text{se } x = 2 \end{cases}$$

Calcule $\lim\limits_{x \to 2} f(x)$.

33. Seja a função:

$$f(x) = \begin{cases} \dfrac{2x^2 + 9x + 9}{x + 3} & \text{se } x \neq -3 \\ 3 & \text{se } x = -3 \end{cases}$$

Mostre que $\lim\limits_{x \to -3} f(x) = -3$.

34. Calcule $\lim\limits_{x \to 1} \dfrac{2x^3 + x^2 - 4x + 1}{x^3 - 3x^2 + 5x - 3}$.

Solução

Temos $\lim\limits_{x \to 1} (2x^3 + x^2 - 4x + 1) = 0$ e $\lim\limits_{x \to 1} (x^3 - 3x^2 + 5x - 3) = 0$.

Os polinômios $(2x^3 + x^2 - 4x + 1)$ e $(x^3 - 3x^2 + 5x - 3)$ anulam-se para $x = 1$; portanto, pelo teorema de D'Alembert, são divisíveis por $(x - 1)$, isto é, $x - 1$ é um fator comum em $(2x^3 + x^2 - 4x + 1)$ e $(x^3 - 3x^2 + 5x - 3)$.

Efetuando as divisões de $(2x^3 + x^2 - 4x + 1)$ e $(x^3 - 3x^2 + 5x - 3)$ por $(x - 1)$, obtemos:

$$\dfrac{2x^3 + x^2 - 4x + 1}{x^3 - 3x^2 + 5x - 3} = \dfrac{(x - 1) \cdot (2x^2 + 3x - 1)}{(x - 1) \cdot (x^2 - 2x + 3)} = \dfrac{2x^2 + 3x - 1}{x^2 - 2x + 3}$$

Então:

$$\lim\limits_{x \to 1} \dfrac{2x^3 + x^2 - 4x + 1}{x^3 - 3x^2 + 5x - 3} = \lim\limits_{x \to 1} \dfrac{2x^2 + 3x - 1}{x^2 - 2x + 3} = 2$$

35. Calcule os limites:

a) $\lim\limits_{x \to -1} \dfrac{x^3 + 3x^2 - x - 3}{x^3 - x^2 + 2}$

b) $\lim\limits_{x \to 3} \dfrac{x^3 - 6x - 9}{x^3 - 8x - 3}$

c) $\lim\limits_{x \to 1} \dfrac{x^3 - 3x^2 + 6x - 4}{x^3 - 4x^2 + 8x - 5}$

d) $\lim\limits_{x \to 2} \dfrac{x^4 - 10x + 4}{x^3 - 2x^2}$

36. Calcule $\lim\limits_{x \to 1} \dfrac{3x^3 - 4x^2 - x + 2}{2x^3 - 3x^2 + 1}$

Solução

Temos $\lim\limits_{x \to 1} (3x^3 - 4x^2 - x + 2) = 0$ e $\lim\limits_{x \to 1} (2x^3 - 3x^2 + 1) = 0$.

Efetuando as divisões de $3x^3 - 4x^2 - x + 2$ e $2x^3 - 3x^2 + 1$ por $x - 1$, temos:

$$\dfrac{3x^3 - 4x^2 - x + 2}{2x^3 - 3x^2 + 1} = \dfrac{(x - 1)(3x^2 - x - 2)}{(x - 1)(2x^2 - x - 1)} = \dfrac{3x^2 - x - 2}{2x^2 - x - 1}$$

então:
$$\lim_{x \to 1} \frac{3x^3 - 4x^2 - x + 2}{2x^3 - 3x^2 + 1} = \lim_{x \to 1} \frac{3x^2 - x - 2}{2x^2 - x - 1}$$
mas:
$$\lim_{x \to 1} (3x^2 - x - 2) = 0 \text{ e } \lim_{x \to 1} (2x^2 - x - 1) = 0$$
e então:
$$\lim_{x \to 1} \frac{3x^2 - x - 2}{2x^2 - x - 1} = \lim_{x \to 1} \frac{(x-1)(3x+2)}{(x-1)(2x+1)} = \lim_{x \to 1} \frac{3x+2}{2x+1} = \frac{5}{3}$$

37. Calcule os limites:

a) $\lim_{x \to 1} \dfrac{x^3 - 3x + 2}{x^4 - 4x + 3}$

b) $\lim_{x \to -2} \dfrac{x^4 + 4x^3 + x^2 - 12x - 12}{2x^3 + 7x^2 + 4x - 4}$

c) $\lim_{x \to -1} \dfrac{x^4 - x^3 - x^2 + 5x + 4}{x^3 + 4x^2 + 5x + 2}$

d) $\lim_{x \to -2} \dfrac{x^4 + 2x^3 - 5x^2 - 12x - 4}{2x^4 + 7x^3 + 2x^2 - 12x - 8}$

38. Calcule os limites:

a) $\lim_{x \to a} \dfrac{x^2 - a^2}{x - a}$

b) $\lim_{x \to -a} \dfrac{a^2 - x^2}{a^3 + x^3}$

c) $\lim_{x \to 1} \dfrac{x^n - 1}{x - 1}$

d) $\lim_{x \to 1} \dfrac{x^m - 1}{x^n - 1}$

e) $\lim_{x \to a} \dfrac{x^n - a^n}{x - a}$

f) $\lim_{x \to a} \dfrac{x^m - a^m}{x^n - a^n}$

39. Calcule $\lim_{x \to 3} \dfrac{\sqrt{1+x} - 2}{x - 3}$.

Solução

Como $\lim_{x \to 3} (\sqrt{1+x} - 2) = 0$ e $\lim_{x \to a} (x - 3) = 0$, não podemos aplicar a propriedade L_7 (limite do quociente). Multiplicando o numerador e o denominador da fração pelo "conjugado" do numerador, temos:

$$\frac{\sqrt{1+x}-2}{x-3} = \frac{(\sqrt{1+x}-2)(\sqrt{1+x}+2)}{(x-3)(\sqrt{1+x}+2)} = \frac{(x-3)}{(x-3)(\sqrt{1+x}+2)} =$$
$$= \frac{1}{\sqrt{1+x}+2}$$

e então:

$$\lim_{x \to 3} \frac{\sqrt{1+x}-2}{x-3} = \lim_{x \to 3} \frac{1}{\sqrt{1+x}+2} = \frac{1}{4}$$

40. Calcule os limites:

a) $\lim_{x \to 1} \dfrac{\sqrt{x}-1}{x-1}$

b) $\lim_{x \to 0} \dfrac{1-\sqrt{1-x}}{x}$

c) $\lim_{x \to 1} \dfrac{\sqrt{x+3}-2}{x-1}$

d) $\lim_{x \to 0} \dfrac{\sqrt{1-2x-x^2}-1}{x}$

e) $\lim_{x \to 0} \dfrac{\sqrt{1+x}-\sqrt{1-x}}{x}$

f) $\lim_{x \to 1} \dfrac{\sqrt{2x}-\sqrt{x+1}}{x-1}$

41. Calcule os limites:

a) $\lim_{x \to 1} \dfrac{3-\sqrt{10-x}}{x^2-1}$

b) $\lim_{x \to 3} \dfrac{2-\sqrt{x+1}}{x^2-9}$

c) $\lim_{x \to 1} \dfrac{\sqrt{x+3}-2}{x^2-3x+2}$

d) $\lim_{x \to 2} \dfrac{x^2-4}{\sqrt{x+2}-\sqrt{3x-2}}$

e) $\lim_{x \to 1} \dfrac{\sqrt{x^2-3x+3}-\sqrt{x^2+3x-3}}{x^2-3x+2}$

42. Calcule $\lim_{x \to 2} \dfrac{\sqrt{3x-2}-2}{\sqrt{4x+1}-3}$.

Solução

Como $\lim_{x \to 2}(\sqrt{3x-2}-2)=0$ e $\lim_{x \to 2}(\sqrt{4x+1}-3)=0$, multiplicamos o numerador e o denominador pelo "conjugado" do numerador e também pelo

LIMITE

"conjugado" do denominador.

$$\frac{\sqrt{3x-2}-2}{\sqrt{4x+1}-3} = \frac{(\sqrt{3x-2}-2)\cdot(\sqrt{3x-2}+2)\cdot(\sqrt{4x+1}+3)}{(\sqrt{4x+1}-3)\cdot(\sqrt{4x+1}-3)\cdot(\sqrt{3x-2}+2)} =$$

$$= \frac{3(x-2)(\sqrt{4x+1}+3)}{4(x-2)(\sqrt{3x-2}+2)} = \frac{3(\sqrt{4x+1}+3)}{4(\sqrt{3x-2}+2)}$$

e então:

$$\lim_{x\to 2}\frac{\sqrt{3x-2}-2}{\sqrt{4x+1}-3} = \lim_{x\to 2}\frac{3(\sqrt{4x+1}+3)}{4(\sqrt{3x-2}+2)} = \frac{9}{8}$$

43. Calcule os limites:

a) $\lim\limits_{x\to 4}\dfrac{\sqrt{2x+1}-3}{\sqrt{x-2}-\sqrt{2}}$

b) $\lim\limits_{x\to 6}\dfrac{4-\sqrt{10+x}}{2-\sqrt{10-x}}$

c) $\lim\limits_{x\to 0}\dfrac{\sqrt{3x+4}-\sqrt{x+4}}{\sqrt{x+1}-1}$

d) $\lim\limits_{x\to 2}\dfrac{\sqrt{x^2+x-2}-\sqrt{x^2-x+2}}{\sqrt{x+2}-2}$

44. Calcule os limites:

a) $\lim\limits_{x\to 2}\dfrac{\sqrt{2x^2-3x+2}-2}{\sqrt{3x^2-5x-1}-1}$

b) $\lim\limits_{x\to -1}\dfrac{\sqrt{3x^2+4x+2}-1}{\sqrt{x^2+3x+6}-2}$

45. Calcule $\lim\limits_{x\to 2}\dfrac{x-2}{\sqrt[3]{3x-5}-1}$.

Solução

Notemos $\lim\limits_{x\to 2}(x-2) = 0$ e $\lim\limits_{x\to 2}\left(\sqrt[3]{3x-5}-1\right) = 0$.

Lembrando da identidade $a^2 - b^3 = (a-b)(a^2 + ab + b^2)$, vamos multiplicar o numerador e o denominador por $\left[\left(\sqrt[3]{3x-5}\right)^2 + \sqrt[3]{3x-5} + 1\right]$.

$$\frac{x-2}{\sqrt[3]{3x-5}-1} = \frac{(x-2)\left[\left(\sqrt[3]{3x-5}\right)^2 + \sqrt[3]{3x-5} + 1\right]}{\left(\sqrt[3]{3x-5}-1\right)\left[\left(\sqrt[3]{3x-5}\right)^2 + \sqrt[3]{3x-5} + 1\right]} =$$

$$= \frac{(x-2)\left[\left(\sqrt[3]{3x-5}\right)^2 + \sqrt[3]{3x-5} + 1\right]}{3(x-2)} = \frac{\left(\sqrt[3]{3x-5}\right)^2 + \sqrt[3]{3x-5} + 1}{3}$$

e então:

$$\lim_{x\to 2}\frac{x-2}{\sqrt[3]{3x-5}-1} = \lim_{x\to 2}\frac{\left(\sqrt[3]{3x-5}\right)^2 + \sqrt[3]{3x-5} + 1}{3} = 1$$

46. Calcule os limites:

a) $\lim\limits_{x \to 0} \dfrac{\sqrt[3]{x+1} - 1}{x}$

b) $\lim\limits_{x \to -1} \dfrac{x+1}{\sqrt[3]{2x+3} - 1}$

c) $\lim\limits_{x \to 0} \dfrac{\sqrt[3]{8 - 2x + x^2} - 2}{x - x^2}$

47. Calcule os limites:

a) $\lim\limits_{x \to 0} \dfrac{1 - \sqrt[3]{1-x}}{1 + \sqrt[3]{3x-1}}$

b) $\lim\limits_{x \to -2} \dfrac{\sqrt[3]{2-3x} - 2}{1 + \sqrt[3]{2x+3}}$

c) $\lim\limits_{x \to 2} \dfrac{\sqrt[3]{3x^2 - 7x + 1} + 1}{\sqrt[3]{2x^2 - 5x + 3} - 1}$

48. Calcule os limites:

a) $\lim\limits_{x \to 1} \dfrac{\sqrt{5x+4} - 3}{\sqrt[3]{x-2} + 1}$

b) $\lim\limits_{x \to 2} \dfrac{\sqrt[3]{5x-2} - 2}{\sqrt{x-1} - 1}$

c) $\lim\limits_{x \to 1} \dfrac{\sqrt{3x^2 - 5x + 6} - 2}{\sqrt[3]{x^2 - 3x + 1} + 1}$

49. Calcule $\lim\limits_{x \to 64} \dfrac{\sqrt{x} - 8}{\sqrt[3]{x} - 4}$.

Solução

Notemos que $\lim\limits_{x \to 64} (\sqrt{x} - 8) = 0$ e $\lim\limits_{x \to 64} (\sqrt[3]{x} - 4) = 0$.

Poderíamos empregar no cálculo deste limite os processos mencionados nos exercícios 39 e 45. Vamos, entretanto, apresentar um novo processo.

Fazendo

$\sqrt[6]{x} = y$, temos $\sqrt{x} = (\sqrt[6]{x})^3 = y^3$ e $\sqrt[3]{x} = (\sqrt[6]{x})^2 = y^2$

e notando que $\lim\limits_{x \to 64} \sqrt[6]{x} = \sqrt[6]{\lim\limits_{x \to 64} x} = \sqrt[6]{64} = 2 = \lim\limits_{y \to 2} y$

temos:

$\lim\limits_{x \to 64} \dfrac{\sqrt{x} - 8}{\sqrt[3]{x} - 4} = \lim\limits_{x \to 2} \dfrac{y^3 - 8}{y^2 - 4} = \lim\limits_{y \to 2} \dfrac{y^2 + 2y + 4}{y + 2} = 3$

LIMITE

50. Calcule os limites:

a) $\lim\limits_{x \to -1} \dfrac{\sqrt[3]{x+1}}{x+1}$

b) $\lim\limits_{x \to 1} \dfrac{\sqrt{x}-1}{\sqrt[3]{x}-1}$

c) $\lim\limits_{x \to 1} \dfrac{\sqrt[3]{x}-1}{\sqrt[4]{x}-1}$

d) $\lim\limits_{x \to 0} \dfrac{\sqrt{1+x}-1}{\sqrt[3]{1+x}-1}$

51. Calcule os limites:

a) $\lim\limits_{x \to a} \dfrac{x\sqrt{x}-a\sqrt{a}}{\sqrt{x}-\sqrt{a}}$

b) $\lim\limits_{x \to 1} \dfrac{\sqrt[n]{x}-1}{x-1}$

c) $\lim\limits_{x \to 1} \dfrac{\sqrt[m]{x}-1}{\sqrt[n]{x}-1}$

d) $\lim\limits_{x \to a} \dfrac{\sqrt[n]{x}-\sqrt[n]{a}}{x-a}$

e) $\lim\limits_{x \to a} \dfrac{\sqrt[m]{x}-\sqrt[m]{a}}{\sqrt[n]{x}-\sqrt[n]{a}}$

VI. Limites laterais

40. Lembremos que, ao considerarmos $\lim\limits_{x \to a} f(x)$, estávamos interessados no comportamento da função nos valores próximos de *a*, isto é, nos valores de x pertencentes a um intervalo aberto contendo *a* mas diferentes de *a* e, portanto, nos valores desse intervalo que são maiores ou menores que *a*.

Entretanto, o comportamento em algumas funções, quando x está próximo de *a*, mas assume valores menores que *a*, é diferente do comportamento da mesma função, quando x está próximo de *a*, mas assume valores maiores que *a*.

Assim, por exemplo, na função

$f(x) = \begin{cases} 4 - x & \text{se } x < 1 \\ 2 & \text{se } x = 1 \\ x - 2 & \text{se } x > 1 \end{cases}$

atribuindo a x valores próximos de 1, porém menores que 1 (à esquerda de 1), temos:

x	0	0,5	0,75	0,9	0,99	0,999
f(x)	4	3,5	3,25	3,1	3,01	3,001

e atribuindo a x valores próximos de 1, porém maiores que 1 (à direita de 1), temos:

x	2	1,5	1,25	1,1	1,01	1,001
f(x)	0	−0,5	−0,75	−0,9	−0,99	−0,999

Observamos que, se x está próximo de 1, à esquerda de 1, então os valores da função estão próximos de 3, e se x está próximo de 1, à direita, então os valores da função estão próximos de −1.

Então casos como este, em que supomos x assumindo valores próximos de 1, mas somente à esquerda ou somente à direita de 1, consideramos os limites laterais pela esquerda ou pela direita de 1, que definiremos a seguir.

41. Definição

Seja f uma função definida em um intervalo aberto]a, b[. O limite de f(x), quando x se aproxima de a pela direita, será L e escrevemos:

$$\lim_{x \to a^+} f(x) = L$$

se, para todo $\varepsilon > 0$, existir $\delta > 0$, tal que se $0 < x - a < \delta$ então $|f(x) - L| < \varepsilon$.

Em símbolos, temos:

$$\lim_{x \to a^+} f(x) = L \Leftrightarrow (\forall \varepsilon > 0, \exists \delta > 0 \mid 0 < x - a < \delta \Rightarrow |f(x) - L| < \varepsilon)$$

42. Definição

Seja f uma função definida em um intervalo aberto]b, a[. O limite de f(x), quando x se aproxima de a pela esquerda, será L e escrevemos:

$$\lim_{x \to a^-} f(x) = L$$

se, para todo $\varepsilon > 0$, existir $\delta > 0$, tal que se $-\delta < x - a < 0$ então $|f(x) - L| < \varepsilon$.

Em símbolos, temos:

$$\lim_{x \to a^-} f(x) = L \Leftrightarrow (\forall \varepsilon > 0, \exists \delta > 0 \mid -\delta < x - a < 0 \Rightarrow |f(x) - L| < \varepsilon)$$

LIMITE

43. As propriedades de limites (propriedades L) e o teorema do limite da função polinomial são válidos se substituirmos "x → a" por "x → a⁺" ou por "x → a⁻".

Exemplos:

Na função f definida por

$$f(x) = \begin{cases} x^2 - 4 & \text{se } x < 1 \\ -1 & \text{se } x = 1 \\ 3 - x & \text{se } x > 1 \end{cases}$$

temos:

$$\lim_{x \to 1^+} f(x) = \lim_{x \to 1^+} (3-x) = 2 \quad \text{e} \quad \lim_{x \to 1^-} f(x) = \lim_{x \to 1^-} (x^2 - 4) = -3$$

Como os limites laterais são diferentes, dizemos que $\lim_{x \to 1} f(x)$ não existe.

A justificação da não existência de um limite devido ao fato de os limites laterais serem diferentes é dada no teorema que segue.

44. Teorema

Seja I um intervalo aberto contendo a e seja f uma função definida para $x \in I - \{a\}$. Temos $\lim_{x \to a} f(x) = L$ se, e somente se, existirem $\lim_{x \to a^+} f(x)$ e $\lim_{x \to a^-} f(x)$ e forem ambos iguais a L.

Demonstração:

Notando que

$$0 < |x - a| < \delta \Leftrightarrow -\delta < x - a < 0 \text{ ou } 0 < x - a < \delta$$

temos:

$$\lim_{x \to a} f(x) = L \Leftrightarrow (\forall \varepsilon > 0, \exists \delta > 0 \mid 0 < |x-a| < \delta \Rightarrow |f(x) - L| < \varepsilon)$$

Isso equivale a:

$$(\forall \varepsilon > 0, \exists \delta > 0 \mid -\delta < x - a < 0 \text{ ou } 0 < x - a < \delta \Rightarrow |f(x) - L| < \varepsilon)$$

ou ainda:

$$\begin{cases} \forall \varepsilon > 0, \exists \delta > 0 \mid -\delta < x - a < 0 \Rightarrow |f(x) - L| < \varepsilon \\ \qquad\qquad\qquad \text{e} \\ \forall \varepsilon > 0, \exists \delta > 0 \mid 0 < x - a < \delta \Rightarrow |f(x) - L| < \varepsilon \end{cases}$$

e finalmente:

$$\lim_{x \to a^-} f(x) = L \quad \text{e} \quad \lim_{x \to a^+} f(x) = L$$

EXERCÍCIOS

Nos exercícios 52 a 57, é dada uma função *f*. Calcule os limites indicados, se existirem; se o(s) limite(s) não existir(em), especifique a razão.

52. $f(x) = \begin{cases} 3x - 2 & \text{se } x > 1 \\ 2 & \text{se } x = 1 \\ 4x + 1 & \text{se } x < 1 \end{cases}$

a) $\lim_{x \to 1^+} f(x)$ b) $\lim_{x \to 1^-} f(x)$ c) $\lim_{x \to 1} f(x)$

53. $f(x) = \begin{cases} 3 - 2x & \text{se } x \geq -1 \\ 4 - x & \text{se } x < -1 \end{cases}$

a) $\lim_{x \to -1^+} f(x)$ b) $\lim_{x \to -1^-} f(x)$ c) $\lim_{x \to -1} f(x)$

54. $f(x) = \begin{cases} 2x - 5 & \text{se } x \geq 3 \\ 4 - 5x & \text{se } x < 3 \end{cases}$

a) $\lim_{x \to 3^+} f(x)$ b) $\lim_{x \to 3^-} f(x)$ c) $\lim_{x \to 3} f(x)$

55. $f(x) = \begin{cases} 1 - x^2 & \text{se } x < 2 \\ 0 & \text{se } x = 2 \\ x - 1 & \text{se } x > 2 \end{cases}$

a) $\lim_{x \to 2^+} f(x)$ b) $\lim_{x \to 2^-} f(x)$ c) $\lim_{x \to 2} f(x)$

56. $f(x) = \begin{cases} x^2 - 3x + 2 & \text{se } x \leq 3 \\ 8 - 2x & \text{se } x > 3 \end{cases}$

a) $\lim_{x \to 3^+} f(x)$ b) $\lim_{x \to 3^-} f(x)$ c) $\lim_{x \to 3} f(x)$

57. $f(x) = \begin{cases} 2x^2 - 3x + 1 & \text{se } x < 2 \\ 1 & \text{se } x = 2 \\ -x^2 + 6x - 7 & \text{se } x > 2 \end{cases}$

a) $\lim_{x \to 2^+} f(x)$ b) $\lim_{x \to 2^-} f(x)$ c) $\lim_{x \to 2} f(x)$

58. Dada a função f definida por $f(x) = \dfrac{|x|}{x}$ para todo $x \in \mathbb{R}^*$, calcule $\lim\limits_{x \to 0^+} f(x)$ e $\lim\limits_{x \to 0^-} f(x)$. Existe $\lim\limits_{x \to 0} f(x)$?

> **Solução**
>
> Lembrando que
> $$|x| = \begin{cases} x & \text{se } x \geq 0 \\ -x & \text{se } x < 0 \end{cases}$$
> temos:
> $$\lim_{x \to 0^+} f(x) = \lim_{x \to 0^+} \frac{|x|}{x} = \lim_{x \to 0^+} \frac{x}{x} = \lim_{x \to 0^+} 1 = 1$$
> e
> $$\lim_{x \to 0^-} f(x) = \lim_{x \to 0^-} \frac{|x|}{x} = \lim_{x \to 0^-} \frac{-x}{x} = \lim_{x \to 0^-} (-1) = -1$$
>
> Considerando que $\lim\limits_{x \to 0^+} f(x) \neq \lim\limits_{x \to 0^-} f(x)$, concluímos que não existe $\lim\limits_{x \to 0} f(x)$.

Nos exercícios 59 a 64 é dada uma função f. Calcule os limites indicados se existirem.

59. $f(x) = \dfrac{|x+1|}{x+1}$ definida em $\mathbb{R} - \{-1\}$.

a) $\lim\limits_{x \to -1^+} f(x)$ b) $\lim\limits_{x \to -1^-} f(x)$ c) $\lim\limits_{x \to -1} f(x)$

60. $f(x) = \dfrac{|3x - 2|}{2 - 3x}$ definida em $\mathbb{R} - \left\{\dfrac{2}{3}\right\}$.

a) $\lim\limits_{x \to \frac{2}{3}^+} f(x)$ b) $\lim\limits_{x \to \frac{2}{3}^-} f(x)$ c) $\lim\limits_{x \to \frac{2}{3}} f(x)$

61. $f(x) = \dfrac{x^2 - 5x + 4}{|x - 1|}$ definida em $\mathbb{R} - \{1\}$.

a) $\lim\limits_{x \to 1^+} f(x)$ b) $\lim\limits_{x \to 1^-} f(x)$ c) $\lim\limits_{x \to 1} f(x)$

62. $f(x) = \dfrac{|3x^2 - 5x - 2|}{x - 2}$ definida em $\mathbb{R} - \{2\}$.

a) $\lim\limits_{x \to 2^+} f(x)$ b) $\lim\limits_{x \to 2^-} f(x)$ c) $\lim\limits_{x \to 2} f(x)$

63. $f(x) = \dfrac{x^3 - 6x^2 + 11x - 6}{|x - 2|}$ definida em $\mathbb{R} - \{2\}$.

a) $\lim\limits_{x \to 2^+} f(x)$ b) $\lim\limits_{x \to 2^-} f(x)$ c) $\lim\limits_{x \to 2} f(x)$

64. $f(x) = \dfrac{x^3 - 4x^2 + x + 6}{|2x^2 - 9x + 10|}$ definida em $\mathbb{R} - \left\{2, \dfrac{5}{2}\right\}$.

a) $\lim\limits_{x \to 2^+} f(x)$ b) $\lim\limits_{x \to 2^-} f(x)$ c) $\lim\limits_{x \to 2} f(x)$

65. Dada a função máximo inteiro[*], denotada por $f(x) = [x]$ para todo $x \in \mathbb{R}$, calcule se existir:

a) $\lim\limits_{x \to 1^+} [x]$ d) $\lim\limits_{x \to 1^+} (x - [x])$ g) $\lim\limits_{x \to 1^+} (x + [x])$

b) $\lim\limits_{x \to 1^-} [x]$ e) $\lim\limits_{x \to 1^-} (x - [x])$ h) $\lim\limits_{x \to 1^-} (x + [x])$

c) $\lim\limits_{x \to 1} [x]$ f) $\lim\limits_{x \to 1} (x - [x])$ i) $\lim\limits_{x \to 1} (x + [x])$

66. Dada a função f definida por

$$f(x) = \begin{cases} 3x - 2 & \text{se } x > -1 \\ 3 & \text{se } x = -1 \\ 5 - ax & \text{se } x < -1 \end{cases}$$

determine $a \in \mathbb{R}$ para que exista $\lim\limits_{x \to -1} f(x)$.

67. Dada a função f definida por

$$f(x) = \begin{cases} 4x + 3 & \text{se } x \leq -2 \\ 3x + a & \text{se } x > -2 \end{cases}$$

determine $a \in \mathbb{R}$ para que exista $\lim\limits_{x \to -2} f(x)$.

68. Dada a função f definida por

$$f(x) = \begin{cases} \dfrac{3x^2 - 5x - 2}{x - 2} & \text{se } x < 2 \\ 3 - ax - x^2 & \text{se } x \geq 2 \end{cases}$$

determine $a \in \mathbb{R}$ para que exista $\lim\limits_{x \to 2} f(x)$.

---

[*] A função máximo inteiro é a função $f: \mathbb{R} \to \mathbb{Z}$ tal que $f(x) = [x] = n$ tal que $n \leq x < n + 1$.

LEITURA

Arquimedes, o grande precursor do Cálculo Integral

Hygino H. Domingues

Uma das primeiras manifestações do cálculo integral é devida a Antifon, um contemporâneo de Sócrates. Antifon argumentava que, por sucessivas duplicações do número de lados de um polígono regular inscrito num círculo, a diferença entre a área do círculo e a dos polígonos seria "ao fim" exaurida. E como sempre é possível construir um quadrado equivalente a qualquer polígono, a quadratura do círculo seria possível.

Apesar de sua inconsistência, a argumentação de Antifon contém o gérmen do *método de exaustão*, creditado a Eudóxio, cuja base é a proposição: "Se de uma grandeza subtrai-se uma parte não menor que sua metade, do restante outra parte não menor que sua metade, e assim por diante, numa determinada etapa do processo chega-se a uma grandeza menor que qualquer outra da mesma espécie fixada a priori". Esse método representa o expediente grego para evitar processos infinitos — dos quais desconfiavam. E ninguém o manejou com tanta elegância e mestria como Arquimedes (287-212 a.C.).

Natural de Siracusa, na época a maior cidade do mundo grego, situada na costa sudoeste da Sicília, Arquimedes era filho do astrônomo Fídias, talvez seu mestre. Mas é possível que tenha estudado em Alexandria, em virtude da correspondência regular que mantinha com alguns sábios do museu local, como, por exemplo, Eratóstenes.

Seu excepcional talento para invenções mecânicas ganhou notoriedade, especialmente durante a Segunda Guerra Púnica, quando Siracusa foi sitiada pelos romanos. Graças aos engenhos bélicos que ideou, a cidade resistiu ao assédio romano por cerca de dois anos e só caiu devido a atos de traição de cidadãos locais.

Arquimedes (287-212 a.C.).

LIMITE

Depois da invasão inimiga, Arquimedes foi morto por um soldado romano, com o qual teria se irritado por ser interrompido em meio suas pesquisas matemáticas. Desgostoso com esse desfecho, o comandante romano Marcelo mandou que se cumprisse um desejo expresso em vida por Arquimedes: que se gravasse em seu túmulo a figura de uma esfera inscrita num cilindro reto, para ser lembrado pelo teorema de sua autoria que lhe era mais caro, ou seja, "o volume da esfera inscrita é $\frac{2}{3}$ do volume do cilindro".

Mas o que Arquimedes realmente valorizava eram suas conquistas teóricas no campo da matemática, da astronomia e da mecânica. Estas foram muitas, todas de grande originalidade, expressas no mais autêntico rigor da tradição grega, mas com um toque oriental, na medida em que não subestimavam os números e as aproximações numéricas.

As mais importantes contribuições de Arquimedes são sobre questões em cuja abordagem se usa hoje o Cálculo Diferencial e Integral. Assim é que no livro *A quadratura da parábola* ele fornece dois métodos para determinar a área de um segmento de parábola. No primeiro, em que considera certas figuras planas envolvidas como "somas" infinitas de segmentos de reta, usa argumentos mecânicos. Se A e B são os extremos do segmento de parábola considerado e C é o ponto onde a tangente à parábola é paralela a AB, Arquimedes chegou à conclusão de que a área do segmento de parábola mostrado na figura deveria ser $\frac{4}{3}$ da área do triângulo ACB. No segundo, o método de exaustão, que utiliza ao fim o resultado já obtido mecanicamente, busca a certeza que só a geometria fornece. Se Δ é a área do triângulo ABC, D e E são os pontos da parábola em que as tangentes são paralelas a AC e CB, prosseguindo nesse raciocínio Arquimedes provou que ACB, (ADC) ∪ (CEB), ... satisfazem a proposição que embasa o método de exaustão, relativamente ao segmento de parábola, e também que a sequência das áreas respectivas é Δ, $\frac{\Delta}{4}$, $\frac{\Delta}{16}$, ... Modernamente bastaria achar a soma da progressão geométrica infinita $\Delta + \frac{\Delta}{4} + \frac{\Delta}{16} + \ldots$ para ter a área pretendida. Como desconhecia esse procedimento hoje corriqueiro, Arquimedes provou por dupla redução ao absurdo que essa área não poderia ser nem maior nem menor que $\frac{4}{3\Delta}$, resultado de que já dispunha.

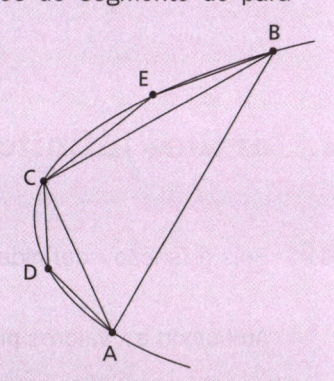

Esse fato ilustra por que, ao que parece, Arquimedes teria dito em algum momento de sua vida: "Só a ciência pura é digna de um espírito superior."

CAPÍTULO III

O infinito

I. Limites infinitos

45. Seja a função f definida por $f(x) = \dfrac{1}{(x-1)^2}$ para todo x real e $x \neq 1$.

Atribuindo a x valores próximos de 1, à esquerda de 1, temos:

x	0	0,5	0,75	0,9	0,99	0,999
f(x)	1	4	16	100	10000	1000000

e atribuindo a x valores próximos de 1, à direita de 1, temos:

x	2	1,5	1,25	1,1	1,01	1,001
f(x)	1	4	16	100	10000	1000000

Observamos nas duas tabelas que os valores da função são cada vez maiores, à medida que x se aproxima de 1. Em outras palavras, podemos tornar f(x) tão grande quanto desejarmos, isto é, maior que qualquer número positivo, tomando valores para x bastante próximos de 1, e escrevemos:

$$\lim_{x \to 1} \frac{1}{(x-1)^2} = +\infty$$

em que o símbolo "$+\infty$" lê-se "mais infinito" ou "infinito positivo"

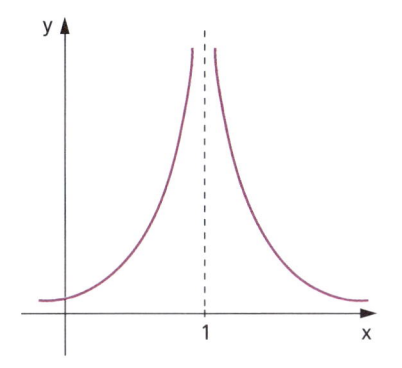

46. Definição

Seja I um intervalo aberto que contém o real a. Seja f uma função definida em I − {a}. Dizemos que, quando x se aproxima de a, f(x) cresce ilimitadamente e escrevemos:

$$\lim_{x \to a} f(x) = +\infty$$

se, para qualquer número $M > 0$, existir $\delta > 0$ tal que se $0 < |x - a| < \delta$ então $f(x) > M$.

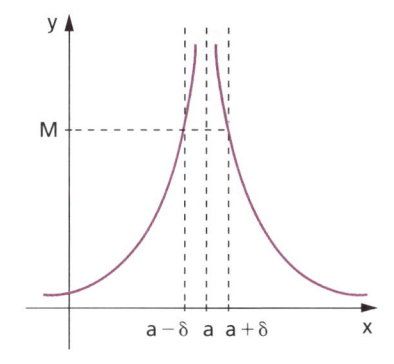

Em símbolos, temos:

$$\lim_{x \to a} f(x) = +\infty \Leftrightarrow \left(\forall M > 0, \exists \delta > 0 \mid 0 < |x - a| < \delta \Rightarrow f(x) > M \right)$$

O símbolo "$+\infty$" não representa nenhum número real, mas indica o que ocorre com a função quando x se aproxima de a.

47. Tomemos agora a função g como sendo o oposto da função f, isto é, $g(x) = -f(x) = \dfrac{-1}{(x-1)^2}$ definida para todo x real e $x \neq 1$.

O INFINITO

Os valores da função g são opostos dos valores da função f. Assim, para a função g, quando x se aproxima de 1, os valores de g(x) decrescem ilimitadamente. Em outras palavras, podemos tornar os valores de g(x) tanto menores quanto desejarmos, isto é, menores que qualquer número negativo, tomando valores de x bastante próximos de 1, e escrevemos:

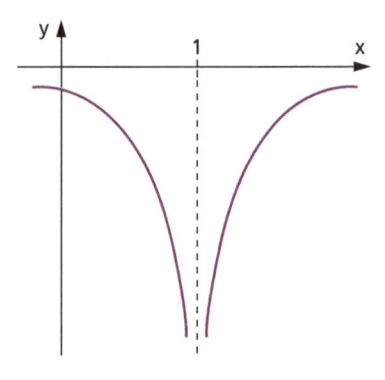

$$\lim_{x \to 1} \frac{-1}{(x-1)^2} = -\infty$$

o símbolo "$-\infty$" lê-se "menos infinito" ou "infinito negativo".

48. Definição

Seja I um intervalo aberto que contém a. Seja f uma função definida em I $-$ {a}. Dizemos que, quando x se aproxima de a, f(x) decresce ilimitadamente e escrevemos:

$$\lim_{x \to a} f(x) = -\infty$$

se, para qualquer número M < 0, existir δ > 0 tal que se 0 < |x − a| < δ então f(x) < M.

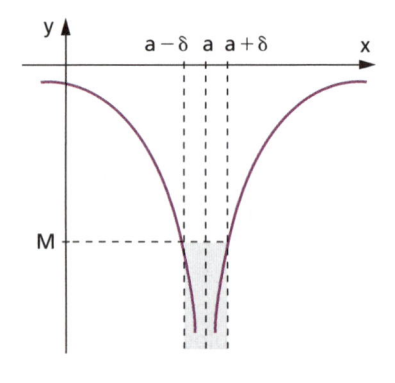

Em símbolos, temos:

$$\lim_{x \to a} f(x) = -\infty \Leftrightarrow \left(\forall M < 0, \exists \delta > 0 \mid 0 < |x-a| < \delta \Rightarrow f(x) < M \right)$$

Insistimos novamente em observar que o símbolo "$-\infty$" não representa nenhum número real, mas indica o que ocorre com a função quando x se aproxima de a.

49. Consideremos agora a função h definida por $h(x) = \dfrac{1}{x-1}$ para todo x real e $x \neq 1$.

Atribuindo a x valores próximos de 1, porém menores que 1, temos:

x	0	0,5	0,75	0,9	0,99	0,999
h(x)	−1	−2	−4	−10	−100	−1000

e atribuindo a x valores próximos de 1, porém maiores que 1, temos:

x	2	1,5	1,25	1,1	1,01	1,001
h(x)	1	2	4	10	100	1000

Observemos que se x assume valores próximos de 1, à esquerda de 1, os valores da função decrescem ilimitadamente e se x assume valores próximos de 1, à direita de 1, então os valores da função crescem ilimitadamente. Estamos considerando os limites laterais que são "infinitos" e escrevemos:

$$\lim_{x \to 1^-} \frac{1}{x-1} = -\infty \quad \text{e} \quad \lim_{x \to 1^+} \frac{1}{x-1} = +\infty$$

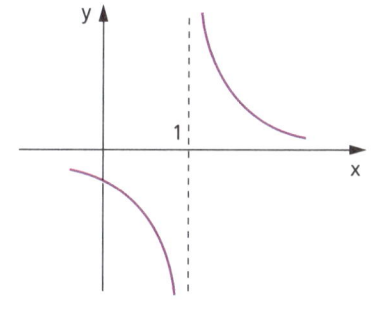

50. Definição

Seja I um intervalo aberto que contém a e seja f uma função definida em $I - \{a\}$. Dizemos que, quando x se aproxima de a por valores maiores que a, f(x) cresce ilimitadamente, e escrevemos:

$$\lim_{x \to a^+} f(x) = +\infty$$

se, qualquer que seja o número $M > 0$, existir $\delta > 0$ tal que se $0 < x - a < \delta$ então $f(x) > M$.

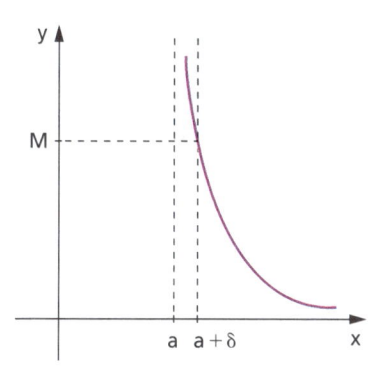

O INFINITO

Em símbolos, temos:

$$\lim_{x \to a^-} f(x) = +\infty \Leftrightarrow \left(\forall M > 0,\ \exists \delta > 0 \mid 0 < x - a < \delta \Rightarrow f(x) > M\right)$$

Coloquemos com símbolos as definições de $\lim_{x \to a^+} f(x) = -\infty$, $\lim_{x \to a^-} f(x) = +\infty$ e $\lim_{x \to a^-} f(x) = -\infty$:

$$\lim_{x \to a^+} f(x) = -\infty \Leftrightarrow \left(\forall M < 0,\ \exists \delta > 0 \mid 0 < x - a < \delta \Rightarrow f(x) < M\right)$$

$$\lim_{x \to a^-} f(x) = +\infty \Leftrightarrow \left(\forall M > 0,\ \exists \delta > 0 \mid -\delta < x - a < 0 \Rightarrow f(x) > M\right)$$

$$\lim_{x \to a^-} f(x) = -\infty \Leftrightarrow \left(\forall M < 0,\ \exists \delta > 0 \mid -\delta < x - a < 0 \Rightarrow f(x) < M\right)$$

Para concluirmos que os valores de uma função cresciam infinitamente ou decresciam infinitamente, quando x se aproximava de a, pela esquerda ou pela direita de a, construímos uma tabela de valores da função quando x estava próximo de a. Vejamos como chegar à mesma conclusão sem construirmos essa tabela.

51. Teorema

Sejam f e g funções tais que $\lim_{x \to a} f(x) = c \neq 0$ e $\lim_{x \to a} g(x) = 0$. Então:

I) $\lim_{x \to a} \dfrac{f(x)}{g(x)} = +\infty$ se $\dfrac{f(x)}{g(x)} > 0$ quando x está próximo de a;

II) $\lim_{x \to a} \dfrac{f(x)}{g(x)} = -\infty$ se $\dfrac{f(x)}{g(x)} < 0$ quando x está próximo de a;

Demonstração:

Faremos a demonstração de I e deixaremos a prova de II, que é feita de modo análogo, a cargo do leitor. Para demonstrar que $\lim_{x \to a} \dfrac{f(x)}{g(x)} = +\infty$ devemos mostrar:

$$\forall M > 0,\ \exists \delta > 0 \mid 0 < |x - a| < \delta \Rightarrow f(x) > M$$

Vamos considerar dois casos:

1º caso: Supondo $c > 0$

Por hipótese temos $\lim\limits_{x \to a} f(x) = c > 0$, isto é:

$\forall \varepsilon > 0, \exists \delta > 0 \mid 0 < |x - a| < \delta \Rightarrow |f(x) - c| < \varepsilon$

Tomemos $\varepsilon = \dfrac{c}{2}$, então existe $\delta_1 > 0$ tal que:

$0 < |x - a| < \delta_1 \Rightarrow |f(x) - c| < \dfrac{c}{2}$

ou seja:

$0 < |x - a| < \delta_1 \Rightarrow -\dfrac{c}{2} < f(x) - c < \dfrac{c}{2}$

ou ainda:

$0 < |x - a| < \delta_1 \Rightarrow \dfrac{c}{2} < f(x) < \dfrac{3c}{2}$

Assim, existe $\delta_1 > 0$ tal que:

$0 < |x - a| < \delta_1 \Rightarrow f(x) > \dfrac{c}{2} > 0 \quad (1)$

isto é, $f(x) > 0$ quando x está próximo de a.

Mas, por hipótese, $\dfrac{f(x)}{g(x)} > 0$ quando x está próximo de a, então $g(x) > 0$ quando x está próximo de a.

Pela definição de $\lim\limits_{x \to a} g(x) = 0$, temos:

$\forall \varepsilon > 0, \exists \delta_2 > 0 \mid 0 < |x - a| < \delta_2 \Rightarrow |g(x)| < \varepsilon$

mas $|g(x)| = g(x)$ já que $g(x) > 0$ quando x está próximo de a. Então:

$\forall \varepsilon > 0, \exists \delta_2 > 0 \mid 0 < |x - a| < \delta_2 \Rightarrow g(x) < \varepsilon \quad (2)$

Com base nas afirmações (1) e (2), podemos concluir que para qualquer $\varepsilon > 0$ existe $\delta = \min\{\delta_1, \delta_2\}$ tal que:

$0 < |x - a| < \delta \Rightarrow \dfrac{f(x)}{g(x)} > \dfrac{c}{2\varepsilon}$

Assim, dado $M > 0$, seja $\varepsilon = \dfrac{c}{2M}$ e $\delta = \min\{\delta_1, \delta_2\} > 0$ em que δ_1 e δ_2 são números positivos que satisfazem (1) e (2) respectivamente. Então: dado $M > 0$, $\exists \delta = \min\{\delta_1, \delta_2\} > 0$ tal que:

$$0 < |x - a| < \delta \Rightarrow \frac{f(x)}{g(x)} > \frac{c}{2\varepsilon} = \frac{c}{\frac{2c}{2M}} = M$$

o que prova que $\lim\limits_{x \to a} \dfrac{f(x)}{g(x)} = +\infty$.

2º caso: Supondo $c < 0$

Se $\lim\limits_{x \to a} f(x) = c < 0$, então $\lim\limits_{x \to a} [-f(x)] = -c > 0$ e, se $\dfrac{f(x)}{g(x)} > 0$ quando x está próximo de a, então $\dfrac{-f(x)}{-g(x)} > 0$ quando x está próximo de a.

Considerando as funções h e j tais que $h(x) = -f(x)$ para todo x do domínio de f e $j(x) = -g(x)$ para todo x do domínio de g, temos pelo primeiro caso já demonstrado:

$$\lim_{x \to a} \frac{h(x)}{j(x)} = +\infty$$

mas $\dfrac{h(x)}{j(x)} = \dfrac{-f(x)}{-g(x)} = \dfrac{f(x)}{g(x)}$

então $\lim\limits_{x \to a} \dfrac{f(x)}{g(x)} = +\infty$

Observação: Este teorema continua válido se "$x \to a$" for substituído por "$x \to a^+$" ou "$x \to a^-$".

EXERCÍCIOS

69. Calcule:

a) $\lim\limits_{x \to 1} \dfrac{3x + 2}{(x - 1)^2}$

b) $\lim\limits_{x \to 2} \dfrac{1 - x}{(x - 2)^2}$

Solução

a) Como $\lim_{x \to 1} (3x + 2) = 5$ e $\lim_{x \to 2} (x - 1)^2 = 0$, estudemos o sinal de

$\dfrac{f(x)}{g(x)} = \dfrac{3x + 2}{(x - 1)^2}$ quando x está próximo de 1.

		$-\dfrac{2}{3}$		1	x
sinal de $f(x) = 3x + 2$	−	0	+		+
sinal de $g(x) = (x - 1)^2$	+		+	0	+
sinal de $\dfrac{f(x)}{g(x)} = \dfrac{3x + 2}{(x - 1)^2}$	−	0	+		+

Notemos que $\dfrac{f(x)}{g(x)} = \dfrac{3x + 2}{(x - 1)^2} > 0$ quando x está próximo de 1. Então:

$\lim_{x \to 1} \dfrac{3x + 2}{(x - 1)^2} = +\infty$

b) Como $\lim_{x \to 2} (1 - x) = -1$ e $\lim_{x \to 2} (x - 2)^2 = 0$, estudemos o sinal de

$\dfrac{f(x)}{g(x)} = \dfrac{1 - x}{(x - 2)^2}$ quando x está próximo de 2.

		1		2	x
sinal de $f(x) = 1 - x$	+	0	−		−
sinal de $g(x) = (x - 2)^2$	+		+	0	+
sinal de $\dfrac{f(x)}{g(x)} = \dfrac{1 - x}{(x - 2)^2}$	+	0	−		−

Notemos que $\dfrac{f(x)}{g(x)} = \dfrac{1 - x}{(x - 2)^2} < 0$ quando x está próximo de 2. Então:

$\lim_{x \to 2} \dfrac{1 - x}{(x - 2)^2} = -\infty$

70. Calcule:

a) $\lim\limits_{x \to 2} \dfrac{3x - 4}{(x - 2)^2}$

b) $\lim\limits_{x \to 1} \dfrac{2x + 3}{(x - 1)^2}$

c) $\lim\limits_{x \to 1} \dfrac{1 - 3x}{(x - 1)^2}$

d) $\lim\limits_{x \to 0} \dfrac{3x^2 - 5x + 2}{x^2}$

e) $\lim\limits_{x \to -1} \dfrac{5x + 2}{|x + 1|}$

f) $\lim\limits_{x \to -2} \dfrac{2x^2 + 5x - 3}{|x + 2|}$

71. Calcule:

a) $\lim\limits_{x \to 1^-} \dfrac{2x + 1}{x - 1}$

b) $\lim\limits_{x \to 1^+} \dfrac{2x + 1}{x - 1}$

Solução

Como $\lim\limits_{x \to 1^-} (2x + 1) = \lim\limits_{x \to 1^+} (2x + 1) = 3$ e $\lim\limits_{x \to 1^-} (x - 1) = \lim\limits_{x \to 1^+} (x - 1) = 0$,

estudemos o sinal de $\dfrac{f(x)}{g(x)} = \dfrac{2x + 1}{x - 1}$ quando x está próximo de 1.

		−1/2		1	
sinal de $f(x) = 2x + 1$	−	0	+		+
sinal de $g(x) = x - 1$	−		−	0	+
sinal de $\dfrac{f(x)}{g(x)} = \dfrac{2x + 1}{x - 1}$	+	0	−		+

Notemos que $\dfrac{f(x)}{g(x)} = \dfrac{2x + 1}{x - 1} < 0$ quando x está próximo de 1, à esquerda.

Então:

$\lim\limits_{x \to 1^-} \dfrac{2x + 1}{x - 1} = -\infty$

e $\dfrac{f(x)}{g(x)} = \dfrac{2x + 1}{x - 1} > 0$ quando x está próximo de 1, à direita. Então:

$\lim\limits_{x \to 1^+} \dfrac{2x + 1}{x - 1} = +\infty$

Observemos que não tem significado falarmos em $\lim_{x \to 1} \dfrac{2x+1}{x-1}$, pois

$$\lim_{x \to 1^-} \dfrac{2x+1}{x-1} = -\infty \text{ e } \lim_{x \to 1^+} \dfrac{2x+1}{x-1} = +\infty$$

72. Determine:

a) $\lim\limits_{x \to -2^-} \dfrac{x+4}{x+2}$

b) $\lim\limits_{x \to -2^+} \dfrac{x+4}{x+2}$

c) $\lim\limits_{x \to 3^-} \dfrac{1-2x}{x-3}$

d) $\lim\limits_{x \to 3^+} \dfrac{1-2x}{x-3}$

e) $\lim\limits_{x \to \frac{5}{2}^-} \dfrac{3x+2}{5-2x}$

f) $\lim\limits_{x \to \frac{5}{2}^+} \dfrac{3x+2}{5-2x}$

g) $\lim\limits_{x \to 1^-} \dfrac{2x+3}{(x-1)^3}$

h) $\lim\limits_{x \to 1^+} \dfrac{2x+3}{(x-1)^3}$

i) $\lim\limits_{x \to 2^-} \dfrac{2x^2-3x-5}{(2-x)^3}$

j) $\lim\limits_{x \to 2^+} \dfrac{2x^2-3x-5}{(2-x)^3}$

73. Mostre pela definição que $\lim\limits_{x \to 0} \dfrac{1}{x^2} = +\infty$.

74. Mostre pela definição que:

a) $\lim\limits_{x \to 0^-} \dfrac{1}{x^3} = -\infty$

b) $\lim\limits_{x \to 0^+} \dfrac{1}{x^3} = +\infty$

II. Propriedades dos limites infinitos

Veremos a seguir dez teoremas cujos enunciados serão apresentados com o símbolo "x → a", mas que serão válidos se trocarmos esse símbolo por "x → a⁻" ou "x → a⁺".

52. Teorema

Se $\lim\limits_{x \to a} f(x) = +\infty$ e $\lim\limits_{x \to a} g(x) = +\infty$, então $\lim\limits_{x \to a} (f+g)(x) = +\infty$.

O INFINITO

Demonstração:

Para provarmos que $\lim_{x \to a} (f + g)(x) = +\infty$, devemos provar que:

$$\forall M > 0, \exists \delta > 0 \mid 0 < |x - a| < \delta \Rightarrow (f + g)(x) > M$$

mas $\lim_{x \to a} f(x) = +\infty$, isto é, se tomamos $\frac{M}{2} > 0$, temos:

$$\forall \frac{M}{2} > 0, \exists \delta_1 > 0 \mid 0 < |x - a| < \delta_1 \Rightarrow f(x) > \frac{M}{2}$$

e $\lim_{x \to a} g(x) = +\infty$, isto é, se tomamos $\frac{M}{2} > 0$, temos:

$$\forall \frac{M}{2} > 0, \exists \delta_2 > 0 \mid 0 < |x - a| < \delta_2 \Rightarrow g(x) > \frac{M}{2}$$

Então, considerando $\delta = \min \{\delta_1, \delta_2\}$, temos:

$$\forall M > 0, \exists \delta > 0 \mid 0 < |x - a| < \delta \Rightarrow f(x) + g(x) > \frac{M}{2} + \frac{M}{2} = M$$

53. Teorema

Se $\lim_{x \to a} f(x) = -\infty$ e $\lim_{x \to a} g(x) = -\infty$, então $\lim_{x \to a} (f + g)(x) = -\infty$. A demonstração deste teorema é feita de modo análogo ao teorema anterior; deixaremos a cargo do leitor.

54. Observação

Se $\lim_{x \to a} f(x) = +\infty$, $\lim_{x \to a} g(x) = +\infty$, $\lim_{x \to a} h(x) = -\infty$ e $\lim_{x \to a} i(x) = -\infty$, não podemos estabelecer uma lei geral para os seguintes limites:

$$\lim_{x \to a} (f - g)(x), \lim_{x \to a} (h - i)(x) \text{ e } \lim_{x \to a} (f + h)(x)$$

Por exemplo, consideremos as funções $f(x) = \frac{1}{x^4}$ e $g(x) = \frac{1}{x^2}$ definidas para todo x real e $x \neq 0$. Observemos que:

$$\lim_{x \to 0} \frac{1}{x^4} = +\infty \text{ e } \lim_{x \to 0} \frac{1}{x^2} = +\infty$$

e calculemos

$$\lim_{x \to 0} (f - g)(x) = \lim_{x \to 0} (f(x) - g(x)) = \lim_{x \to 0} \left(\frac{1}{x^4} - \frac{1}{x^2}\right) = \lim_{x \to 0} \left(\frac{1 - x^2}{x^4}\right) = +\infty$$

Se considerarmos as funções:

$f(x) = \dfrac{1}{x-1}$ e $g(x) = \dfrac{3}{x^3-1}$ definidas em $\mathbb{R} - \{1\}$, teremos

$\lim\limits_{x \to 1^+} \dfrac{1}{x-1} = +\infty$ e $\lim\limits_{x \to 1^+} \dfrac{3}{x^3-1} = +\infty$

Mas:

$$\lim_{x \to 1^+} (f-g)(x) = \lim_{x \to 1^+} (f(x)-g(x)) = \lim_{x \to 1^+}\left(\dfrac{1}{x-1} - \dfrac{3}{x^3-1}\right) =$$

$$= \lim_{x \to 1^+} \dfrac{x^2+x-2}{(x-1)(x^2+x+1)} = \lim_{x \to 1^+} \dfrac{(x-1)(x+2)}{(x-1)(x^2+x+1)} = \lim_{x \to 1^+} \dfrac{x+2}{x^2+x+1} = 1$$

55. Teorema

Se $\lim\limits_{x \to a} f(x) = +\infty$ e $\lim\limits_{x \to a} g(x) = b \neq 0$, então:

I) se $b > 0$, $\lim\limits_{x \to a} (f \cdot g)(x) = +\infty$

II) se $b < 0$, $\lim\limits_{x \to a} (f \cdot g)(x) = -\infty$

Demonstração:

Faremos apenas a demonstração de I.

Se $\lim\limits_{x \to a} g(x) = b > 0$, então existem $\alpha > 0$ e $\delta_1 > 0$ tais que se $0 < |x-a| < \delta_1$ então $g(x) > \alpha$.

Se $\lim\limits_{x \to a} f(x) = +\infty$, então existem $\dfrac{M}{\alpha} > 0$ e $\delta_2 > 0$ tais que se $0 < |x-a| < \delta_2$ então $f(x) > \dfrac{M}{\alpha}$.

Considerando $\delta = \min\{\delta_1, \delta_2\}$, decorre que, para todo $M > 0$, existe $\delta > 0$ tal que se $0 < |x-a| < \delta$ então $(f \cdot g)(x) = f(x) \cdot g(x) > \dfrac{M}{\alpha} \cdot \alpha = M$.

56. Teorema

Se $\lim\limits_{x \to a} f(x) = -\infty$ e $\lim\limits_{x \to a} g(x) = b \neq 0$, então:

I) se $b > 0$, então $\lim\limits_{x \to a} (f \cdot g)(x) = -\infty$

II) se $b < 0$, então $\lim\limits_{x \to a} (f \cdot g)(x) = +\infty$

A demonstração deste teorema ficará como exercício.

O INFINITO

57. Observação

Se $\lim_{x \to a} f(x) = +\infty$ (ou $-\infty$) e $\lim_{x \to a} g(x) = 0$, em que g não é função nula, não podemos formular uma lei geral para $\lim_{x \to a} (f \cdot g)(x)$.

Por exemplo, consideremos as funções $f_1(x) = \dfrac{1}{x^2}$ e $f_2(x) = \dfrac{1}{x^4}$ definidas em $\mathbb{R}^*$ e as funções $g_1(x) = x^4$ e $g_2(x) = x^2$ definidas em $\mathbb{R}$.

Observemos que:

$$\lim_{x \to 0} f_1(x) = \lim_{x \to 0} \dfrac{1}{x^2} = +\infty, \quad \lim_{x \to 0} f_2(x) = \lim_{x \to 0} \dfrac{1}{x^4} = +\infty,$$

$$\lim_{x \to 0} g_1(x) = \lim_{x \to 0} x^4 = 0 \text{ e } \lim_{x \to 0} g_2(x) = \lim_{x \to 0} x^2 = 0$$

Mas:

$$\lim_{x \to 0} (f_1 \cdot g_1)(x) = \lim_{x \to 0} \left(\dfrac{1}{x^2} \cdot x^4\right) = \lim_{x \to 0} x^2 = 0 \text{ e}$$

$$\lim_{x \to 0} (f_2 \cdot g_2)(x) = \lim_{x \to 0} \left(\dfrac{1}{x^4} \cdot x^2\right) = \lim_{x \to 0} \dfrac{1}{x^2} = +\infty$$

58. Teorema

Se $\lim_{x \to a} f(x) = +\infty$ e $\lim_{x \to a} g(x) = +\infty$, então $\lim_{x \to a} (f \cdot g)(x) = +\infty$.

Demonstração:

Se $\lim_{x \to a} f(x) = +\infty$, então existem $\sqrt{M} > 0$ e $\delta_1 > 0$ tais que, se $0 < |x - a| < \delta_1$, então $f(x) > \sqrt{M}$; e se $\lim_{x \to a} g(x) = +\infty$, então existem $\sqrt{M} > 0$ e $\delta_2 > 0$ tais que, se $0 < |x - a| < \delta_2$, então $g(x) > \sqrt{M}$.

Considerando $\delta = \min \{\delta_1, \delta_2\}$, temos para todo $M > 0$, existe $\delta > 0$ tal que se $0 < |x - a| < \delta$ então $f(x) \cdot g(x) > \sqrt{M} \cdot \sqrt{M} = M$.

59. Teorema

Se $\lim_{x \to a} f(x) = +\infty$ e $\lim_{x \to a} g(x) = -\infty$, então $\lim_{x \to a} (f \cdot g)(x) = -\infty$.

A demonstração deste teorema é feita de modo análogo à do teorema anterior; portanto, ficará como exercício.

O INFINITO

60. Teorema

Se $\lim_{x \to a} f(x) = -\infty$ e $\lim_{x \to a} g(x) = -\infty$, então $\lim_{x \to a} (f \cdot g)(x) = +\infty$.

Demonstrar este teorema a título de exercício.

61. Observação

Se $\lim_{x \to a} f(x) = +\infty$ (ou $-\infty$) e $\lim_{x \to a} g(x) = +\infty$ (ou $-\infty$), então não podemos estabelecer uma lei geral para $\lim_{x \to a} \left(\dfrac{f}{g}\right)(x)$.

Por exemplo, consideremos as funções $f(x) = \dfrac{1}{x^2}$, $g(x) = \dfrac{1}{x^4}$ e $h(x) = -\dfrac{1}{x^2}$ definidas em $\mathbb{R}^*$.

Observemos que:

$\lim_{x \to 0} f(x) = \lim_{x \to 0} \dfrac{1}{x^2} = +\infty$, $\lim_{x \to 0} g(x) = \lim_{x \to 0} \dfrac{1}{x^4} = +\infty$ e $\lim_{x \to 0} h(x) = \lim_{x \to 0} -\dfrac{1}{x^2} = -\infty$

Mas:

$\lim_{x \to 0} \left(\dfrac{f}{g}\right)(x) = \lim_{x \to 0} \left(\dfrac{\frac{1}{x^2}}{\frac{1}{x^4}}\right) = \lim_{x \to 0} x^2 = 0$

$\lim_{x \to 0} \left(\dfrac{g}{h}\right)(x) = \lim_{x \to 0} \left(\dfrac{\frac{1}{x^4}}{-\frac{1}{x^2}}\right) = \lim_{x \to 0} -\dfrac{1}{x^2} = -\infty$

$\lim_{x \to 0} \left(\dfrac{h}{f}\right)(x) = \lim_{x \to 0} \left(\dfrac{-\frac{1}{x^2}}{\frac{1}{x^2}}\right) = \lim_{x \to 0} (-1) = -1$

O INFINITO

62. Teorema

Se $\lim_{x \to a} f(x) = +\infty$, então $\lim_{x \to a} \dfrac{1}{f(x)} = 0$.

Demonstração:

Se $\lim_{x \to a} f(x) = +\infty$, então existem $M > 0$ e $\delta > 0$ tais que, se $0 < |x - a| < \delta$, então $f(x) > M$.

Mas:

$f(x) > M > 0 \Leftrightarrow |f(x)| > M \Leftrightarrow \left|\dfrac{1}{f(x)}\right| < \dfrac{1}{M}$

Tomando $\varepsilon = \dfrac{1}{M}$, temos para todo $\varepsilon > 0$, existe $\delta > 0$ tal que, se $0 < |x - a| < \delta$, então $\left|\dfrac{1}{f(x)} - 0\right| < \varepsilon$ e, portanto, $\lim_{x \to a} \dfrac{1}{f(x)} = 0$.

63. Teorema

Se $\lim_{x \to a} f(x) = -\infty$, então $\lim_{x \to a} \dfrac{1}{f(x)} = 0$.

A demonstração ficará a cargo do leitor.

64. Teorema

Se $\lim_{x \to a} f(x) = 0$, então $\lim_{x \to a} \left|\dfrac{1}{f(x)}\right| = +\infty$.

Demonstração:

Se $\lim_{x \to a} f(x) = 0$, então existem $\varepsilon > 0$ e $\delta > 0$ tais que, se $0 < |x - a| < \delta$, então $|f(x)| < \varepsilon$.

Mas:

$|f(x)| < \varepsilon \Leftrightarrow \left|\dfrac{1}{f(x)}\right| > \dfrac{1}{\varepsilon}$

Tomando $M = \dfrac{1}{\varepsilon}$, temos para todo $M > 0$, existe $\delta > 0$, tal que, se $0 < |x - a| < \delta$, então $\left|\dfrac{1}{f(x)}\right| > M$ e, portanto, $\lim_{x \to a} \left|\dfrac{1}{f(x)}\right| = +\infty$.

O INFINITO

65. Observação

Se existir δ tal que para todo x que satisfaça $0 < |x - a| < δ$ tenhamos $f(x) > 0$, então $\lim_{x \to a} \frac{1}{f(x)} = \lim_{x \to a} \left|\frac{1}{f(x)}\right| = +\infty$.

Se existir δ tal que para todo x que satisfaça $0 < |x - a| < δ$ tenhamos $f(x) < 0$, então:
$$\lim_{x \to a} \frac{1}{f(x)} = \lim_{x \to a} -\left|\frac{1}{f(x)}\right| = -\infty$$

66.
Antes de prosseguirmos, façamos um resumo dos teoremas apresentados, lembrando que as proposições permanecerão válidas se substituirmos o símbolo "$x \to a$" por "$x \to a^+$" ou "$x \to a^-$".

Dados		Conclusão
$\lim_{x \to a} f(x) = +\infty$	$\lim_{x \to a} g(x) = +\infty$	$\lim_{x \to a} (f + g)(x) = +\infty$
$\lim_{x \to a} f(x) = -\infty$	$\lim_{x \to a} g(x) = -\infty$	$\lim_{x \to a} (f + g)(x) = -\infty$
$\lim_{x \to a} f(x) = +\infty$	$\lim_{x \to a} g(x) = b \neq 0$	$\lim_{x \to a} (f \cdot g)(x) = \begin{cases} +\infty \text{ se } b > 0 \\ -\infty \text{ se } b < 0 \end{cases}$
$\lim_{x \to a} f(x) = -\infty$	$\lim_{x \to a} g(x) = b \neq 0$	$\lim_{x \to a} (f \cdot g)(x) = \begin{cases} -\infty \text{ se } b > 0 \\ +\infty \text{ se } b < 0 \end{cases}$
$\lim_{x \to a} f(x) = +\infty$	$\lim_{x \to a} g(x) = +\infty$	$\lim_{x \to a} (f \cdot g)(x) = +\infty$
$\lim_{x \to a} f(x) = +\infty$	$\lim_{x \to a} g(x) = -\infty$	$\lim_{x \to a} (f \cdot g)(x) = -\infty$
$\lim_{x \to a} f(x) = -\infty$	$\lim_{x \to a} g(x) = -\infty$	$\lim_{x \to a} (f \cdot g)(x) = +\infty$
$\lim_{x \to a} f(x) = +\infty$		$\lim_{x \to a} \frac{1}{f(x)} = 0$
$\lim_{x \to a} f(x) = -\infty$		$\lim_{x \to a} \frac{1}{f(x)} = 0$
$\lim_{x \to a} f(x) = 0$		$\lim_{x \to a} \left|\frac{1}{f(x)}\right| = +\infty$

O INFINITO

Não poderemos estabelecer uma lei para os seguintes casos:

$\lim_{x \to a} f(x) = +\infty$	$\lim_{x \to a} g(x) = +\infty$	$\lim_{x \to a} (f - g)(x) = ?$
$\lim_{x \to a} f(x) = -\infty$	$\lim_{x \to a} g(x) = -\infty$	$\lim_{x \to a} (f - g)(x) = ?$
$\lim_{x \to a} f(x) = +\infty$	$\lim_{x \to a} g(x) = -\infty$	$\lim_{x \to a} (f + g)(x) = ?$
$\lim_{x \to a} f(x) = +\infty \text{ (ou } -\infty)$	$\lim_{x \to a} g(x) = 0$	$\lim_{x \to a} (f \cdot g)(x) = ?$
$\lim_{x \to a} f(x) = +\infty \text{ (ou } -\infty)$	$\lim_{x \to a} g(x) = -\infty \text{ (ou } +\infty)$	$\lim_{x \to a} \frac{f}{g}(x) = ?$

III. Limites no infinito

67. Seja a função f definida por $f(x) = \dfrac{x + 2}{x}$ para todo x real e $x \neq 0$. Atribuindo a x os valores 1, 5, 10, 100, 1 000, 10 000 e assim por diante, de tal forma que x cresça ilimitadamente, temos:

x	1	5	10	100	1 000	10 000
f(x)	3	1,4	1,2	1,02	1,002	1,0002

Observamos que, à medida que x cresce através de valores positivos, os valores da função f se aproximam cada vez mais de 1, isto é, podemos tornar f(x) tão próximo de 1 quanto desejarmos, se atribuirmos a x valores cada vez maiores.

Escrevemos, então:

$$\lim_{x \to +\infty} \frac{x + 2}{x} = 1$$

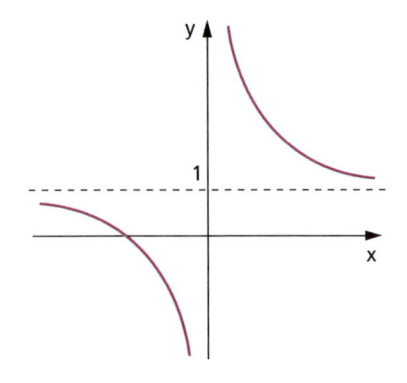

68. Definição

Seja f uma função definida em um intervalo aberto]a, +∞[. Dizemos que, quando x cresce ilimitadamente, f(x) se aproxima de L e escrevemos:

$$\lim_{x \to +\infty} f(x) = L$$

se, para qualquer número $\varepsilon > 0$, existir $N > 0$ tal que se $x > N$ então $|f(x) - L| < \varepsilon$.

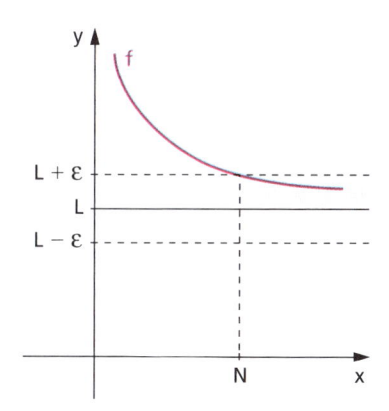

Em símbolos, temos:

$$\lim_{x \to +\infty} f(x) = L \Leftrightarrow (\forall \varepsilon > 0, \exists N > 0 \mid x > N \Rightarrow |f(x) < - L| < \varepsilon)$$

69.

Consideremos novamente a função $f(x) = \dfrac{x+2}{x}$. Atribuindo a x os valores $-1, -5, -10, -100, -1000, -10000$ e assim por diante, de tal forma que x decresça ilimitadamente, temos:

x	−1	−5	−10	−100	−1000	−10000
f(x)	−1	0,6	0,8	0,98	0,998	0,9998

Observamos que, à medida que x decresce com valores negativos, os valores da função se aproximam cada vez mais de 1, isto é, podemos tornar f(x) tão próximo de 1 quanto desejarmos, se atribuirmos a x valores cada vez menores. Escrevemos, então:

$$\lim_{x \to -\infty} \frac{x+2}{x} = 1$$

O INFINITO

70. Definição

Seja f uma função definida em um intervalo aberto $]-\infty, a[$. Dizemos que, quando x decresce ilimitadamente, f(x) aproxima-se de L, e escrevemos:

$$\lim_{x \to -\infty} f(x) = L$$

se, para qualquer número $\varepsilon > 0$, existir $N < 0$ tal que se $x < N$ então $|f(x) - L| < \varepsilon$.

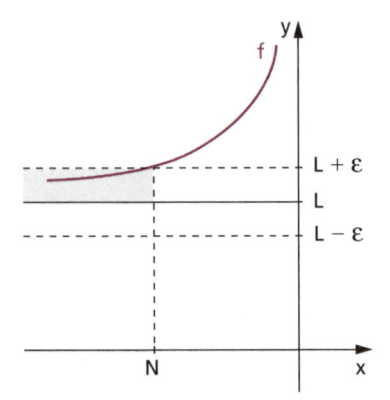

Em símbolos, temos:

$$\lim_{x \to -\infty} f(x) = L \Leftrightarrow \left(\forall \varepsilon > 0, \exists N < 0 \mid x < N \Rightarrow |f(x) - L| < \varepsilon \right)$$

71. Seja a função $f(x) = x^2$, definida para todo x real.

Atribuindo a x os valores 1, 5, 10, 100, 1 000 e assim sucessivamente, de tal forma que x cresça ilimitadamente, temos:

x	1	5	10	100	1 000
f(x)	1	25	100	10 000	1 000 000

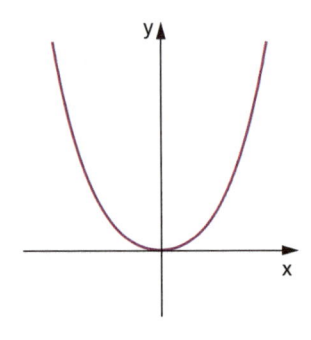

Observamos que, à medida que x cresce através de valores positivos, os valores da função também crescem ilimitadamente. Em outras palavras, dizemos que podemos tornar f(x) tão grande quanto desejarmos, isto é, maior que qualquer número positivo, tomando para x valores suficientemente grandes, e escrevemos:

$$\lim_{x \to +\infty} f(x) = +\infty$$

72. Se agora atribuirmos a x os valores $-1, -5, -10, -100, -1000$ e assim sucessivamente, de tal forma que x decresça ilimitadamente, temos:

x	−1	−5	−10	−100	−1000
f(x)	1	25	100	10 000	1 000 000

Observamos que, à medida que x decresce através de valores negativos, os valores da função crescem ilimitadamente. Em outras palavras, dizemos que podemos tornar f(x) tão grande quanto desejarmos, isto é, maior que qualquer número positivo, tomando para x valores negativos cujos módulos sejam suficientemente grandes, e escrevemos:

$$\lim_{x \to -\infty} f(x) = +\infty$$

73. Definições

Seja f uma função definida em um intervalo aberto $]a, +\infty[$. Dizemos que, quando x cresce ilimitadamente, f(x) cresce também ilimitadamente, e escrevemos:

$$\lim_{x \to +\infty} f(x) = +\infty$$

se, para qualquer número $M > 0$, existir $N > 0$ tal que se $x > N$ então $f(x) > M$.

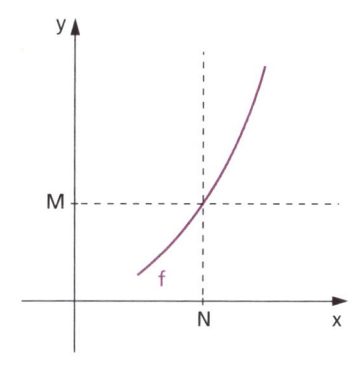

Em símbolos, temos:

$$\lim_{x \to +\infty} f(x) = +\infty \Leftrightarrow (\forall M > 0, \exists N > 0 \mid x > N \Rightarrow f(x) > M)$$

Coloquemos com símbolos as definições de:

$$\lim_{x \to +\infty} f(x) = -\infty, \quad \lim_{x \to -\infty} f(x) = +\infty \quad \text{e} \quad \lim_{x \to -\infty} f(x) = -\infty$$

$$\lim_{x \to +\infty} f(x) = -\infty \Leftrightarrow (\forall M < 0, \exists N > 0 \mid x > N \Rightarrow f(x) < M)$$

O INFINITO

$$\lim_{x \to -\infty} f(x) = +\infty \Leftrightarrow \left(\forall M > 0,\ \exists N < 0 \mid x < N \Rightarrow f(x) > M \right)$$

$$\lim_{x \to -\infty} f(x) = -\infty \Leftrightarrow \left(\forall M < 0,\ \exists N < 0 \mid x < N \Rightarrow f(x) < M \right)$$

Para concluirmos algo com relação ao comportamento dos valores da função quando x crescia ou decrescia ilimitadamente, construímos uma tabela de valores de x e f(x). Vejamos como chegar à mesma conclusão, sem construirmos essa tabela.

74. Teorema

Se $c \in \mathbb{R}$, então $\lim\limits_{x \to +\infty} c = \lim\limits_{x \to -\infty} c = c$.

Demonstração:

A demonstração é bastante simples, já que

$$\forall \varepsilon > 0,\ \exists N > 0 \mid x > N \Rightarrow 0 = |c - c| < \varepsilon$$

é trivialmente verdadeira e portanto:

$$\lim_{x \to +\infty} c = c$$

75. Teorema

Se n é um número inteiro e positivo, então:

I) $\lim\limits_{x \to +\infty} x^n = +\infty$

II) $\lim\limits_{x \to -\infty} x^n = \begin{cases} +\infty & \text{se } n \text{ é par} \\ -\infty & \text{se } n \text{ é ímpar} \end{cases}$

Demonstração:

Faremos a demonstração de II por indução sobre n.

1º caso: n é ímpar

A proposição é verdadeira para n = 1, pois

$$\left(\forall M < 0,\ \exists M < 0 \mid x < M \Rightarrow x < M \right) \Rightarrow \lim_{x \to -\infty} x = -\infty$$

O INFINITO

Supondo que a proposição seja verdadeira para n = p, mostremos que é verdadeira para n = p + 2, isto é, se $\lim_{x \to -\infty} x^p = -\infty$ então $\lim_{x \to -\infty} x^{p+2} = -\infty$.

De fato, por aplicações sucessivas dos teoremas já vistos, temos:

$$\lim_{x \to -\infty} x^{p+2} = \lim_{x \to -\infty} (x^p \cdot x^2) = \lim_{x \to -\infty} x^p \cdot \lim_{x \to -\infty} x^2$$

Mas $\lim_{x \to -\infty} x^2 = \lim_{x \to -\infty} x \cdot \lim_{x \to -\infty} x = +\infty$ e $\lim_{x \to -\infty} x^p = -\infty$. Portanto, $\lim_{x \to -\infty} x^{p+2} = -\infty$.

As demonstrações para o caso em que n é par e da parte I ficam como exercícios.

76. Teorema

Se n é um número inteiro positivo, então:

I) $\lim_{x \to +\infty} \dfrac{1}{x^n} = 0$

II) $\lim_{x \to -\infty} \dfrac{1}{x^n} = 0$

Demonstração:

Fica como exercício.

77. Teorema

Se $f(x) = a_0 + a_1 x + a_2 x^2 + \ldots + a_n x^n$, $a_n \neq 0$, é uma função polinomial, então:

$$\lim_{x \to +\infty} f(x) = \lim_{x \to +\infty} (a_n x^n) \text{ e } \lim_{x \to -\infty} f(x) = \lim_{x \to -\infty} (a_n x^n)$$

Demonstração:

Por aplicações sucessivas das propriedades e teoremas, temos:

$$\lim_{x \to +\infty} f(x) = \lim_{x \to +\infty} (a_0 + a_1 x + a_2 x^2 + \ldots + a_n x^n) =$$

$$= \lim_{x \to +\infty} \left[a_n x^n \left(\frac{a_0}{a_n x^n} + \frac{a_1}{a_n x^{n-1}} + \frac{a_2}{a_n x^{n-2}} + \ldots + 1 \right) \right] =$$

$$= \lim_{x \to +\infty} (a_n x^n) \cdot \lim_{x \to +\infty} \left(\frac{a_0}{a_n x^n} + \frac{a_1}{a_n x^{n-1}} + \frac{a_2}{a_n x^{n-2}} + \ldots + 1 \right) = \lim_{x \to +\infty} (a_n x^n)$$

pois:

$$\lim_{x \to +\infty} \left(\frac{a_0}{a_n x^n} + \frac{a_1}{a_n x^{n-1}} + \frac{a_2}{a_n x^{n-2}} + \ldots + 1 \right) =$$

$$= \lim_{x \to +\infty} \frac{a_0}{a_n} \cdot \lim_{x \to +\infty} \frac{1}{x^n} + \lim_{x \to +\infty} \frac{a_1}{a_n} \cdot \lim_{x \to +\infty} \frac{1}{x^{n-1}} +$$

$$+ \lim_{x \to +\infty} \frac{a_2}{a_n} \cdot \lim_{x \to +\infty} \frac{1}{x^{n-2}} + \ldots + \lim_{x \to +\infty} 1 = 1$$

78. Teorema

Se $f(x) = a_0 + a_1 x + a_2 x^2 + \ldots + a_n x^n$, $a_n \neq 0$, e $g(x) = b_0 + b_1 x + b_2 x^2 + \ldots + b_m x^m$, $b_m \neq 0$, são funções polinomiais, então:

$$\lim_{x \to +\infty} \frac{f(x)}{g(x)} = \lim_{x \to +\infty} \left(\frac{a_n}{b_m} x^{n-m} \right) \quad \text{e} \quad \lim_{x \to -\infty} \frac{f(x)}{g(x)} = \lim_{x \to -\infty} \left(\frac{a_n}{b_m} x^{n-m} \right)$$

Demonstração:

$$\lim_{x \to +\infty} \frac{f(x)}{g(x)} = \lim_{x \to +\infty} \frac{a_0 + a_1 x + a_2 x^2 + \ldots + a_n x^n}{b_0 + b_1 x + b_2 x^2 + \ldots + b_m x^m} =$$

$$= \lim_{x \to +\infty} \frac{a_n x^n \left(\frac{a_0}{a_n x^n} + \frac{a_1}{a_n x^{n-1}} + \frac{a_2}{a_n x^{n-2}} + \ldots + 1 \right)}{b_m x^m \left(\frac{b_0}{b_m x^m} + \frac{b_1}{b_m x^{m-1}} + \frac{b_2}{b_m x^{m-2}} + \ldots + 1 \right)} =$$

$$= \lim_{x \to +\infty} \left(\frac{a_n x^n}{b_m x^m} \right) \cdot \lim_{x \to +\infty} \frac{\frac{a_0}{a_n x^n} + \frac{a_1}{a_n x^{n-1}} + \frac{a_2}{a_n x^{n-2}} + \ldots + 1}{\frac{b_0}{b_m x^m} + \frac{b_1}{b_m x^{m-1}} + \frac{b_2}{b_m x^{m-2}} + \ldots + 1} =$$

$$= \lim_{x \to +\infty} \left(\frac{a_n}{b_m} \cdot x^{n-m} \right) \cdot 1 = \lim_{x \to +\infty} \left(\frac{a_n}{b_m} x^{n-m} \right)$$

EXERCÍCIOS

75. Encontre:
a) $\lim\limits_{x \to +\infty} (4x^2 - 7x + 3)$
b) $\lim\limits_{x \to +\infty} (-3x^3 + 2x^2 - 5x + 3)$
c) $\lim\limits_{x \to -\infty} (5x^3 - 4x^2 - 3x + 2)$
d) $\lim\limits_{x \to -\infty} (3x^4 - 7x^3 + 2x^2 - 5x - 4)$

Solução
a) $\lim\limits_{x \to +\infty} (4x^2 - 7x + 3) = \lim\limits_{x \to +\infty} (4x^2) = +\infty$
b) $\lim\limits_{x \to +\infty} (-3x^3 + 2x^2 - 5x + 3) = \lim\limits_{x \to +\infty} (-3x^3) = -\infty$
c) $\lim\limits_{x \to -\infty} (5x^3 - 4x^2 - 3x + 2) = \lim\limits_{x \to -\infty} (5x^3) = -\infty$
d) $\lim\limits_{x \to -\infty} (3x^4 - 7x^3 + 2x^2 - 5x - 4) = \lim\limits_{x \to -\infty} (3x^4) = +\infty$

76. Encontre:
a) $\lim\limits_{x \to +\infty} (2x + 3)$
b) $\lim\limits_{x \to -\infty} (4 - 5x)$
c) $\lim\limits_{x \to +\infty} (5x^2 - 4x + 3)$
d) $\lim\limits_{x \to +\infty} (4 - x^2)$
e) $\lim\limits_{x \to -\infty} (3x^3 - 4)$
f) $\lim\limits_{x \to -\infty} (8 - x^3)$

77. Encontre:
a) $\lim\limits_{x \to +\infty} (x^n - 1)$, $n \in \mathbb{N}^*$
b) $\lim\limits_{x \to -\infty} (1 - x^n)$, $n \in \mathbb{N}^*$
c) $\lim\limits_{x \to +\infty} (c \cdot x)$, $c \in \mathbb{R}^*$
d) $\lim\limits_{x \to -\infty} \left(\dfrac{x}{c}\right)$, $c \in \mathbb{R}^*$

78. Encontre:
a) $\lim\limits_{x \to +\infty} \sqrt{x^2 - 2x + 2}$
b) $\lim\limits_{x \to -\infty} \sqrt{x^2 - 3x + 5}$

79. Encontre:
a) $\lim\limits_{x \to +\infty} \dfrac{3x + 2}{5x - 1}$
b) $\lim\limits_{x \to -\infty} \dfrac{5 - 4x}{2x - 3}$
c) $\lim\limits_{x \to +\infty} \dfrac{5x^2 - 4x + 3}{3x + 2}$
d) $\lim\limits_{x \to -\infty} \dfrac{4x - 1}{3x^2 + 5x - 2}$

O INFINITO

Solução

a) $\lim\limits_{x \to +\infty} \dfrac{3x + 2}{5x - 1} = \lim\limits_{x \to +\infty} \dfrac{3x}{5x} = \lim\limits_{x \to +\infty} \dfrac{3}{5} = \dfrac{3}{5}$

b) $\lim\limits_{x \to -\infty} \dfrac{5 - 4x}{2x - 3} = \lim\limits_{x \to -\infty} \dfrac{-4x}{2x} = \lim\limits_{x \to -\infty} (-2) = -2$

c) $\lim\limits_{x \to +\infty} \dfrac{5x^2 - 4x + 3}{3x + 2} = \lim\limits_{x \to +\infty} \dfrac{5x^2}{3x} = \lim\limits_{x \to +\infty} \dfrac{5x}{3} = +\infty$

d) $\lim\limits_{x \to -\infty} \dfrac{4x - 1}{3x^2 + 5x - 2} = \lim\limits_{x \to -\infty} \dfrac{4x}{3x^2} = \lim\limits_{x \to -\infty} \dfrac{4}{3x} = 0$

80. Encontre:

a) $\lim\limits_{x \to +\infty} \dfrac{3 - 2x}{5x + 1}$

b) $\lim\limits_{x \to -\infty} \dfrac{4x - 3}{3x + 2}$

c) $\lim\limits_{x \to +\infty} \dfrac{x^2 - 4}{x + 1}$

d) $\lim\limits_{x \to -\infty} \dfrac{x^3 - 1}{x^2 + 1}$

e) $\lim\limits_{x \to +\infty} \dfrac{x^2 - 3x + 4}{3x^3 + 5x^2 - 6x + 2}$

f) $\lim\limits_{x \to -\infty} \dfrac{x^2 + 4}{8x^3 - 1}$

g) $\lim\limits_{x \to -\infty} \dfrac{x^2 + x + 1}{(x + 1)^3 - x^3}$

h) $\lim\limits_{x \to +\infty} \dfrac{(2x - 3)^3}{x(x + 1)(x + 2)}$

i) $\lim\limits_{x \to -\infty} \dfrac{(3x + 2)^3}{2x(3x + 1)(4x - 1)}$

j) $\lim\limits_{x \to +\infty} \dfrac{(2x - 3)^3 (3x - 2)^2}{x^5}$

k) $\lim\limits_{x \to -\infty} \dfrac{(x + 2)^4 - (x - 1)^4}{(2x + 3)^3}$

81. Encontre:

a) $\lim\limits_{x \to +\infty} \dfrac{\sqrt{x^2 - 2x + 2}}{x + 1}$

b) $\lim\limits_{x \to -\infty} \dfrac{\sqrt{x^2 - 2x + 2}}{x + 1}$

Solução

Observemos que:

$\lim\limits_{x \to +\infty} \sqrt{x^2 - 2x + 2} = \lim\limits_{x \to -\infty} \sqrt{x^2 - 2x + 2} = +\infty$, $\lim\limits_{x \to +\infty} (x + 1) = +\infty$,

$\lim\limits_{x \to -\infty} (x + 1) = -\infty$ e não têm significado os símbolos $\dfrac{+\infty}{+\infty}$ e $\dfrac{+\infty}{-\infty}$.

Notemos que:

$$\frac{\sqrt{x^2-2x+2}}{x+1} = \frac{\sqrt{x^2\left(1-\frac{2}{x}+\frac{2}{x^2}\right)}}{x+1} = \frac{|x|\cdot\sqrt{1-\frac{2}{x}+\frac{2}{x^2}}}{x\left(1+\frac{1}{x}\right)}$$

e portanto:

$$\lim_{x\to+\infty}\frac{\sqrt{x^2-2x+2}}{x+1} = \lim_{x\to+\infty}\frac{x\cdot\sqrt{1-\frac{2}{x}+\frac{2}{x^2}}}{x\left(1+\frac{1}{x}\right)} = \lim_{x\to+\infty}\frac{\sqrt{1-\frac{2}{x}+\frac{2}{x^2}}}{1+\frac{1}{x}} = 1$$

e $\lim_{x\to-\infty}\frac{\sqrt{x^2-2x+2}}{x+1} = \lim_{x\to-\infty}\frac{-x\sqrt{1-\frac{2}{x}+\frac{2}{x^2}}}{x\left(1+\frac{1}{x}\right)} = \lim_{x\to-\infty}\frac{-\sqrt{1-\frac{2}{x}+\frac{2}{x^2}}}{1+\frac{1}{x}} = -1$

82. Encontre:

a) $\lim_{x\to+\infty}\dfrac{\sqrt{x^2+x+1}}{x+1}$

b) $\lim_{x\to-\infty}\dfrac{\sqrt{x^2+x+1}}{x+1}$

c) $\lim_{x\to+\infty}\dfrac{2x^2-3x-5}{\sqrt{x^4+1}}$

d) $\lim_{x\to-\infty}\dfrac{2x^2-3x-5}{\sqrt{x^4+1}}$

e) $\lim_{x\to+\infty}\dfrac{x^2}{1+x\sqrt{x}}$

f) $\lim_{x\to-\infty}\dfrac{x+\sqrt[3]{x}}{x^2+1}$

g) $\lim_{x\to-\infty}\dfrac{x}{\sqrt[3]{x^3-1\,000}}$

h) $\lim_{x\to+\infty}\dfrac{\sqrt[3]{x^2+1}}{x+1}$

83. Encontre $\lim_{x\to+\infty}\left(\sqrt{x^2+3x+2}-x\right)$.

Solução

Observemos que

$\lim_{x\to+\infty}\sqrt{x^2+3x+2} = +\infty$ e $\lim_{x\to+\infty}(x) = +\infty$, mas carece de significado o símbolo $(+\infty)-(+\infty)$.

O INFINITO

Para obtermos o limite procurado, multiplicamos e dividimos $\left(\sqrt{x^2 + 3x + 2} - x\right)$ por $\left(\sqrt{x^2 + 3x + 2} + x\right)$. Assim, temos:

$$\sqrt{x^2 + 3x + 2} - x = \frac{\left(\sqrt{x^2 + 3x + 2} - x\right)\left(\sqrt{x^2 + 3x + 2} + x\right)}{\sqrt{x^2 + 3x + 2} + x} =$$

$$= \frac{3x + 2}{\sqrt{x^2 + 3x + 2} + x}$$

Notemos que $\lim_{x \to +\infty} (3x + 2) = +\infty$, $\lim_{x \to +\infty} \left(\sqrt{x^2 + 3x + 2} + x\right) = +\infty$ e o símbolo $\frac{+\infty}{+\infty}$ não têm significado. Fazemos então:

$$\frac{3x + 2}{\sqrt{x^2 + 3x + 2} + x} = \frac{x\left(3 + \frac{2}{x}\right)}{x\left(\sqrt{1 + \frac{3}{x} + \frac{2}{x^2}} + 1\right)} = \frac{3 + \frac{2}{x}}{\sqrt{1 + \frac{3}{x} + \frac{2}{x^2}} + 1}$$

e portanto:

$$\lim_{x \to +\infty} \left(\sqrt{x^2 + 2x + 3} - x\right) = \lim_{x \to +\infty} \frac{3 + \frac{2}{x}}{\sqrt{1 + \frac{3}{x} + \frac{2}{x^2}} + 1} = \frac{3}{2}$$

84. Encontre:

a) $\lim_{x \to +\infty} \left(\sqrt{x^2 + 3x + 4} - x\right)$

b) $\lim_{x \to -\infty} \left(\sqrt{x^2 + 3x + 4} - x\right)$

c) $\lim_{x \to +\infty} \left(\sqrt{x + 4} - \sqrt{x - 2}\right)$

d) $\lim_{x \to +\infty} \left(\sqrt{x^2 - x + 1} - x\right)$

e) $\lim_{x \to +\infty} \left(\sqrt{x^2 + 1} - \sqrt{x^2 - 1}\right)$

f) $\lim_{x \to +\infty} \left(\sqrt{x^2 - 4x + 5} - \sqrt{x^2 - 3x + 4}\right)$

g) $\lim_{x \to +\infty} \left(x - \sqrt{x^2 + 4}\right)$

h) $\lim_{x \to +\infty} \left(\sqrt{x^2 + ax + b} - x\right)$

85. Encontre:

a) $\lim_{x \to +\infty} \frac{x + \sqrt[3]{x^3 - 5x^2 - 2}}{\sqrt[3]{x^3 + 1}}$

b) $\lim_{x \to +\infty} \frac{\sqrt{x} - \sqrt{x + 1}}{\sqrt{x + 2} - \sqrt{x + 3}}$

c) $\lim_{x \to +\infty} \frac{\sqrt{x^2 + 2x + 4} - x}{x - \sqrt{x^2 - x + 1}}$

86. Encontre:

a) $\lim_{x \to +\infty} \left(\sqrt{x + \sqrt{x + \sqrt{x}}} \right)$

b) $\lim_{x \to +\infty} \dfrac{\sqrt{x + \sqrt{x + \sqrt{x}}}}{x}$

c) $\lim_{x \to +\infty} \dfrac{\sqrt{x} + \sqrt[3]{x} + \sqrt[4]{x}}{\sqrt{4x + 1}}$

87. Mostre pela definição que:

a) $\lim_{x \to +\infty} x^2 = +\infty$

b) $\lim_{x \to -\infty} x^2 = +\infty$

88. Mostre pela definição que:

a) $\lim_{x \to +\infty} x^3 = +\infty$

b) $\lim_{x \to -\infty} x^3 = -\infty$

IV. Propriedades dos limites no infinito

Veremos em seguida dez teoremas cujos enunciados serão apresentados com o símbolo "$x \to +\infty$" e não perdem a validade se esse símbolo for trocado por "$x \to -\infty$". Estes teoremas são basicamente os apresentados nas **propriedades dos limites infinitos**, com adaptações para aplicações de limites no infinito.

79. Teorema

Se $\lim_{x \to +\infty} f(x) = +\infty$ e $\lim_{x \to +\infty} g(x) = +\infty$, então $\lim_{x \to +\infty} (f + g)(x) = +\infty$.

Demonstração:

Para provarmos que $\lim_{x \to +\infty} (f + g)(x) = +\infty$, devemos provar:

$\forall M > 0, \exists N > 0 \mid x > N \Rightarrow (f + g)(x) > M$

Temos, por hipótese:

$\lim_{x \to +\infty} f(x) = +\infty$, isto é, se tomamos $\dfrac{M}{2} > 0$, vem:

O INFINITO

$$\forall \frac{M}{2} > 0, \exists N_1 > 0 \mid x > N_1 \Rightarrow f(x) > \frac{M}{2}$$

e $\lim_{x \to +\infty} g(x) = +\infty$, isto é, se tomamos $\frac{M}{2} > 0$, temos:

$$\forall \frac{M}{2} > 0, \exists N_2 > 0 \mid x > N_2 \Rightarrow g(x) > \frac{M}{2}$$

então, considerando $N = \max \{N_1, N_2\}$, decorre:

$$\forall M > 0, \exists N > 0 \mid x > N \Rightarrow f(x) + g(x) > \frac{M}{2} + \frac{M}{2} = M$$

Faremos a apresentação dos enunciados dos demais teoremas e deixaremos a cargo do aluno as demonstrações.

80. Teorema

Se $\lim_{x \to +\infty} f(x) = -\infty$ e $\lim_{x \to +\infty} g(x) = -\infty$, então $\lim_{x \to +\infty} (f + g) = -\infty$.

Observação:

Se $\lim_{x \to +\infty} f(x) = +\infty$, $\lim_{x \to +\infty} g(x) = +\infty$, $\lim_{x \to +\infty} h(x) = -\infty$ e $\lim_{x \to +\infty} i(x) = -\infty$, não podemos estabelecer uma lei geral para os seguintes limites:

$$\lim_{x \to +\infty} (f - g), \quad \lim_{x \to +\infty} (h - i)(x) \text{ e } \lim_{x \to +\infty} (f + h)(x)$$

Por exemplo, consideremos as funções $f(x) = 3x - 2$ e $g(x) = 3x + 5$ definidas para todo x real. Observemos que:

$$\lim_{x \to +\infty} (3x - 2) = +\infty \text{ e } \lim_{x \to +\infty} (3x + 5) = +\infty$$

e calculemos:

$$\lim_{x \to +\infty} (f - g)(x) = \lim_{x \to +\infty} [f(x) - g(x)] =$$
$$= \lim_{x \to +\infty} [(3x - 2) - (3x + 5)] = \lim_{x \to +\infty} (-7) = -7$$

Se considerarmos as funções $f(x) = 3x^2 - 7x + 1$ e $g(x) = 2x^2 + 2x - 3$ definidas para todo x real, teremos:

$$\lim_{x \to +\infty} \left(3x^2 - 7x + 1\right) = +\infty \text{ e } \lim_{x \to +\infty} \left(2x^2 + 2x - 3\right) = +\infty$$

mas $\lim_{x \to +\infty} (f - g)(x) = \lim_{x \to +\infty} [f(x) - g(x)] =$
$$= \lim_{x \to +\infty} \left[(3x^2 - 7x + 1) - (2x^2 + 2x - 3)\right] = \lim_{x \to +\infty} \left(x^2 - 9x + 4\right) = +\infty$$

81. Teorema

Se $\lim_{x \to +\infty} f(x) = +\infty$ e $\lim_{x \to +\infty} g(x) = b \neq 0$, então:

I) se $b > 0$ então $\lim_{x \to +\infty} (f \cdot g)(x) = +\infty$

II) se $b < 0$ então $\lim_{x \to +\infty} (f \cdot g)(x) = -\infty$

82. Teorema

Se $\lim_{x \to +\infty} f(x) = -\infty$ e $\lim_{x \to +\infty} g(x) = b \neq 0$, então:

I) se $b > 0$ então $\lim_{x \to +\infty} (f \cdot g)(x) = -\infty$

II) se $b < 0$ então $\lim_{x \to +\infty} (f \cdot g)(x) = +\infty$

Observação:

Se $\lim_{x \to +\infty} f(x) = +\infty$ (ou $-\infty$) e $\lim_{x \to +\infty} g(x) = 0$,

em que g não é a função nula, então não podemos formular uma lei geral para $\lim_{x \to +\infty} (f \cdot g)(x)$.

Por exemplo, consideremos as funções $f(x) = 2x + 1$ e $h(x) = x^2 - 4$ definidas para todo $\mathbb{R}$ e a função $g(x) = \dfrac{1}{x - 1}$ definida em $\mathbb{R} - \{1\}$.

Observemos que:

$\lim_{x \to +\infty} f(x) = \lim_{x \to +\infty} (2x + 1) = +\infty$

$\lim_{x \to +\infty} h(x) = \lim_{x \to +\infty} (x^2 - 4) = +\infty$

$\lim_{x \to +\infty} g(x) = \lim_{x \to +\infty} \dfrac{1}{x - 1} = 0$

mas $\lim_{x \to +\infty} (f \cdot g)(x) = \lim_{x \to +\infty} [f(x) \cdot g(x)] = \lim_{x \to +\infty} \dfrac{2x + 1}{x - 1} = 2$

$\lim_{x \to +\infty} (h \cdot g)(x) = \lim_{x \to +\infty} [h(x) \cdot g(x)] = \lim_{x \to +\infty} \dfrac{x^2 - 4}{x - 1} = +\infty$

83. Teorema

Se $\lim_{x \to +\infty} f(x) = +\infty$ e $\lim_{x \to +\infty} g(x) = +\infty$, então $\lim_{x \to +\infty} (f \cdot g)(x) = +\infty$.

84. Teorema

Se $\lim\limits_{x \to +\infty} f(x) = +\infty$ e $\lim\limits_{x \to +\infty} g(x) = -\infty$, então $\lim\limits_{x \to +\infty} (f \cdot g)(x) = -\infty$.

85. Teorema

Se $\lim\limits_{x \to +\infty} f(x) = -\infty$ e $\lim\limits_{x \to +\infty} g(x) = -\infty$, então $\lim\limits_{x \to +\infty} (f \cdot g)(x) = +\infty$.

Observação:

Se $\lim\limits_{x \to +\infty} f(x) = +\infty$ (ou $-\infty$) e $\lim\limits_{x \to +\infty} g(x) = +\infty$ (ou $-\infty$), não podemos estabelecer uma lei geral para $\lim\limits_{x \to +\infty} \left(\dfrac{f}{g}\right)(x)$.

Por exemplo, consideremos as funções $f(x) = 2x - 3$, $g(x) = 3x - 4$ e $h(x) = x^2 - 4x + 3$ definidas em $\mathbb{R}$.

Notemos que:

$\lim\limits_{x \to +\infty} f(x) = \lim\limits_{x \to +\infty} (2x - 3) = +\infty$

$\lim\limits_{x \to +\infty} g(x) = \lim\limits_{x \to +\infty} (3x - 4) = +\infty$

$\lim\limits_{x \to +\infty} h(x) = \lim\limits_{x \to +\infty} (x^2 - 4x + 3) = +\infty$

mas $\lim\limits_{x \to +\infty} \left(\dfrac{f}{g}\right)(x) = \lim\limits_{x \to +\infty} \dfrac{f(x)}{g(x)} = \lim\limits_{x \to +\infty} \dfrac{2x - 3}{3x - 4} = \dfrac{2}{3}$

$\lim\limits_{x \to +\infty} \left(\dfrac{h}{g}\right)(x) = \lim\limits_{x \to +\infty} \dfrac{h(x)}{g(x)} = \lim\limits_{x \to +\infty} \dfrac{x^2 - 4x + 3}{3x - 4} = +\infty$

86. Teorema

Se $\lim\limits_{x \to +\infty} f(x) = +\infty$, então $\lim\limits_{x \to +\infty} \dfrac{1}{f(x)} = 0$.

87. Teorema

Se $\lim\limits_{x \to +\infty} f(x) = -\infty$, então $\lim\limits_{x \to +\infty} \dfrac{1}{f(x)} = 0$.

88. Teorema

Se $\lim\limits_{x \to +\infty} f(x) = 0$, então $\lim\limits_{x \to +\infty} \left|\dfrac{1}{f(x)}\right| = +\infty$.

Observação:

Se existir $N > 0$ tal que para todo $x > N$ tenhamos $f(x) > 0$, então:

$$\lim_{x \to +\infty} \frac{1}{f(x)} = \lim_{x \to +\infty} \frac{1}{f(x)} = +\infty$$

ou se existir $N > 0$ tal que para todo $x > N$ tenhamos $f(x) < 0$, então:

$$\lim_{x \to +\infty} \frac{1}{f(x)} = \lim_{x \to +\infty} -\frac{1}{f(x)} = -\infty$$

89. Resumo

Faremos agora um resumo dos teoremas apresentados, lembrando que as proposições continuam verdadeiras se trocarmos o símbolo "$x \to +\infty$" por "$x \to -\infty$".

Dados		Conclusão
$\lim_{x \to +\infty} f(x) = +\infty$	$\lim_{x \to +\infty} g(x) = +\infty$	$\lim_{x \to +\infty} (f+g)(x) = +\infty$
$\lim_{x \to +\infty} f(x) = -\infty$	$\lim_{x \to +\infty} g(x) = -\infty$	$\lim_{x \to +\infty} (f+g)(x) = -\infty$
$\lim_{x \to +\infty} f(x) = +\infty$	$\lim_{x \to +\infty} g(x) = b \neq 0$	$\lim_{x \to +\infty} (f \cdot g)(x) = \begin{cases} +\infty \text{ se } b > 0 \\ -\infty \text{ se } b < 0 \end{cases}$
$\lim_{x \to +\infty} f(x) = -\infty$	$\lim_{x \to +\infty} g(x) = b \neq 0$	$\lim_{x \to +\infty} (f \cdot g)(x) = \begin{cases} -\infty \text{ se } b > 0 \\ +\infty \text{ se } b < 0 \end{cases}$
$\lim_{x \to +\infty} f(x) = +\infty$	$\lim_{x \to +\infty} g(x) = +\infty$	$\lim_{x \to +\infty} (f \cdot g)(x) = +\infty$
$\lim_{x \to +\infty} f(x) = +\infty$	$\lim_{x \to +\infty} g(x) = -\infty$	$\lim_{x \to +\infty} (f \cdot g)(x) = -\infty$
$\lim_{x \to +\infty} f(x) = -\infty$	$\lim_{x \to +\infty} g(x) = -\infty$	$\lim_{x \to +\infty} (f \cdot g)(x) = +\infty$
$\lim_{x \to +\infty} f(x) = +\infty$		$\lim_{x \to +\infty} \frac{1}{f(x)} = 0$
$\lim_{x \to +\infty} f(x) = -\infty$		$\lim_{x \to +\infty} \frac{1}{f(x)} = 0$
$\lim_{x \to +\infty} f(x) = 0$		$\lim_{x \to +\infty} \left|\frac{1}{f(x)}\right| = +\infty$

O INFINITO

Não podemos estabelecer uma lei para os seguintes casos:

$\lim\limits_{x \to +\infty} f(x) = +\infty$	$\lim\limits_{x \to +\infty} g(x) = +\infty$	$\lim\limits_{x \to +\infty} (f - g)(x) = ?$
$\lim\limits_{x \to +\infty} f(x) = -\infty$	$\lim\limits_{x \to +\infty} g(x) = -\infty$	$\lim\limits_{x \to +\infty} (f - g)(x) = ?$
$\lim\limits_{x \to +\infty} f(x) = +\infty$	$\lim\limits_{x \to +\infty} g(x) = -\infty$	$\lim\limits_{x \to +\infty} (f + g)(x) = ?$
$\lim\limits_{x \to +\infty} f(x) = +\infty \text{ (ou } -\infty)$	$\lim\limits_{x \to +\infty} g(x) = 0$	$\lim\limits_{x \to +\infty} (f \cdot g)(x) = ?$
$\lim\limits_{x \to +\infty} f(x) = +\infty \text{ (ou } -\infty)$	$\lim\limits_{x \to +\infty} g(x) = +\infty \text{ (ou } -\infty)$	$\lim\limits_{x \to +\infty} \left(\dfrac{f}{g}\right)(x) = ?$

CAPÍTULO IV
Complementos sobre limites

I. Teoremas adicionais sobre limites

90. Função limitada

Definição

Dizemos que uma função f, definida em A, é limitada em $B \subset A$ se existir um número $M > 0$ tal que, para todo x pertencente a B, temos $|f(x)| < M$, isto é, $-M < f(x) < M$.

Em símbolos:

$$f \text{ é limitada em B} \Leftrightarrow (\exists M > 0 \mid x \in B \Rightarrow |f(x)| < M)$$

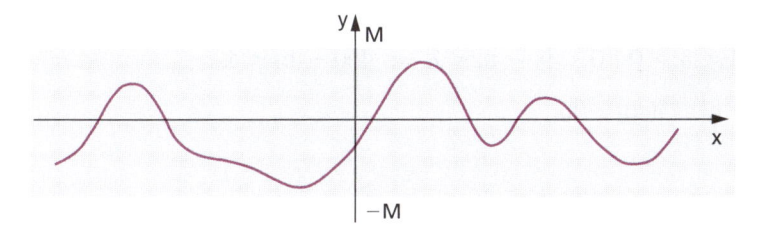

Decorre da definição que, se f é limitada em B, então existem a e b reais tais que, para todo $x \in B$, vale $a < f(x) < b$.

COMPLEMENTOS SOBRE LIMITES

Exemplos:

1º) A função $f(x) = \cos x$ é limitada em $\mathbb{R}$, pois $-1 \leq \cos x \leq 1, x \in \mathbb{R}$.

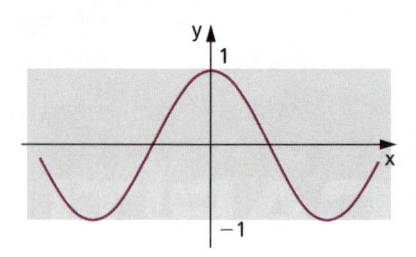

2º) A função $f(x) = x^3 + 1$ não é limitada em $\mathbb{R}$, mas é limitada no intervalo $[-1, 1]$, pois $-2 \leq x^3 + 1 \leq 2$ para todo $x \in [-1, 1]$.

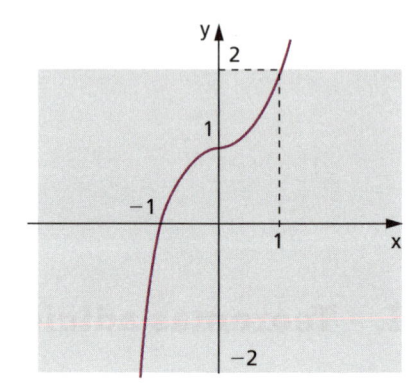

91. Teorema

Se $\lim_{x \to a} f(x) = b$, então existe um intervalo aberto I contendo a, tal que f é limitada em $I - \{a\}$.

Demonstração:

Devemos provar que se $\lim_{x \to a} f(x) = b$, então existem $M > 0$ e $\delta > 0$ tais que se $0 < |x - a| < \delta$ então $|f(x)| < M$.

De fato, se $\lim_{x \to a} f(x) = b$, tomando $\varepsilon = 1$ na definição de limite, temos:

$\varepsilon = 1, \exists \delta > 0 \mid 0 < |x - a| < \delta \Rightarrow |f(x) - b| < 1$

mas $|f(x) - b| \geq |f(x)| - |b|$

e portanto:

$|f(x) - b| < 1 \Rightarrow |f(x)| - |b| \leq 1 \Rightarrow |f(x)| \leq |b| + 1$

pondo $M = |b| + 1$, temos:

$\exists M > 0, \exists \delta > 0 \mid 0 < |x - a| < \delta \Rightarrow |f(x)| \leq M$

92. Teorema da conservação do sinal

Se $\lim_{x \to a} f(x) = b \neq 0$, então existe um intervalo aberto I contendo a, tal que f conserva o mesmo sinal de b em $I - \{a\}$.

Demonstração:

Sendo $\lim_{x \to a} f(x) = b$, tomando $\varepsilon = \dfrac{|b|}{2}$ na definição de limite, temos:

$\varepsilon = \dfrac{|b|}{2}$, $\exists \delta > 0 \mid 0 < |x - a| < \delta \Rightarrow |f(x) - b| < \dfrac{|b|}{2} \Rightarrow$

$\Rightarrow b - \dfrac{|b|}{2} < f(x) < b + \dfrac{|b|}{3}$

Se $b > 0$, então, para todo x tal que $0 < |x - a| < \delta$, vem

$f(x) > b - \dfrac{|b|}{2} = b - \dfrac{b}{2} = \dfrac{b}{2} > 0 \Rightarrow f$ tem o mesmo sinal de b.

Se $b < 0$, então, para todo x tal que $0 < |x - a| < \delta$, vem

$f(x) < b + \dfrac{|b|}{2} = b - \dfrac{b}{2} = \dfrac{b}{2} < 0 \Rightarrow f$ tem o mesmo sinal de b.

93. Teorema do confronto

Se $\lim_{x \to a} g(x) = \lim_{x \to a} h(x) = b$ e se f é tal que $g(x) < f(x) < h(x)$ para todo $x \in I - \{a\}$, em que I é intervalo aberto que contém a, então $\lim_{x \to a} f(x) = b$.

Demonstração:

Sendo $\lim_{x \to a} g(x) = \lim_{x \to a} h(x) = b$, então, para todo $\varepsilon > 0$, existem $\delta_1 > 0$ e $\delta_2 > 0$ tais que:

$0 < |x - a| < \delta_1 \Rightarrow |g(x) - b| < \varepsilon \Rightarrow b - \varepsilon < g(x) < b + \varepsilon$

$0 < |x - a| < \delta_2 \Rightarrow |h(x) - b| < \varepsilon \Rightarrow b - \varepsilon < h(x) < b + \varepsilon$

Sendo $\delta = \min \{\delta_1, \delta_2\}$, temos para todo $\varepsilon > 0$, existe $\delta > 0$ tal que $0 < |x - a| < \delta \Rightarrow b - \varepsilon < g(x) \leq f(x) \leq h(x) < b + \varepsilon \Rightarrow$

$\Rightarrow b - \varepsilon < f(x) < b + \varepsilon \Rightarrow |f(x) - b| < \varepsilon$

isto é:
$$\lim_{x \to a} f(x) = b$$

"Se $\lim_{x \to +\infty} g(x) = \lim_{x \to +\infty} h(x) = b$ e se f é tal que $g(x) \leq f(x) \leq h(x)$ para todo $x \in]a, +\infty[$ então $\lim_{x \to +\infty} f(x) = b$."

Demonstração:

Sendo $\lim_{x \to +\infty} g(x) = \lim_{x \to +\infty} h(x) = b$, então, para todo $\varepsilon > 0$, existem $N_1 > 0$ e $N_2 > 0$ tais que:

$x > N_1 \Rightarrow |g(x) - b| < \varepsilon \Rightarrow b - \varepsilon < g(x) < b + \varepsilon$

$x > N_2 \Rightarrow |h(x) - b| < \varepsilon \Rightarrow b - \varepsilon < h(x) < b + \varepsilon$

Sendo $N = \max\{N_1, N_2\}$, para todo $\varepsilon > 0$, existe $N > 0$ tal que $x > N \Rightarrow b - \varepsilon < g(x) \leq f(x) \leq h(x) < b + \varepsilon \Rightarrow b - \varepsilon < f(x) < b + \varepsilon \Rightarrow$
$\Rightarrow |f(x) - b| < \varepsilon$
isto é, $\lim_{x \to +\infty} f(x) = b$.

Observação: O teorema continua válido se substituirmos "$x \to +\infty$" por "$x \to -\infty$" e $]a, +\infty[$ por $]-\infty, a[$.

94. Teorema

Se $\lim_{x \to a} f(x) = b$ e $\lim_{x \to a} g(x) = c$, com $b < c$, então existe um intervalo aberto I contendo a, tal que $f(x) < g(x)$ em $I - \{a\}$.

Demonstração:

Sendo $\lim_{x \to a} f(x) = b$ e $\lim_{x \to a} g(x) = c$ e tomando $\varepsilon = \dfrac{c - b}{2}$ na definição de limite, decorre que existem $\delta_1 > 0$ e $\delta_2 > 0$ tais que:

$0 < |x - a| < \delta_1 \Rightarrow |f(x) - b| < \dfrac{c - b}{2} \Rightarrow \dfrac{3b - c}{2} < f(x) < \dfrac{b + c}{2}$

$0 < |x - a| < \delta_2 \Rightarrow |g(x) - c| < \dfrac{c - b}{2} \Rightarrow \dfrac{b + c}{2} < g(x) < \dfrac{3c - b}{2}$

Tomando $\delta = \min\{\delta_1, \delta_2\}$, temos:

$\exists \delta > 0 \mid 0 < |x - a| < \delta \Rightarrow f(x) < \dfrac{b + c}{2} < g(x) \Rightarrow f(x) < g(x)$

II. Limites trigonométricos

95. Teorema

$$\lim_{x \to a} \operatorname{sen} x = \operatorname{sen} a, \forall a \in \mathbb{R}$$

Demonstração:

Para demonstrarmos que $\lim_{x \to a} \operatorname{sen} x = \operatorname{sen} a$, provemos que $\lim_{x \to a} (\operatorname{sen} x - \operatorname{sen} a) = 0$, já que $\lim_{x \to a} \operatorname{sen} x = \operatorname{sen} a \Leftrightarrow \lim_{x \to a} (\operatorname{sen} x - \operatorname{sen} a) = 0$.

Temos, da Trigonometria,

$$0 \leq |\operatorname{sen} x - \operatorname{sen} a| = \left|2 \operatorname{sen} \frac{x-a}{2} \cdot \cos \frac{x+a}{2}\right| = \left|2 \cos \frac{x+a}{2}\right| \cdot \left|\operatorname{sen} \frac{x-a}{2}\right|$$

mas $\left|\operatorname{sen} \frac{x-a}{2}\right| \leq \left|\frac{x-a}{2}\right|$ e $\left|2 \cos \frac{x+a}{2}\right| \leq 2$.

Então:

$$0 \leq |\operatorname{sen} x - \operatorname{sen} a| \leq 2 \left|\frac{x-a}{2}\right| \Rightarrow 0 \leq |\operatorname{sen} x - \operatorname{sen} a| \leq |x - a|$$

Considerando as funções $g(x) = 0$, $f(x) = |\operatorname{sen} x - \operatorname{sen} a|$ e $h(x) = |x - a|$ e notando que

$$\lim_{x \to a} g(x) = \lim_{x \to a} 0 = 0$$
$$\lim_{x \to a} h(x) = \lim_{x \to a} |x - a| = 0$$

Segue-se pelo teorema do confronto que $\lim_{x \to a} |\operatorname{sen} x - \operatorname{sen} a| = 0$ e, portanto, $\lim_{x \to a} |\operatorname{sen} x - \operatorname{sen} a| = 0$, ou seja, $\lim_{x \to a} \operatorname{sen} x = \operatorname{sen} a$.

96. Teorema

$$\lim_{x \to a} \cos x = \cos a, \forall a \in \mathbb{R}$$

A demonstração deste teorema, que é feita de modo análogo à do anterior, ficará como exercício.

COMPLEMENTOS SOBRE LIMITES

97. Teorema

$$\lim_{x \to a} \text{tg } x = \text{tg } a, \quad \forall a \neq \frac{\pi}{2} + k\pi, \; k \in \mathbb{Z}$$

Demonstração:

$$\lim_{x \to a} \text{tg } x = \lim_{x \to a} \frac{\text{sen } x}{\cos x} = \frac{\lim_{x \to a} \text{sen } x}{\lim_{x \to a} \cos x} = \frac{\text{sen } a}{\cos a} = \text{tg } a$$

98. Teorema (limite trigonométrico fundamental)

$$\lim_{x \to a} \frac{\text{sen } x}{x} = 1$$

Demonstração:

Da Trigonometria, temos:

a) $0 < x < \dfrac{\pi}{2} \Rightarrow \text{sen } x < x < \text{tg } x \Rightarrow$

$\Rightarrow \dfrac{1}{\text{sen } x} > \dfrac{1}{x} > \dfrac{1}{\text{tg } x}$ (1)

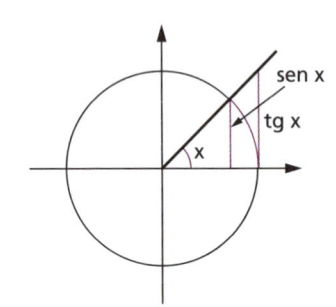

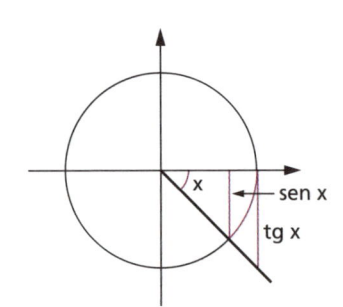

b) $-\dfrac{\pi}{2} < x < 0 \Rightarrow \text{sen } x > x > \text{tg } x \Rightarrow$

$\Rightarrow \dfrac{1}{\text{sen } x} < \dfrac{1}{x} < \dfrac{1}{\text{tg } x}$ (2)

Multiplicando as desigualdades (1) e (2) por sen x, resulta:

a) $0 < x < \dfrac{\pi}{2} \xrightarrow{(\text{sen } x > 0)} \dfrac{\text{sen } x}{\text{sen } x} > \dfrac{\text{sen } x}{x} > \dfrac{\text{sen } x}{\text{tg } x} \Rightarrow 1 > \dfrac{\text{sen } x}{x} > \cos x$

b) $-\dfrac{\pi}{2} < x < 0 \xrightarrow{(\text{sen } x < 0)} \dfrac{\text{sen } x}{\text{sen } x} > \dfrac{\text{sen } x}{x} > \dfrac{\text{sen } x}{\text{tg } x} \Rightarrow 1 > \dfrac{\text{sen } x}{x} > \cos x$

Temos, portanto:

para $-\dfrac{\pi}{2} < x < \dfrac{\pi}{2}$ e $x \neq 0$: $\cos x < \dfrac{\text{sen } x}{x} < 1$

Considerando $g(x) = \cos x$, $f(x) = \dfrac{\text{sen } x}{x}$ e $h(x) = 1$ e notando que

$\lim\limits_{x \to 0} g(x) = \lim\limits_{x \to 0} \cos x = \cos 0 = 1$

$\lim\limits_{x \to 0} h(x) = \lim\limits_{x \to 0} 1 = 1$

pelo teorema do confronto, resulta: $\lim\limits_{x \to 0} \dfrac{\text{sen } x}{x} = 1$

EXERCÍCIOS

89. Encontre:

a) $\lim\limits_{x \to 0} \dfrac{\text{sen } 2x}{x}$

b) $\lim\limits_{x \to 0} \dfrac{\text{sen } 3x}{\text{sen } 5x}$

c) $\lim\limits_{x \to 0} \dfrac{1 - \cos x}{x^2}$

Solução

a) $\lim\limits_{x \to 0} \dfrac{\text{sen } 2x}{x} = \lim\limits_{x \to 0} \left(2 \cdot \dfrac{\text{sen } 2x}{2x}\right) = 2 \cdot 1 = 2$

b) $\lim\limits_{x \to 0} \dfrac{\text{sen } 3x}{\text{sen } 5x} = \lim\limits_{x \to 0} \left(\dfrac{3}{5} \cdot \dfrac{\text{sen } 3x}{3x} \cdot \dfrac{5x}{\text{sen } 5x}\right) = \dfrac{3}{5} \cdot 1 \cdot 1 = \dfrac{3}{5}$

c) $\lim\limits_{x \to 0} \dfrac{1 - \cos x}{x^2} = \lim\limits_{x \to 0} \dfrac{(1 - \cos x)(1 + \cos x)}{x^2 \cdot (1 + \cos x)} =$

$= \lim\limits_{x \to 0} \left(\dfrac{(\text{sen } x)^2}{x^2} \cdot \dfrac{1}{1 + \cos x}\right) = \dfrac{1}{2}$

COMPLEMENTOS SOBRE LIMITES

90. Encontre:

a) $\lim\limits_{x \to 0} \dfrac{\operatorname{sen} 3x}{2x}$

b) $\lim\limits_{x \to 0} \dfrac{\operatorname{sen} 2x}{\operatorname{sen} x}$

c) $\lim\limits_{x \to 0} \dfrac{\operatorname{sen} ax}{bx}$

d) $\lim\limits_{x \to 0} \dfrac{\operatorname{sen} ax}{\operatorname{sen} bx}$

e) $\lim\limits_{x \to 0} \dfrac{\operatorname{tg} 2x}{3x}$

f) $\lim\limits_{x \to 0} \dfrac{\operatorname{tg} ax}{bx}$

g) $\lim\limits_{x \to 0} \dfrac{1 - \cos x}{x}$

h) $\lim\limits_{x \to 0} \dfrac{1 - \sec x}{x^2}$

i) $\lim\limits_{x \to 0} \dfrac{\operatorname{tg} x + \operatorname{sen} x}{x}$

j) $\lim\limits_{x \to 0} \dfrac{1 - \cos x}{x \cdot \operatorname{sen} x}$

91. Encontre $\lim\limits_{x \to a} \dfrac{\operatorname{sen} x - \operatorname{sen} a}{x - a}$.

Solução

Da Trigonometria, temos:

$$\operatorname{sen} x - \operatorname{sen} a = 2 \operatorname{sen} \dfrac{x - a}{2} \cdot \cos \dfrac{x + a}{2}$$

Então:

$$\lim\limits_{x \to a} \dfrac{\operatorname{sen} x - \operatorname{sen} a}{x - a} = \lim\limits_{x \to a} \dfrac{2 \operatorname{sen} \dfrac{x - a}{2} \cdot \cos \dfrac{x + a}{2}}{x - a} =$$

$$= \lim\limits_{x \to a} \left(\dfrac{\operatorname{sen} \dfrac{x - a}{2}}{\dfrac{x - a}{2}} \cdot \cos \dfrac{x + a}{2} \right) = 1 \cdot \cos a = \cos a$$

92. Encontre:

a) $\lim\limits_{x \to a} \dfrac{\cos x - \cos a}{x - a}$

b) $\lim\limits_{x \to a} \dfrac{\operatorname{tg} x - \operatorname{tg} a}{x - a}$

c) $\lim\limits_{x \to a} \dfrac{\sec x - \sec a}{x - a}$

d) $\lim\limits_{x \to \frac{\pi}{4}} \dfrac{\operatorname{sen} x - \cos x}{1 - \operatorname{tg} x}$

e) $\lim\limits_{x \to 0} \dfrac{\operatorname{tg} x - \operatorname{sen} x}{\operatorname{sen}^2 x}$

f) $\lim\limits_{x \to 0} \dfrac{\operatorname{sen} 3x - \operatorname{sen} 2x}{\operatorname{sen} x}$

g) $\lim\limits_{x \to 0} \dfrac{\cos 2x - \cos 3x}{x^2}$

h) $\lim\limits_{x \to 0} \dfrac{\text{sen}(x + a) - \text{sen } a}{x}$

i) $\lim\limits_{x \to 0} \dfrac{\cos(x + a) - \cos a}{x}$

j) $\lim\limits_{x \to \pi} \dfrac{1 - \text{sen} \dfrac{x}{2}}{\pi - x}$

k) $\lim\limits_{x \to \frac{\pi}{3}} \dfrac{1 - 2\cos x}{\pi - 3x}$

l) $\lim\limits_{x \to 1} \dfrac{1 - x^2}{\text{sen } \pi x}$

m) $\lim\limits_{x \to \frac{\pi}{4}} \dfrac{\cos 2x}{\cos x - \text{sen } x}$

n) $\lim\limits_{x \to 0} \dfrac{1 - \cos^3 x}{\text{sen}^2 x}$

o) $\lim\limits_{x \to 0} \dfrac{\text{sen } ax - \text{sen } bx}{x}$

p) $\lim\limits_{x \to 0} \dfrac{\cos ax - \cos bx}{x}$

q) $\lim\limits_{x \to 0} \dfrac{x - \text{sen } 2x}{x + \text{sen } 3x}$

r) $\lim\limits_{x \to 0} \dfrac{1 - \cos x}{x^2}$

s) $\lim\limits_{x \to 1} \dfrac{\cos \dfrac{\pi x}{2}}{1 - x}$

t) $\lim\limits_{x \to 0} \dfrac{\sqrt{1 + \text{sen } x} - \sqrt{1 - \text{sen } x}}{x}$

93. Encontre:

a) $\lim\limits_{x \to 0} x \cdot \text{sen} \dfrac{1}{x}$

b) $\lim\limits_{x \to +\infty} x \cdot \text{sen} \dfrac{1}{x}$

c) $\lim\limits_{x \to 1} (1 - x) \cdot \text{tg} \dfrac{\pi x}{2}$

d) $\lim\limits_{x \to 0} \text{cotg } 2x \cdot \text{cotg}\left(\dfrac{\pi}{2} - x\right)$

III. Limites da função exponencial

99. Teorema

Se $a \in \mathbb{R}$ e $0 < a \neq 1$, então $\lim\limits_{x \to 0} a^x = 1$.

Demonstração:

Para demonstrarmos que $\lim\limits_{x \to 0} a^x = 1$, devemos provar:

$\forall \varepsilon > 0, \exists \delta > 0 \mid 0 < |x| < \delta \Rightarrow |a^x - 1| < \varepsilon$

Supondo $a > 1$ e $0 < \varepsilon < 1$, temos:

$|a^x - 1| < \varepsilon \Leftrightarrow -\varepsilon < a^x - 1 < \varepsilon \Leftrightarrow 1 - \varepsilon < a^x < 1 + \varepsilon \Leftrightarrow$
$\Leftrightarrow \log_a (1 - \varepsilon) < x < \log_a (1 + \varepsilon)$

mas, se $a > 1$ e $0 < \varepsilon < 1$, então $\log_a (1 - \varepsilon) < 0$ e $\log_a (1 + \varepsilon) > 0$
e, portanto:

$\log_a (1 - \varepsilon) < x < \log_a (1 + \varepsilon) \Leftrightarrow x < \log_a (1 + \varepsilon)$ e
$-x < -\log_a (1 - \varepsilon) \Leftrightarrow |x| < \log_a (1 + \varepsilon)$ e $|x| < -\log_a (1 - \varepsilon)$.

Assim, para todo $0 < \varepsilon < 1$, existe $\delta = \min \{\log_a (1 + \varepsilon), -\log_a (1 - \varepsilon)\}$
tal que $0 < |x| < \delta \Rightarrow |a^x - 1| < \varepsilon$.

Se $a > 1$ e $\varepsilon \geqslant 1$, tomamos $\varepsilon' < 1 \leqslant \varepsilon$ e determinamos
$\delta' = \min \{\log_a (1 + \varepsilon'), -\log_a (1 - \varepsilon')\}$ tal que
$0 < |x| < \delta' \Rightarrow |a^x - 1| < \varepsilon' < \varepsilon$

Deixaremos a cargo do leitor a demonstração para o caso $0 < a < 1$.

100. Teorema

Se $a \in \mathbb{R}$ e $0 < a \neq 1$, então $\lim_{x \to b} a^x = a^b$.

Demonstração:

Para demonstrarmos que $\lim_{x \to b} a^x = a^b$, provemos que $\lim_{x \to b} (a^x - a^b) = 0$.

Provemos inicialmente que $\lim_{x \to b} a^{x-b} = 1$, isto é:

$\forall \varepsilon > 0, \delta > 0 \mid 0 < |x - b| < \delta \Rightarrow |a^{x-b} - 1| < \varepsilon$

Fazendo $x - b = w$, temos:

$\forall \varepsilon > 0, \delta > 0 \mid 0 < |w| < \delta \Rightarrow |a^w - 1| < \varepsilon$

que é verdadeiro pelo teorema anterior.

Mostremos agora que $\lim_{x \to b} (a^x - a^b) = 0$. De fato:

$\lim_{x \to b} (a^x - a^b) = \lim_{x \to b} [a^b \cdot (a^{x-b} - 1)] = a^b \cdot \lim_{x \to b} (a^{x-b} - 1) =$
$= a^b \cdot \left[\lim_{x \to b} a^{x-b} - 1 \right] = a^b \cdot [1 - 1] = a^b \cdot 0 = 0$

101. Teorema

Se $a \in \mathbb{R}$ e $a > 1$, então $\lim_{x \to +\infty} a^x = +\infty$ e $\lim_{x \to -\infty} a^x = 0$.

COMPLEMENTOS SOBRE LIMITES

Demonstração:

Para demonstrarmos que $\lim_{x \to +\infty} a^x = +\infty$, devemos provar:

$\forall M > 0, \exists N > 0 \mid x > N \Rightarrow a^x > M$

Notemos que para todo $M > 0$ temos $a^x > M \Leftrightarrow x > \log_a M$.

Se $M > 1$, tomamos $N = \log_a M > 0$ e segue que, para todo $M > 1$, existe $N = \log_a M > 0$ tal que $x > N \Rightarrow a^x > M$.

Se $0 < M < 1$, tomamos $M' > 1 > M$, determinamos $N = \log_a M' > 0$ e segue que, para todo $M < 1$, existe $N = \log_a M' > 0$ tal que $x > N \Rightarrow a^x > M$.

Para demonstrarmos que $\lim_{x \to -\infty} a^x = 0$, devemos provar:

$\forall \varepsilon > 0, \exists N < 0 \mid x < N \Rightarrow |a^x| < \varepsilon$

Notemos que:

$|a^x| < \varepsilon \Leftrightarrow a^x < \varepsilon \Leftrightarrow x < \log_a \varepsilon$

Se $0 < \varepsilon < 1$, tomamos $N = \log_a \varepsilon < 0$, tal que $x < N \Rightarrow |a^x| < \varepsilon$.

Se $\varepsilon > 1$, tomamos $\varepsilon' < 1 < \varepsilon$, determinamos $N = \log_a \varepsilon' < 0$ e segue que, para todo $\varepsilon > 1$, existe $N = \log_a \varepsilon' < 0$ tal que $x < N \Rightarrow |a^x| < \varepsilon' < \varepsilon$.

102. Teorema

Se $a \in \mathbb{R}$ e $0 < a < 1$, então $\lim_{x \to +\infty} a^x = 0$ e $\lim_{x \to -\infty} a^x = +\infty$.

A demonstração deste teorema ficará a cargo do leitor como exercício.

103. Teorema

Se $a \in \mathbb{R}$, $0 < a \neq 1$ e $\lim_{x \to b} f(x) = 0$, então $\lim_{x \to b} a^{f(x)} = 1$.

Demonstração:

Considerando que $\lim_{x \to b} f(x) = 0$ e supondo $a > 1$, temos:

1) Dado $\varepsilon_1 > 0$, existe $\delta_1 > 0$ tal que

$0 < |x - b| < \delta_1 \Rightarrow |f(x)| < \log_a (1 + \varepsilon_1) \Rightarrow$

$\Rightarrow -\log_a (1 + \varepsilon_1) < f(x) < \log_a (1 + \varepsilon_1)$

2) Dado $0 < \varepsilon_2 < 1$, existe $\delta_2 > 0$ tal que
$$0 < |x - b| < \delta_2 \Rightarrow |f(x)| < -\log_a (1 - \varepsilon_2) \Rightarrow$$
$$\Rightarrow \log_a (1 - \varepsilon_2) < f(x) < -\log_a (1 - \varepsilon_2)$$

Notemos que, para $\varepsilon_1 > 0$ e $0 < \varepsilon_2 < 1$, temos:
$$\log_a (1 - \varepsilon_2) < 0 < \log_a (1 + \varepsilon_1)$$

Então, para todo $\varepsilon > 0$, temos:

1) Se $0 < \varepsilon < 1$, então existe $\delta = \min \{\delta_1, \delta_2\}$ tal que
$$0 < |x - b| < \delta \Rightarrow \log_a (1 - \varepsilon) < f(x) < \log_a (1 + \varepsilon) \Rightarrow$$
$$\Rightarrow 1 - \varepsilon < a^{f(x)} < 1 + \varepsilon \Rightarrow -\varepsilon < a^{f(x)} - 1 < \varepsilon \Rightarrow |a^{f(x)} - 1| < \varepsilon$$

2) Se $\varepsilon > 1$, então tomamos $0 < \varepsilon' < 1 < \varepsilon$ e existe $\delta' > 0$ tal que
$$0 < |x - b| < \delta' \Rightarrow |a^{f(x)} - 1| < \varepsilon' < \varepsilon$$

Assim provamos que $\lim\limits_{x \to b} a^{f(x)} = 1$ para $a > 1$.

Deixamos a cargo do leitor a demonstração para $0 < a < 1$, que é feita de modo análogo.

104. Teorema

Se $a \in \mathbb{R}$ e $0 > a \neq 1$ e $\lim\limits_{x \to b} f(x) = c$, então:
$$\lim\limits_{x \to b} a^{f(x)} = a^{\lim\limits_{x \to b} f(x)} = a^c$$

Demonstração:

Por hipótese, temos $\lim\limits_{x \to b} f(x) = c$, isto é, $\lim\limits_{x \to b} [f(x) - c] = 0$.

Pelo teorema anterior:
$$\lim\limits_{x \to b} [f(x) - c] = 0 \Rightarrow \lim\limits_{x \to b} a^{[f(x) - c]} = 1$$

Para demonstrarmos que $\lim\limits_{x \to b} a^{f(x)} = a^c$, provemos que $\lim\limits_{x \to b} [a^{f(x)} - a^c] = 0$.

Então:
$$\lim\limits_{x \to b} [a^{f(x)} - a^c] = \lim\limits_{x \to b} a^c \cdot [a^{f(x) - c} - 1] =$$
$$= a^c \cdot \lim\limits_{x \to b} [a^{f(x) - c} - 1] = a^c \cdot \left[\lim\limits_{x \to b} a^{f(x) - c} - 1\right] =$$
$$= a^c \cdot (1 - 1) = a^c \cdot 0 = 0$$

EXERCÍCIOS

94. Calcule:

a) $\lim\limits_{x \to 2} 3^x$

b) $\lim\limits_{x \to -1} \left(\dfrac{1}{2}\right)^x$

c) $\lim\limits_{x \to 2} e^x$

d) $\lim\limits_{x \to 3} \left(\dfrac{1}{e}\right)^x$

95. Calcule:

a) $\lim\limits_{x \to +\infty} 2^x$

b) $\lim\limits_{x \to -\infty} 2^x$

c) $\lim\limits_{x \to +\infty} \left(\dfrac{1}{3}\right)^x$

d) $\lim\limits_{x \to -\infty} \left(\dfrac{1}{3}\right)^x$

e) $\lim\limits_{x \to +\infty} e^x$

f) $\lim\limits_{x \to -\infty} e^x$

96. Calcule:

a) $\lim\limits_{x \to 3} 2^{2x^2 - 3x + 1}$

b) $\lim\limits_{x \to -2} 3^{x^2 + 6x + 2}$

c) $\lim\limits_{x \to 0} e^{\frac{3x + 2}{x - 1}}$

d) $\lim\limits_{x \to -2} 10^{\frac{4x^2 + 6x - 2}{3x + 4}}$

97. Calcule:

a) $\lim\limits_{x \to 2} 3^{\frac{x^2 - 4}{x - 2}}$

b) $\lim\limits_{x \to 1} \left(\dfrac{1}{2}\right)^{\frac{1 - x^2}{x - 1}}$

c) $\lim\limits_{x \to 1} 2^{\frac{x^3 - 3x + 2}{x^2 + x - 2}}$

d) $\lim\limits_{x \to 2} \left(\dfrac{1}{3}\right)^{\frac{x^3 - 6x^2 + 11x - 6}{x^2 - 3x + 2}}$

e) $\lim\limits_{x \to 1} e^{\frac{x - 1}{\sqrt{x} - 1}}$

f) $\lim\limits_{x \to 4} \left(\dfrac{1}{e}\right)^{\frac{x^2 - 5x + 4}{\sqrt{x} - 2}}$

IV. Limites da função logarítmica

105. Teorema

Se $a \in \mathbb{R}$ e $0 < a \neq 1$, então $\lim_{x \to 1} (\log_a x) = 0$.

Demonstração:

Para demonstrarmos que $\lim_{x \to 1} (\log_a x) = 0$, devemos provar:

$\forall \varepsilon > 0, \exists \delta > 0 \mid 0 < |x - 1| < \delta \Rightarrow |\log_a x| < \varepsilon$

Supondo $a > 1$ e $\varepsilon > 0$, segue que:

$|\log_a x| < \varepsilon \Leftrightarrow -\varepsilon < \log_a x < \varepsilon \Leftrightarrow a^{-\varepsilon} < x < a^{\varepsilon} \Leftrightarrow$
$\Leftrightarrow a^{-\varepsilon} - 1 < x - 1 < a^{\varepsilon} - 1$ mas $a^{-\varepsilon} - 1 < 0$ e $a^{\varepsilon} - 1 > 0$, portanto:
$a^{-\varepsilon} - 1 < x - 1 < a^{\varepsilon} - 1 \Leftrightarrow x - 1 < a^{\varepsilon} - 1$ e $1 - x < 1 - a^{-\varepsilon} \Leftrightarrow$
$\Leftrightarrow |x - 1| < a^{\varepsilon} - 1$ e $|x - 1| < 1 - a^{-\varepsilon}$

Assim, para todo $\varepsilon > 0$, existe $\delta = \min \{a^{\varepsilon} - 1, 1 - a^{-\varepsilon}\}$ tal que:
$0 < |x - 1| < \delta \Rightarrow |\log_a x| < \varepsilon$.

Supondo $0 < a < 1$ e $\varepsilon > 0$, segue que:

$|\log_a x| < \varepsilon \Leftrightarrow -\varepsilon < \log_a x < \varepsilon \Leftrightarrow a^{\varepsilon} < x < a^{-\varepsilon} \Leftrightarrow$
$\Leftrightarrow a^{\varepsilon} - 1 < x - 1 < a^{-\varepsilon} - 1$ mas $a^{\varepsilon} - 1 < 0$ e $a^{-\varepsilon} - 1 > 0$, portanto:
$a^{\varepsilon} - 1 < x - 1 < a^{-\varepsilon} - 1 \Leftrightarrow x - 1 < a^{-\varepsilon} - 1$ e $1 - x < 1 - a^{\varepsilon} \Leftrightarrow$
$\Leftrightarrow |x - 1| < a^{-\varepsilon} - 1$ e $|x - 1| < 1 - a^{\varepsilon}$

Assim, para todo $\varepsilon > 0$, existe $\delta = \min \{a^{-\varepsilon} - 1, 1 - a^{\varepsilon}\}$ tal que:
$0 < |x - 1| < \delta \Rightarrow |\log_a x| < \varepsilon$.

106. Teorema

Se $a \in \mathbb{R}$ e $0 < a \neq 1$, então $\lim_{x \to b} (\log_a x) = \log_a b$ em que $b > 0$.

Demonstração:

Para demonstrarmos que $\lim_{x \to b} (\log_a x) = \log_a b$, provemos que:

$\lim_{x \to b} (\log_a x - \log_a b) = 0$.

Provemos inicialmente que $\lim_{x \to b} \left(\log_a \frac{x}{b} \right) = 0$, isto é,

$\forall \varepsilon > 0, \exists \delta > 0 \mid 0 < |x - b| < \delta \Leftrightarrow \left| \log_a \frac{x}{b} \right| < \varepsilon$

Fazendo $\frac{x}{b} = w$, isto é, $x = bw$ e notando que

$|x - b| = |bw - b| = |b| \cdot |w - 1|$, temos:

$\forall \varepsilon > 0, \exists \delta' > 0 \mid 0 < |w - 1| < \frac{\delta}{|b|} = \delta' \Leftrightarrow |\log_a w| < \varepsilon$

que é verdadeira pelo teorema anterior.

Mostremos agora que $\lim_{x \to b} (\log_a x - \log_a b) = 0$.

De fato:

$\lim_{x \to b} (\log_a x - \log_a b) = \lim_{x \to b} \left(\log_a \frac{x}{b} \right) = 0$

107. Teorema

Se $a \in \mathbb{R}$ e $a > 1$, então $\lim_{x \to +\infty} (\log_a x) = +\infty$ e $\lim_{x \to 0^+} (\log_a x) = -\infty$.

Demonstração:

Para demonstrarmos que $\lim_{x \to +\infty} (\log_a x) = +\infty$ devemos provar:

$\forall M > 0, \exists N > 0 \mid x > N \Rightarrow \log_a x > M$

Notemos que, para todo $M > 0$, temos $\log_a x > M \Leftrightarrow x > a^M$.

Assim, tomando $N = a^M$, segue que para todo $M > 0$ existe $N = a^M > 0$ tal que:

$x > N \Rightarrow \log_a x > M$

Para demonstrarmos que $\lim_{x \to 0^+} (\log_a x) = -\infty$, devemos provar:

$\forall M < 0, \exists \delta > 0 \mid 0 < x < \delta \Rightarrow \log_a x < M$

Notemos que:

$\log_a x < M \Leftrightarrow x < a^M$

Assim, tomando $\delta = a^M$, para todo $M < 0$ existe $\delta = a^M > 0$ tal que:

$0 < x < \delta \Rightarrow \log_a x < M$

COMPLEMENTOS SOBRE LIMITES

108. Teorema

Se $a \in \mathbb{R}$ e $0 < a < 1$, então $\lim_{x \to +\infty} (\log_a x) = -\infty$ e $\lim_{x \to 0^+} (\log_a x) = +\infty$.

A demonstração deste teorema, que é feita de modo análogo à do anterior, ficará a cargo do leitor.

109. Teorema

Se $a \in \mathbb{R}$, $0 < a \neq 1$ e $\lim_{x \to b} f(x) = 1$, então $\lim_{x \to b} [\log_a f(x)] = 0$.

Demonstração:

Considerando que $\lim_{x \to b} f(x) = 1$ e $a > 1$, temos:

1) Dado $\varepsilon_1 > 0$, existe $\delta_1 > 0$, tal que

$0 < |x - b| < \delta_1 \Rightarrow |f(x) - 1| < a^{\varepsilon_1} - 1 \Rightarrow$

$\Rightarrow 1 - a^{\varepsilon_1} < f(x) - 1 < a^{\varepsilon_1} - 1 \Rightarrow 2 - a^{\varepsilon_1} < f(x) < a^{\varepsilon_1}$

2) Dado $\varepsilon_2 > 0$, existe $\delta_2 > 0$, tal que

$0 < |x - b| < \delta_2 \Rightarrow |f(x) - 1| < 1 - a^{-\varepsilon_2} \Rightarrow$

$\Rightarrow a^{-\varepsilon_2} - 1 < f(x) - 1 < 1 - a^{-\varepsilon_2} \Rightarrow a^{-\varepsilon_2} < f(x) < 2 - a^{-\varepsilon_2}$

Notemos que, para $\varepsilon_1 > 0$ e $\varepsilon_2 > 0$, temos $0 < a^{-\varepsilon_2} < 1 < a^{\varepsilon_1}$.
Então, para todo $\varepsilon > 0$, existe $\delta = \min\{\delta_1, \delta_2\}$ tal que:

$0 < |x - b| < \delta \Rightarrow a^{-\varepsilon} < f(x) < a^{\varepsilon} \Rightarrow -\varepsilon < \log_a f(x) < \varepsilon \Rightarrow |\log_a f(x)| < \varepsilon$.

Com isso provamos que $\lim_{x \to b} [\log_a f(x)] = 0$ para $a > 1$. Deixamos a cargo do leitor a demonstração para $0 < a < 1$.

110. Teorema

Se $a \in \mathbb{R}$, $0 < a \neq 1$ e $\lim_{x \to b} f(x) = c > 0$, então:

$$\lim_{x \to b} [\log_a f(x)] = \log_a \left[\lim_{x \to b} f(x)\right] = \log_a c$$

Demonstração:

Por hipótese, temos $\lim_{x \to b} f(x) = c$, isto é, $\lim_{x \to b} \dfrac{f(x)}{c} = 1$.

Pelo teorema anterior,

$$\lim_{x \to b} \dfrac{f(x)}{c} = 1 \Rightarrow \lim_{x \to b} \left[\log_a \dfrac{f(x)}{c}\right] = 0.$$

Para demonstrarmos que $\lim_{x \to b} [\log_a f(x)] = \log_a c$, provemos que $\lim_{x \to b} [\log_a f(x) - \log_a c] = 0$.

Temos:

$$\lim_{x \to b} [\log_a f(x) - \log_a c] = \lim_{x \to b} \left[\log_a \dfrac{f(x)}{c}\right] = 0$$

EXERCÍCIOS

98. Calcule:

a) $\lim_{x \to 2} \log_3 x$

b) $\lim_{x \to 4} \log_{\frac{1}{2}} x$

c) $\lim_{x \to e^2} \ell n\, x$

d) $\lim_{x \to 1\,000} \log x$

99. Calcule:

a) $\lim_{x \to +\infty} \log_2 x$

b) $\lim_{x \to +\infty} \log_{\frac{1}{2}} x$

c) $\lim_{x \to +\infty} \ell n\, x$

d) $\lim_{x \to +\infty} \log_{0,1} x$

e) $\lim_{x \to 0^+} \ell n\, x$

f) $\lim_{x \to 0^+} \log_{\frac{1}{2}} x$

100. Calcule:

a) $\lim_{x \to -1} \log_2 (4x^2 - 7x + 5)$

b) $\lim_{x \to 3} \ell n\, (3x^2 + 4x - 2)$

c) $\lim_{x \to 3} \log \dfrac{6x + 2}{4x + 3}$

d) $\lim_{x \to 4} \log_{\frac{1}{2}} \dfrac{3x^2 - 5x + 2}{2x^2 - x + 2}$

COMPLEMENTOS SOBRE LIMITES

101. Calcule:

a) $\lim_{x \to -1} \log_3 \dfrac{x^2 + 3x + 2}{x^2 + 5x + 4}$

b) $\lim_{x \to 0} \log \dfrac{x - x^3}{x^2 + x}$

c) $\lim_{x \to 3} \ell n \dfrac{x - 3}{\sqrt{x + 1} - 2}$

d) $\lim_{x \to -2} \log \dfrac{3 - \sqrt{1 - 4x}}{\sqrt{6 + x} - 2}$

V. Limite exponencial fundamental

111. Teorema

Na função $f(n) = \left(1 + \dfrac{1}{n}\right)^n$ definida em $\mathbb{N}^*$, temos:

(1) f é crescente em $\mathbb{N}^*$

(2) $2 \leq f(n) < 3, \forall n \in \mathbb{N}^*$

(3) existe $\lim_{n \to +\infty} f(n)$

Demonstração de (1):

Desenvolvendo $\left(1 + \dfrac{1}{n}\right)^n$ pelas fórmulas do binômio de Newton (veja no livro 5), temos:

$$f(n) = \left(1 + \dfrac{1}{n}\right)^n = 1 + \binom{n}{1} \cdot \dfrac{1}{n} + \binom{n}{2} \cdot \dfrac{1}{n^2} + \binom{n}{3} \cdot \dfrac{1}{n^3} + \ldots + \binom{n}{n} \cdot \dfrac{1}{n^n}$$

Lembrando que $\binom{n}{i} = \dfrac{n!}{i!\,(n - i)!}$ para $i \leq n$, vem:

$$f(n) = \left(1 + \dfrac{1}{n}\right)^n = 1 + \dfrac{n}{1!} \cdot \dfrac{1}{n} + \dfrac{n(n - 1)}{2!} \cdot \dfrac{1}{n^2} + \dfrac{n(n - 1)(n - 2)}{3!} \cdot \dfrac{1}{n^3} + \ldots +$$

$$+ \ldots + \dfrac{n(n - 1)(n - 2) \ldots 2 \cdot 1}{n!} \cdot \dfrac{1}{n^n}$$

COMPLEMENTOS SOBRE LIMITES

ou seja:

$$f(n) = \left(1 + \frac{1}{n}\right)^n = 1 + 1 + \frac{1}{2!}\left(1 - \frac{1}{n}\right) + \frac{1}{3!}\left(1 - \frac{1}{n}\right)\left(1 - \frac{2}{n}\right) + \ldots +$$

$$+ \ldots + \frac{1}{n!}\left(1 - \frac{1}{n}\right)\left(1 - \frac{2}{n}\right)\left(1 - \frac{1}{3}\right)\ldots\left(1 - \frac{n-1}{n}\right)$$

Indicando

$$\left(1 - \frac{1}{n}\right)\cdot\left(1 - \frac{2}{n}\right)\cdot\left(1 - \frac{1}{3}\right)\cdot\ldots\cdot\left(1 - \frac{i-1}{n}\right)\cdot\left(1 - \frac{i}{n}\right) = \prod_{j=1}^{i}\left(1 - \frac{j}{n}\right)$$

temos:

$$f(n) = 2 + \sum_{i=1}^{n-1} \frac{1}{(i+1)!} \prod_{j=1}^{i}\left(1 - \frac{j}{n}\right)$$

Desenvolvendo de modo análogo $f(n+1) = \left(1 + \frac{1}{n+1}\right)^{n+1}$, encontramos:

$$f(n+1) = 2 + \sum_{i=1}^{n} \frac{1}{(i+1)!} \prod_{j=1}^{i}\left(1 - \frac{j}{n+1}\right)$$

Para demonstrarmos que $f(n+1) > f(n)$, devemos provar:

a) $\displaystyle\sum_{i=1}^{n-1} \frac{1}{(1+i)!} \prod_{j=1}^{i}\left(1 - \frac{j}{n+1}\right) > \sum_{i=1}^{n-1} \frac{1}{(1+i)!} \prod_{j=1}^{i}\left(1 - \frac{j}{n}\right)$

b) $\displaystyle\frac{1}{(n+1)!} \prod_{j=1}^{i}\left(1 - \frac{j}{n+1}\right) > 0$

Prova de a:

Notemos que, para todo $j \in \mathbb{N}$ e $1 \leq j \leq n-1$, temos:

$$\frac{j}{n+1} < \frac{j}{n} \Rightarrow -\frac{j}{n+1} > -\frac{j}{n} \Rightarrow 1 - \frac{j}{n+1} > 1 - \frac{j}{n} \Rightarrow$$

$$\Rightarrow \prod_{j=1}^{n-1}\left(1 - \frac{j}{n+1}\right) > \prod_{j=1}^{n-1}\left(1 - \frac{j}{n}\right) \Rightarrow$$

$$\Rightarrow \frac{1}{(n+1)!} \prod_{j=1}^{n-1}\left(1 - \frac{j}{n+1}\right) > \frac{1}{(1+i)!} \prod_{j=1}^{n-1}\left(1 - \frac{j}{n}\right) \Rightarrow$$

$$\Rightarrow \sum_{i=1}^{n-1} \frac{1}{(1+i)!} \prod_{j=1}^{n-1}\left(1 - \frac{j}{n+1}\right) > \sum_{i=1}^{n-1} \frac{1}{(1+i)!} \prod_{j=1}^{n-1}\left(1 - \frac{j}{n}\right)$$

COMPLEMENTOS SOBRE LIMITES

Prova de b:

$$\frac{1}{(n+1)!} \prod_{j=1}^{n} \left(1 - \frac{j}{n+1}\right) = \frac{1}{(n+1)!} \prod_{j=1}^{n} \left(\frac{n+1-j}{n+1}\right) =$$

$$= \frac{1}{(n+1)!} \cdot \frac{1}{(n+1)^n} \cdot \prod_{j=1}^{n} (n+1-j) = \frac{1}{(n+1)!} \cdot \frac{1}{(n+1)^n} \cdot n! =$$

$$= \frac{1}{(n+1)^{n+1}} > 0 \text{ pois } n \in \mathbb{N}^*$$

Demonstração de (2):

Considerando que em (1) provamos que f é crescente em $\mathbb{N}^*$, decorre que f assumirá o menor valor para $n = 1$. Então:

$$f(1) = \left(1 + \frac{1}{1}\right)^1 = 2$$

portanto $f(n) \geq 2$ para todo $n \in \mathbb{N}^*$.

Provemos agora que $f(n) < 3$ para todo $n \in \mathbb{N}^*$.

Notemos que, para todo $j \in \mathbb{N}$, $1 \leq j \leq n-1$, temos:

$$1 - \frac{j}{n} < 1 \Rightarrow \prod_{j=1}^{n-1} \left(1 - \frac{j}{n}\right) < 1$$

e, para todo $i \in \mathbb{N}$, $1 \leq i \leq n-1$, temos:

$$(1+i)! \geq 2^i \Rightarrow \frac{1}{(1+i)!} \leq \frac{1}{2^i} \quad (*)$$

portanto, para todo $i \in \mathbb{N}$, $j \in \mathbb{N}$, $1 \leq i \leq n-1$ e $1 \leq j \leq n-1$, temos:

$$\frac{1}{(1+i)!} \prod_{j=1}^{n-1}\left(1-\frac{j}{n}\right) < \frac{1}{2^i} \Rightarrow \sum_{i=1}^{n-1} \frac{1}{(1+i)!} \prod_{j=1}^{n-1}\left(1-\frac{j}{n}\right) < \sum_{i=2}^{n-1} \frac{1}{2^i}$$

Mas $\sum_{i=1}^{n} \frac{1}{2^i}$ é a soma dos termos de uma progressão geométrica, portanto:

$$\sum_{i=1}^{n-1} \frac{1}{2^i} = \frac{1}{2} + \frac{1}{2^2} + \frac{1}{2^3} + \ldots + \frac{1}{2^{n-1}} = 1 - \frac{1}{2^{n-1}} < 1$$

(*) Fica como exercício provar por indução finita que $(1+i)! \geq 2^i$, $\forall i \in \mathbb{N}^*$.

logo:

$$\sum_{i=1}^{n-1} \frac{1}{(1+i)!} \prod_{j=1}^{n-1}\left(1-\frac{j}{n}\right) < \sum_{i=1}^{n-1} \frac{1}{2^i} < 1 \Rightarrow$$

$$\Rightarrow f(n) = 2 + \sum_{i=1}^{n-1} \frac{1}{(1+i)!} \prod_{j=1}^{n-1}\left(1+\frac{j}{n}\right) < 3$$

Demonstração de (3):

Considerando que f é crescente e limitada em $\mathbb{N}^*$, seja L, $2 \leq L < 3$ tal que:

1º) $f(n) < L$ para todo $n \in \mathbb{N}^*$

2º) se $f(n) < K$ para todo $n \in \mathbb{N}^*$, então $K \geq L$

Mostremos que $\lim_{n \to +\infty} f(n) = L$.

De fato, para todo $\varepsilon > 0$, existe $n_1 \in \mathbb{N}^*$, tal que $f(n_1) > L - \varepsilon$.

Tomando $M = n_1$, temos para todo $\varepsilon > 0$ e $n > M$

$L - \varepsilon < f(n_1) < f(n) < L < L + \varepsilon$

isto é, para todo $\varepsilon > 0$, existe $M > 0$ tal que:

$n > M \Rightarrow |f(n) - L| < \varepsilon$

112. Definição do número e

Chamamos de **e** o limite da função $f(n) = \left(1 + \frac{1}{n}\right)^n$ definida em $\mathbb{N}^*$, quando n tende a $+\infty$.

$$e = \lim_{n \to +\infty} \left(1 + \frac{1}{n}\right)^n$$

O número **e** é um número irracional.

Um valor aproximado de **e** é 2,7182818284.

113. Teorema

Seja a função $f(x) = \left(1 + \frac{1}{x}\right)^x$ definida em $\{x \in \mathbb{R} \mid x < -1 \text{ ou } x > 0\}$, então $\lim_{x \to +\infty} \left(1 + \frac{1}{x}\right)^x = e$.

COMPLEMENTOS SOBRE LIMITES

Demonstração:

Sejam n e $n + 1$ dois números inteiros positivos e consecutivos. Para todo x tal que $n \leq x < n + 1$, temos:

$$n \leq x < n + 1 \Rightarrow \frac{1}{n} \geq \frac{1}{x} > \frac{1}{n+1} \Rightarrow$$

$$\Rightarrow 1 + \frac{1}{n} \geq 1 + \frac{1}{x} > 1 + \frac{1}{n+1}$$

Considerando que $n \leq x < n + 1$, resulta:

$$\left(1 + \frac{1}{n+1}\right)^n < \left(1 + \frac{1}{x}\right)^x < \left(1 + \frac{1}{n}\right)^{n+1}$$

Mas:

1) $\lim\limits_{n \to +\infty} \left(1 + \frac{1}{n+1}\right)^n = \lim\limits_{n \to +\infty} \frac{\left(1 + \frac{1}{n+1}\right)^{n+1}}{1 + \frac{1}{n+1}} =$

$$= \frac{\lim\limits_{n \to +\infty} \left(1 + \frac{1}{n+1}\right)^{n+1}}{\lim\limits_{n \to +\infty} \left(1 + \frac{1}{1+n}\right)} = \frac{e}{1} = e$$

2) $\lim\limits_{n \to +\infty} \left(1 + \frac{1}{n}\right)^{n+1} = \lim\limits_{n \to +\infty} \left[\left(1 + \frac{1}{n}\right)^n \cdot \left(1 + \frac{1}{n}\right)\right] =$

$$= \lim\limits_{n \to +\infty} \left(1 + \frac{1}{n}\right)^n \cdot \lim\limits_{n \to +\infty} \left(1 + \frac{1}{n}\right) = e \cdot 1 = e$$

então, pelo teorema do confronto, temos:

$$\lim\limits_{x \to +\infty} \left(1 + \frac{1}{x}\right)^x = e$$

114. Teorema

Seja f a função definida em $\{x \in \mathbb{R} \mid x < -1 \text{ ou } x > 0\}$ por $f(x) = \left(1 + \frac{1}{x}\right)^x$, então $\lim\limits_{x \to -\infty} \left(1 + \frac{1}{x}\right)^x = e$.

Demonstração:

Fazendo $x = -(w+1)$ e notando que se x tende a $-\infty$ então w tende a $+\infty$, temos:
$$\lim_{x \to -\infty} \left(1 + \frac{1}{x}\right)^x = \lim_{w \to +\infty} \left(1 - \frac{1}{w+1}\right)^{-(w+1)} =$$
$$= \lim_{w \to +\infty} \left(\frac{w}{w+1}\right)^{-(w+1)} = \lim_{w \to +\infty} \left(\frac{w+1}{w}\right)^{w+1} =$$
$$= \lim_{w \to +\infty} \left(1 + \frac{1}{w}\right)^{w+1} = \lim_{w \to +\infty} \left[\left(1 + \frac{1}{w}\right)^w \cdot \left(1 + \frac{1}{w}\right)\right] =$$
$$= \lim_{w \to +\infty} \left(1 + \frac{1}{w}\right)^w \cdot \lim_{w \to +\infty} \left(1 + \frac{1}{w}\right) = e \cdot 1 = e$$

115. Teorema

Seja a função definida em $\{x \in \mathbb{R} \mid -1 < x \neq 0\}$ por $f(x) = (1+x)^{\frac{1}{x}}$, então $\lim_{x \to 0} (1+x)^{\frac{1}{x}} = e$.

Demonstração:

Fazendo $x = \frac{1}{y}$, obtemos $(1+x)^{\frac{1}{x}} = \left(1 + \frac{1}{y}\right)^y$ e notando que

$x \to 0^+ \Rightarrow y \to +\infty$
$x \to 0^- \Rightarrow y \to -\infty$

temos:
$$\lim_{x \to 0^+} (1+x)^{\frac{1}{x}} = \lim_{y \to +\infty} \left(1 + \frac{1}{y}\right)^y = e$$
$$\lim_{x \to 0^-} (1+x)^{\frac{1}{x}} = \lim_{y \to -\infty} \left(1 + \frac{1}{y}\right)^y = e$$

e portanto:
$$\lim_{x \to 0} (1+x)^{\frac{1}{x}} = e$$

116. Teorema

Se $a > 0$, então $\lim_{x \to 0} \frac{a^x - 1}{x} = \ln a$.

COMPLEMENTOS SOBRE LIMITES

Demonstração:

Para $a = 1$, temos:

$$\lim_{x \to 0} \frac{a^x - 1}{x} = \lim_{x \to 0} \frac{1^x - 1}{x} = \lim_{x \to 0} 0 = 0 = \ell n\, 1$$

Supondo $0 < a \neq 1$ e fazendo $a^x - 1 = w$, temos:

$a^x - 1 = w \Rightarrow a^x = 1 + w \Rightarrow \ell n\, a^x = \ell n\, (1 + w) \Rightarrow$

$\Rightarrow x \ell n\, a = \ell n\, (1 + w) \Rightarrow x = \dfrac{\ell n\, (1 + w)}{\ell n\, a}$

Notemos que $\dfrac{a^x - 1}{x} = (a^x - 1) \cdot \dfrac{1}{x} = w \cdot \dfrac{\ell n\, a}{\ell n\, (1 + w)}$.

Notando que, se x tende a zero, então w também tende a zero, temos:

$$\lim_{x \to 0} \frac{a^x - 1}{x} = \lim_{w \to 0} \frac{w \cdot \ell n\, a}{\ell n\, (1 + w)} = \ell n\, a \cdot \lim_{w \to 0} \frac{1}{\frac{1}{w} \ell n\, (1 + w)} =$$

$$= \ell n\, a \cdot \lim_{w \to 0} \frac{1}{\ell n\, (1 + w)^{\frac{1}{w}}} = \frac{\ell n\, a}{\ell n\left[\lim_{w \to 0} (1 + w)^{\frac{1}{w}}\right]} = \frac{\ell n\, a}{\ell n\, e} = \frac{\ell n\, a}{1} = \ell n\, a$$

EXERCÍCIOS

102. Calcule:

a) $\lim\limits_{x \to +\infty} \left(1 + \dfrac{1}{x}\right)^{2x}$

b) $\lim\limits_{x \to -\infty} \left(1 + \dfrac{3}{x}\right)^{x}$

Solução

a) $\lim\limits_{x \to +\infty} \left(1 + \dfrac{1}{x}\right)^{2x} = \lim\limits_{x \to +\infty} \left[\left(1 + \dfrac{1}{x}\right)^{2}\right]^{x} = \lim\limits_{x \to +\infty} \left[\left(1 + \dfrac{1}{x}\right)^{x}\right]^{2} = e^2$

b) Fazendo $w = \dfrac{x}{3}$, temos:

$\lim\limits_{x \to -\infty} \left(1 + \dfrac{3}{x}\right)^{x} = \lim\limits_{w \to -\infty} \left(1 + \dfrac{1}{w}\right)^{3w} = \lim\limits_{w \to -\infty} \left[\left(1 + \dfrac{1}{w}\right)^{w}\right]^{3} = e^3$

103. Calcule:

a) $\lim\limits_{x \to +\infty} \left(1 + \dfrac{1}{x}\right)^{3x}$

b) $\lim\limits_{x \to -\infty} \left(1 + \dfrac{1}{x}\right)^{x+2}$

c) $\lim\limits_{x \to +\infty} \left(1 + \dfrac{4}{x}\right)^{x}$

d) $\lim\limits_{x \to -\infty} \left(1 + \dfrac{2}{x}\right)^{3x}$

e) $\lim\limits_{x \to -\infty} \left(1 + \dfrac{3}{x}\right)^{\frac{x}{4}}$

f) $\lim\limits_{x \to +\infty} \left(1 + \dfrac{a}{x}\right)^{x}$

g) $\lim\limits_{x \to -\infty} \left(1 + \dfrac{a}{x}\right)^{bx}$

h) $\lim\limits_{x \to +\infty} \left(\dfrac{x}{x+1}\right)^{x}$

104. Calcule:

a) $\lim\limits_{x \to +\infty} \left(1 - \dfrac{1}{x}\right)^{x}$

b) $\lim\limits_{x \to -\infty} \left(1 - \dfrac{2}{x}\right)^{x}$

c) $\lim\limits_{x \to -\infty} \left(1 - \dfrac{1}{x}\right)^{3x}$

d) $\lim\limits_{x \to +\infty} \left(1 - \dfrac{3}{x}\right)^{2x}$

105. Calcule $\lim\limits_{x \to +\infty} \left(\dfrac{x+1}{x-1}\right)^{x}$.

Solução

$$\lim_{x \to +\infty} \left(\dfrac{x+1}{x-1}\right)^{x} = \lim_{x \to +\infty} \left(\dfrac{\frac{x+1}{x}}{\frac{x-1}{x}}\right)^{x} = \lim_{x \to +\infty} \dfrac{\left(1 + \frac{1}{x}\right)^{x}}{\left(1 - \frac{1}{x}\right)^{x}} =$$

$$= \dfrac{\lim\limits_{x \to +\infty} \left(1 + \frac{1}{x}\right)^{x}}{\lim\limits_{x \to +\infty} \left(1 - \frac{1}{x}\right)^{x}} = \dfrac{e}{\frac{1}{e}} = e^{2}$$

106. Calcule:

a) $\lim\limits_{x \to +\infty} \left(\dfrac{x+4}{x-3}\right)^{x}$

b) $\lim\limits_{x \to -\infty} \left(\dfrac{x+2}{x+1}\right)^{x}$

c) $\lim\limits_{x \to -\infty} \left(\dfrac{x-3}{x+2}\right)^{x}$

d) $\lim\limits_{x \to +\infty} \left(\dfrac{x-4}{x-1}\right)^{x+3}$

e) $\lim\limits_{x \to +\infty} \left(\dfrac{x^2+1}{x^2-3}\right)^{x^2}$

COMPLEMENTOS SOBRE LIMITES

107. Calcule:

a) $\lim\limits_{x \to +\infty} \left(\dfrac{2x+3}{2x+1}\right)^x$

b) $\lim\limits_{x \to -\infty} \left(\dfrac{2x-1}{2x+1}\right)^x$

c) $\lim\limits_{x \to -\infty} \left(\dfrac{3x+2}{3x-1}\right)^{2x}$

108. Calcule:

a) $\lim\limits_{x \to 0} \dfrac{e^{2x}-1}{x}$

b) $\lim\limits_{x \to 0} \dfrac{2^{3x}-1}{x}$

c) $\lim\limits_{x \to 0} \dfrac{e^{2x}-1}{e^{3x}-1}$

d) $\lim\limits_{x \to 0} \dfrac{3^{2x}-1}{2^{5x}-1}$

e) $\lim\limits_{x \to 2} \dfrac{e^x - e^2}{x-2}$

f) $\lim\limits_{x \to a} \dfrac{e^x - e^a}{x-a}$

g) $\lim\limits_{x \to a} \dfrac{2^x - 2^a}{x-a}$

109. Calcule:

a) $\lim\limits_{x \to 0} \dfrac{\ell n\,(1+x)}{x}$

b) $\lim\limits_{x \to 0} \dfrac{\log\,(1+x)}{x}$

c) $\lim\limits_{x \to 0} \dfrac{\ell n\,(1+2x)}{x}$

d) $\lim\limits_{x \to 0} \dfrac{\log\,(1+3x)}{x}$

110. Calcule: $\lim\limits_{x \to 0} \sqrt[x]{1-2x}$.

LEITURA

Newton e o método dos fluxos

Hygino H. Domingues

Matematicamente, o século XVII já reunia condições para a criação do cálculo diferencial e integral como disciplina independente da geometria — a álgebra simbólica e a geometria analítica, produtos recentes, propiciavam esse avanço. Por outro lado, os grandes problemas científicos da época requeriam um instrumento matemático mais ágil e abrangente que o método de exaustão. (Ver págs. 52 e 53.)

Esses problemas eram principalmente quatro. O primeiro consistia em achar velocidade e aceleração de um móvel, conhecida a lei algébrica relacionando espaço percorrido e tempo (e vice-versa). O segundo dizia respeito à determinação de tangentes a curvas (questões de óptica, por exemplo, levavam a essa preocupação). O terceiro envolvia cálculos de máximos e mínimos (por exemplo, qual a máxima e qual a mínima distância de um planeta ao Sol?). Por fim, a obtenção de coisas como comprimentos, áreas, volumes e centros de gravidade, para as quais o método de exaustão exigia muita engenhosidade. Vários matemáticos do século XVII enfrentaram esses problemas, alguns com contribuições de grande porte. Entre estes, porém, dois se sobressaíram, cada um a seu modo, com papel decisivo: Newton e Leibniz.

Isaac Newton (1642-1727) nasceu na aldeia de Woolsthorpe, Inglaterra, filho póstumo de um pequeno sitiante da localidade. Ele próprio estava fadado ao mesmo destino, não fora a habilidade demonstrada em menino para a construção de engenhos mecânicos. Assim, mesmo não revelando nenhum brilho especial na escola pública em que ingressou aos 12 anos de idade, em 1661 chegava ao Trinity College, Cambridge, onde se graduaria em ciências quatro anos depois. A peste bubônica que assolou Londres a seguir levou-o a passar os dois anos seguintes em sua aldeia natal. Foi nesse período que engendrou as bases científicas do *método dos fluxos* (hoje cálculo diferencial) e da teoria da gravitação universal. Em 1669, dois anos após ter retornado a Cambridge para obter o grau de mestre, sucede Isaac Barrow (1630-1677) no Trinity College (por indicação do próprio Barrow, seu ex-professor). Somente em 1696 deixaria sua cadeira em Cambridge a fim de exercer funções públicas de alto nível em Londres.

COMPLEMENTOS SOBRE LIMITES

Numa monografia de 1669, que só circulou entre seus amigos e alunos (apenas em 1711 foi publicada), Newton expôs suas primeiras ideias sobre o cálculo. Por exemplo, usando a expansão generalizada de $(x + a)^p$, resultado que obtivera anteriormente (salvo quando p é inteiro positivo a expansão é infinita), mostrou que a área sob a curva $z = ax^p$ ($p \in \mathbb{Q}$) é $y = pax^{p-1}$ (derivada de z, na terminologia moderna). Vice-versa, a área sob a curva $y = pax^{p-1}$ é $z = ax^p$. Tudo indica que esta foi a primeira vez na história da matemática que uma área foi obtida pelo processo inverso da derivação. Este resultado contém, em gérmen, a essência do cálculo.

Mas a exposição de Newton pecava quanto ao rigor lógico. Numa segunda versão em 1671 (só publicada em 1736) considera suas variáveis, às quais chamou de *fluentes*, e indicou por $x, y, ...$, geradas por movimentos contínuos. A taxa de variação de um fluente x é o que Newton chamou de *fluxo de x* e indicou por $\dot{x}$. Foi esta versão, porém numa linguagem geométrica, que Newton incluiu em sua obra-prima, os *Principia*. Em três volumes (o último de 1687), esta obra mostra, pela força do cálculo, como a lei da gravitação implica os movimentos em elipse dos planetas, conforme as leis de Kepler, além de abrir caminho para uma descrição matemática do Universo.

A questão do rigor no cálculo ainda mereceria a atenção de Newton, num trabalho de 1676 — mas sem resultados significativos. Quase dois séculos decorreriam até que o assunto fosse posto em pratos limpos quanto à sua fundamentação lógica. Mas a essência dessa fundamentação, a teoria dos limites, estava em sua obra, na ideia de taxa de variação. De qualquer maneira, a obra de Newton é um monumento científico. Outros iriam cuidar dos acabamentos.

Isaac Newton (1642-1727).

CAPÍTULO V

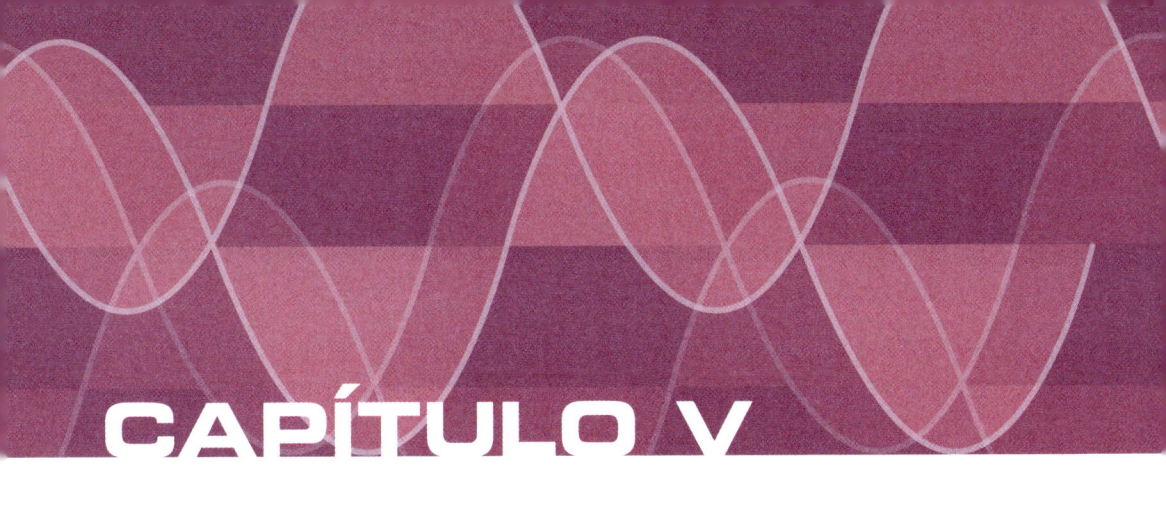

Continuidade

I. Noção de continuidade

117. Definições

Seja f uma função definida em um intervalo aberto I e a um elemento de I. Dizemos que f é contínua em a, se $\lim_{x \to a} f(x) = f(a)$.

Notemos que para falarmos em continuidade de uma função em um ponto é necessário que esse ponto pertença ao domínio da função.

Da definição decorre que, se f é contínua em a, então as três condições deverão estar satisfeitas:

1º) existe $f(a)$

2º) existe $\lim_{x \to a} f(x)$

3º) $\lim_{x \to a} f(x) = f(a)$

118. Seja f uma função definida em um intervalo aberto I e a um elemento de I. Dizemos que f é descontínua em a se f não for contínua em a.

Observemos também que para falarmos em descontinuidade de uma função em um ponto é necessário que esse ponto pertença ao domínio da função.

CONTINUIDADE

Da definição decorre que, se f é descontínua em a, então as duas condições abaixo deverão estar satisfeitas:

1ª) existe f(a)

2ª) não existe $\lim_{x \to a} f(x)$ ou $\lim_{x \to a} f(x) \neq f(a)$

119. Dizemos que uma função f é contínua em um intervalo aberto]a, b[se f for contínua em qualquer elemento x desse intervalo.

120. Seja a um ponto do domínio da função f.

Dizemos que f é contínua à direita de a se $\lim_{x \to a^+} f(x) = f(a)$ e dizemos que f é contínua à esquerda de a se $\lim_{x \to a^-} f(x) = f(a)$.

121. Dizemos que uma função f é contínua em um intervalo fechado [a, b] se f for contínua no intervalo aberto]a, b[e se também for contínua à direita de a e à esquerda de b.

122. Exemplos:

1º) A função f(x) = 2x + 1 definida em $\mathbb{R}$ é contínua em 1, pois $\lim_{x \to 1} f(x) = \lim_{x \to 1} (2x + 1) = 3 = f(1)$.

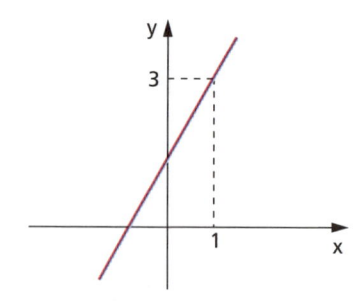

Notemos que f é contínua em $\mathbb{R}$, pois para todo a $\in \mathbb{R}$, temos:

$\lim_{x \to a} f(x) = \lim_{x \to a} (2x + 1) = 2a + 1 = f(a)$

2º) A função

$$f(x) = \begin{cases} 2x + 1 & \text{se } x \neq 1 \\ 4 & \text{se } x = 1 \end{cases}$$

definida em $\mathbb{R}$ é descontínua em 1, pois
$\lim_{x \to 1} f(x) = \lim_{x \to 1} (2x + 1) = 3 \neq 4 = f(1)$.

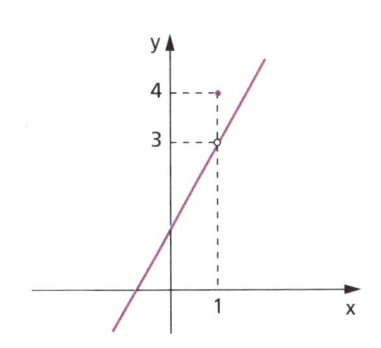

Observemos que f é contínua em $\mathbb{R} - \{1\}$ pois, para todo $a \in \mathbb{R} - \{1\}$, temos:

$$\lim_{x \to a} f(x) = \lim_{x \to a} (2x + 1) = 2a + 1 = f(a)$$

3º) A função

$$f(x) = \begin{cases} x + 1 & \text{se } x \leq 1 \\ 1 - x & \text{se } x > 1 \end{cases}$$

definida em $\mathbb{R}$ é descontínua em 1, pois
$\lim_{x \to 1^-} f(x) = \lim_{x \to 1^-} (x + 1) = 2$
e $\lim_{x \to 1^+} f(x) = \lim_{x \to 1^+} (1 - x) = 0$
portanto, não existe $\lim_{x \to 1} f(x)$.

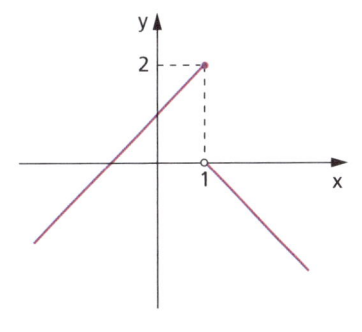

Observemos que f é contínua em $\mathbb{R} - \{1\}$ pois, para todo $a \in \mathbb{R} - \{1\}$, temos:

- se $a > 1$, então $\lim_{x \to a} f(x) = \lim_{x \to a} (1 - x) = 1 - a = f(a)$
- se $a < 1$, então $\lim_{x \to a} f(x) = \lim_{x \to a} (x + 1) = a + 1 = f(a)$

4º) Na função $f(x) = \dfrac{|x|}{x}$ definida em $\mathbb{R}^*$ não podemos afirmar que f é descontínua em $x = 0$, pois $x = 0$ não pertence ao domínio da função.

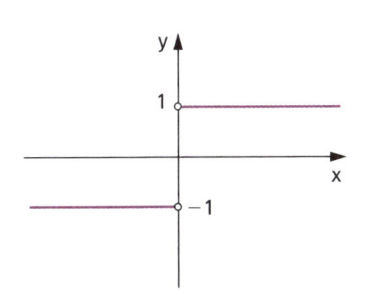

CONTINUIDADE

Observemos que

$$f(x) = \frac{|x|}{x} = \begin{cases} 1 & \text{se } x > 0 \\ -1 & \text{se } x < 0 \end{cases}$$

é contínua em $\mathbb{R}^*$ pois, para todo $a \in \mathbb{R}^*$, temos:

- se $a > 0$, então $\lim_{x \to a} f(x) = \lim_{x \to a} 1 = 1 = f(a)$

- se $a < 0$, então $\lim_{x \to a} f(x) = \lim_{x \to a} (-1) = -1 = f(a)$

5º) Na função $f(x) = \dfrac{x^2 - 1}{x - 1}$ definida em $\mathbb{R} - \{1\}$ não podemos afirmar que f é descontínua em $x = 1$, pois $x = 1$ não pertence ao domínio da função.

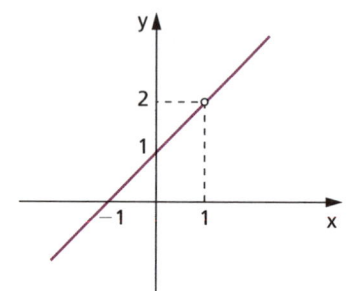

Notemos que f é contínua em $\mathbb{R} - \{1\}$ pois, para todo $a \in \mathbb{R} - \{1\}$, temos:

$$\lim_{x \to a} f(x) = \lim_{x \to a} \frac{x^2 - 1}{x - 1} = \lim_{x \to a} (x + 1) = a + 1 = f(a)$$

EXERCÍCIOS

111. Verifique se a função definida por

$$f(x) = \begin{cases} x^2 - 1 & \text{se } x < 2 \\ 7 - 2x & \text{se } x \geq 2 \end{cases}$$

é contínua em $x = 2$.

Solução

Devemos verificar se $\lim_{x \to 2} f(x) = f(2)$.

a) $f(2) = 7 - 2 \cdot 2 = 3$

b) $\lim_{x \to 2^-} f(x) = \lim_{x \to 2^-} (x^2 - 1) = 3$

$\lim_{x \to 2^+} f(x) = \lim_{x \to 2^+} (7 - 2x) = 3$

então $\lim_{x \to 2} f(x) = 3 = f(2)$

logo f é contínua em $x = 2$.

112. Verifique se a função f é contínua no ponto especificado.

a) $f(x) = \begin{cases} 3 & \text{se } x \geq 0 \\ 2 & \text{se } x < 0 \end{cases}$ \qquad no ponto $x = 0$

b) $f(x) = \begin{cases} \dfrac{x^2 - 4}{x + 2} & \text{se } x \neq -2 \\ 4 & \text{se } x = -2 \end{cases}$ \qquad no ponto $x = -2$

c) $f(x) = \begin{cases} \dfrac{1 - x^2}{x - 1} & \text{se } x \neq 1 \\ -2 & \text{se } x = 1 \end{cases}$ \qquad no ponto $x = 1$

d) $f(x) = \begin{cases} \dfrac{x^3 + 1}{x + 1} & \text{se } x \neq -1 \\ 1 & \text{se } x = -1 \end{cases}$ \qquad no ponto $x = -1$

113. Verifique se a função f é contínua no ponto especificado.

a) $f(x) = \begin{cases} 3x + 2 & \text{se } x \geq -2 \\ -2x & \text{se } x < -2 \end{cases}$ \qquad no ponto $x = -2$

b) $f(x) = \begin{cases} x^2 - 3x + 2 & \text{se } x > 1 \\ x^2 + 4x - 5 & \text{se } x \leq 1 \end{cases}$ \qquad no ponto $x = 1$

c) $f(x) = \begin{cases} 3x - 10 & \text{se } x > 4 \\ 2 & \text{se } x = 4 \\ 10 - 2x & \text{se } x < 4 \end{cases}$ \qquad no ponto $x = 4$

d) $f(x) = \begin{cases} 2x^2 - 3x + 2 & \text{se } x > 1 \\ 2 & \text{se } x = 1 \\ 2 - x^2 & \text{se } x < 1 \end{cases}$ \qquad no ponto $x = 1$

CONTINUIDADE

114. Verifique se a função f é contínua em $x = 0$.

a) $f(x) = \begin{cases} \dfrac{\text{sen } x}{x} & \text{se } x \neq 0 \\ 1 & \text{se } x = 0 \end{cases}$

b) $f(x) = \begin{cases} \dfrac{1 - \cos x}{x} & \text{se } x \neq 0 \\ 0 & \text{se } x = 0 \end{cases}$

c) $f(x) = \begin{cases} \dfrac{1 - \cos x}{\text{sen } x} & \text{se } x \neq 0 \\ 1 & \text{se } x = 0 \end{cases}$

d) $f(x) = \begin{cases} \dfrac{x - \text{sen } x}{x + \text{sen } x} & \text{se } x \neq 0 \\ 1 & \text{se } x = 0 \end{cases}$

115. Verifique se a função f é contínua no ponto especificado.

a) $f(x) = \begin{cases} \dfrac{3}{x - 2} & \text{se } x \neq 2 \\ 0 & \text{se } x = 2 \end{cases}$ no ponto $x = 2$

b) $f(x) = \begin{cases} \dfrac{x^2 - 1}{(x - 1)^2} & \text{se } x \neq 1 \\ 2 & \text{se } x = 1 \end{cases}$ no ponto $x = 1$

c) $f(x) = \begin{cases} \dfrac{1}{|x - 1|} & \text{se } x \neq 1 \\ 1 & \text{se } x = 1 \end{cases}$ no ponto $x = 1$

116. Determine a para que a função seja contínua no ponto especificado.

a) $f(x) = \begin{cases} \dfrac{x^2 - 5x + 6}{x - 2} & \text{se } x \neq 2 \\ a & \text{se } x = 2 \end{cases}$ no ponto $x = 2$

b) $f(x) = \begin{cases} \dfrac{x - 1}{1 - x^3} & \text{se } x \neq 1 \\ a & \text{se } x = 1 \end{cases}$ no ponto $x = 1$

c) $f(x) = \begin{cases} \dfrac{\sqrt{x} - 2}{x - 4} & \text{se } x > 4 \\ 3x + a & \text{se } x \leqslant 4 \end{cases}$ no ponto $x = 4$

d) $f(x) = \begin{cases} \dfrac{\sqrt{x+2} - \sqrt{2}}{x} & \text{se } x > 0 \\ 3x^2 - 4x + a & \text{se } x \leqslant 0 \end{cases}$ no ponto $x = 0$

e) $f(x) = \begin{cases} \dfrac{\sqrt[3]{x+1} - 1}{x} & \text{se } x \neq 0 \\ a & \text{se } x = 0 \end{cases}$ no ponto $x = 0$

117. Determine a para que a função

$$f(x) = \begin{cases} \dfrac{\text{tg } x}{\text{sen } 2x} & \text{se } x \neq 0 \\ \cos a & \text{se } x = 0 \end{cases}$$

seja contínua em $x = 0$.

II. Propriedades das funções contínuas

123. Teorema

Se f e g são funções contínuas em a, então são contínuas em a as funções $f + g$, $f - g$, $f \cdot g$ e $\dfrac{f}{g}$, nesse último caso, desde que $g(a) \neq 0$.

Demonstração:

Demonstraremos como modelo a continuidade de $f + g$.

Como f e g são contínuas em a, pela definição temos:

$\lim\limits_{x \to a} f(x) = f(a)$ e $\lim\limits_{x \to a} g(x) = g(a)$

Para provarmos que $f + g$ é contínua em a, devemos provar a igualdade:

$\lim\limits_{x \to a} (f + g)(x) = (f + g)(a)$

De fato:

$\lim\limits_{x \to a} (f + g)(x) = \lim\limits_{x \to a} [f(x) + g(x)] = \lim\limits_{x \to a} f(x) + \lim\limits_{x \to a} g(x) = f(a) + g(a) = (f + g)(a)$.

Agora faça a demonstração para as demais funções.

CONTINUIDADE

Exemplos:

1º) A função $h(x) = x^2 + 2^x$ é contínua em $\mathbb{R}$, pois $f(x) = x^2$ e $g(x) = 2^x$ são contínuas em $\mathbb{R}$ e $h(x) = f(x) + g(x)$.

2º) A função $h(x) = x \cdot \operatorname{sen} x$ é contínua em $\mathbb{R}$, pois $f(x) = x$ e $g(x) = \operatorname{sen} x$ são contínuas em $\mathbb{R}$ e $h(x) = f(x) \cdot g(x)$.

3º) A função $h(x) = \dfrac{x^3}{x^2 + 1}$ é contínua em $\mathbb{R}$, pois $f(x) = x^3$ e $g(x) = x^2 + 1$ são contínuas em $\mathbb{R}$, $h(x) = \dfrac{f(x)}{g(x)}$ e $g(x) \neq 0$ para todo x real.

124. Teorema do limite da função composta

Se $\lim\limits_{x \to a} g(x) = b$ e se f é uma função contínua em b, então $\lim\limits_{x \to a} (f \circ g)(x) = f(b)$, isto é, $\lim\limits_{x \to a} (f \circ g)(x) = f\!\left(\lim\limits_{x \to a} g(x)\right)$.

Demonstração:

O teorema ficará demonstrado se provarmos:
$\forall \varepsilon > 0,\ \exists \delta > 0 \mid 0 < |x - a| < \delta \Rightarrow |(f \circ g)(x) - f(b)| < \varepsilon$

Sabemos que f é contínua em b, isto é, $\lim\limits_{y \to b} f(y) = f(b)$; portanto,
$\forall \varepsilon > 0,\ \exists \delta_1 > 0 \mid 0 < |y - b| < \delta_1 \Rightarrow |f(y) - f(b)| < \varepsilon$ (I)

Por outro lado, $\lim\limits_{x \to a} g(x) = b$, isto é,
$\forall \delta_1 > 0,\ \exists \delta > 0 \mid 0 < |x - a| < \delta \Rightarrow |g(x) - b| < \delta_1$ (II)

Se substituirmos y por $g(x)$ em (I), teremos:
$\forall \varepsilon > 0,\ \exists \delta_1 > 0 \mid 0 < |g(x) - b| < \delta_1 \Rightarrow |f(g(x)) - f(b)| < \varepsilon$ (III)

Com base nas afirmações (II) e (III), temos:
$\forall \varepsilon > 0,\ \exists \delta > 0 \mid 0 < |x - a| < \delta \Rightarrow |f(g(x)) - f(b)| < \varepsilon \Rightarrow$
$\Rightarrow |(f \circ g)(x) - f(b)| < \varepsilon$

Observação

Esse teorema continua válido se o símbolo "$x \to a$" for substituído por "$x \to a^+$" ou "$x \to a^-$".

Exemplos:

1º) $\lim_{x \to 0} \dfrac{\text{sen}^2 x}{x^2} = \lim_{x \to 0} \left(\dfrac{\text{sen } x}{x}\right)^2 = \left(\lim_{x \to 0} \dfrac{\text{sen } x}{x}\right)^2 = 1^2 = 1$

2º) $\lim_{x \to 1} 2^{x^3 + 2x} = 2^{\lim_{x \to 1}(x^3 + 2x)} = 2^3 = 8$

3º) $\lim_{x \to 0} \cos\left(\dfrac{x^2 + 4}{x - 1}\right) = \cos\left(\lim_{x \to 0} \dfrac{x^2 + 4}{x - 1}\right) = \cos(-4)$

125. Teorema

Se a função g é contínua em a e a função f é contínua em $g(a)$, então a função composta $f \circ g$ é contínua em a.

Demonstração:

Considerando que g é contínua em a, isto é, $\lim_{x \to a} g(x) = g(a)$ e f é contínua em $g(a)$, pelo teorema anterior temos:

$$\lim_{x \to a} (f \circ g)(x) = \lim_{x \to a} f(g(x)) = f\left(\lim_{x \to a} g(x)\right) = f(g(a)) = (f \circ g)(a)$$

o que prova que $f \circ g$ é contínua em a.

Exemplos:

1º) A função $h(x) = \text{sen}\left(x^3 + x^2 + x + 1\right)$ é contínua em $\mathbb{R}$, pois $f(x) = \text{sen } x$ e $g(x) = x^3 + x^2 + x + 1$ são contínuas em $\mathbb{R}$ e $h(x) = f(g(x))$.

2º) A função $h(x) = 2^{\cos x}$ é contínua em $\mathbb{R}$, pois $f(x) = 2^x$ e $g(x) = \cos x$ são contínuas em $\mathbb{R}$ e $h(x) = f(g(x))$.

III. Limite da $\sqrt[n]{f(x)}$

Como havíamos prometido quando da apresentação da propriedade L_8 de limites, vamos demonstrar essa propriedade, mas antes vejamos dois lemas.

CONTINUIDADE

126. Lema 1

Se $n \in \mathbb{N}^*$ e $a \in \mathbb{R}_+$ ou se $n \in \mathbb{N}^*$, n é ímpar e $a \in \mathbb{R}_-^*$, então $\lim_{x \to a} \sqrt[n]{x} = \sqrt[n]{a}$.

Demonstração:

Faremos a demonstração para o caso em que $n \in \mathbb{N}^*$ e $a \in \mathbb{R}_+$. Deixaremos a cargo do leitor a demonstração para o caso $n \in \mathbb{N}^*$, n é ímpar e $a \in \mathbb{R}_-^*$.

Para demonstrarmos que $\lim_{x \to a} \sqrt[n]{x} = \sqrt[n]{a}$ devemos provar que

$$\forall \varepsilon > 0, \exists \delta > 0 \mid 0 < |x - a| < \delta \Rightarrow \left|\sqrt[n]{x} - \sqrt[n]{a}\right| < \varepsilon$$

Lembrando da fatoração

$$y^n - b^n = (y - b) \cdot (y^{n-1} + by^{n-2} + b^2 y^{n-3} + \ldots + b^{n-2}y + b^{n-1})$$

isto é,

$$y^n - b^n = (y - b) \cdot \sum_{i=1}^{n} b^{i-1} y^{n-i}$$

podemos expressar $\left|\sqrt[n]{x} - \sqrt[n]{a}\right|$ em termos de $|x - a|$. Façamos $\sqrt[n]{x} = y$ e $\sqrt[n]{a} = b$; decorre $x = y^n$ e $a = b^n$. Então:

$$|x - a| = |y^n - b^n| = \left|(y - b) \cdot \sum_{i=1}^{n} b^{i-1} y^{n-i}\right| =$$

$$= \left|\sqrt[n]{x} - \sqrt[n]{a}\right| \cdot \left|\sum_{i=1}^{n} a^{\frac{i-1}{n}} \cdot x^{\frac{n-i}{n}}\right|$$

e finalmente temos:

$$\left|\sqrt[n]{x} - \sqrt[n]{a}\right| = \frac{|x - a|}{\left|\sum_{i=1}^{n} a^{\frac{i-1}{n}} \cdot x^{\frac{n-i}{n}}\right|}$$

Considerando que desejamos encontrar $\delta > 0$ tal que

$$0 < |x - a| < \delta \Rightarrow |x - a| \cdot \frac{1}{\left|\sum_{i=1}^{n} a^{\frac{i-1}{n}} \cdot x^{\frac{n-i}{n}}\right|} < \varepsilon$$

podemos fazer com que o δ seja menor ou igual a a, isto é,

$|x - a| < a \Leftrightarrow 0 < x < 2a$

Fazendo $x = 0$ em $\dfrac{1}{\left|\sum\limits_{i=1}^{n} a^{\frac{i-1}{n}} \cdot x^{\frac{n-i}{n}}\right|}$, temos:

$$|x - a| \cdot \dfrac{1}{\left|\sum\limits_{i=1}^{n} a^{\frac{i-n}{n}} \cdot x^{\frac{n-i}{n}}\right|} < |x - a| \cdot \dfrac{1}{a^{\frac{n-1}{n}}}$$

Como queremos que

$$|x - a| \cdot \dfrac{1}{a^{\frac{n-1}{n}}} < \varepsilon$$

isto é,

$$|x - a| < a^{\frac{n-1}{n}} \cdot \varepsilon$$

tomamos $\delta = \min\left\{a, a^{\frac{n-1}{n}} \cdot \varepsilon\right\}$ e segue-se que, para todo $\varepsilon > 0$, existe $\delta = \min\left\{a, a^{\frac{n-1}{n}} \cdot \varepsilon\right\}$ tal que

$$0 < |x - a| < \delta \Rightarrow \left|\sqrt[n]{x} - \sqrt[n]{a}\right| < \varepsilon$$

De fato:

$$0 < |x - a| < \delta \Rightarrow \begin{cases} 0 < |x - a| < a < a^{\frac{n-1}{n}} \cdot \varepsilon \\ \text{ou} \\ 0 < |x - a| < a^{\frac{n-1}{n}} \cdot \varepsilon < a \end{cases} \Rightarrow$$

$$\Rightarrow 0 < |x - a| < a^{\frac{n-1}{n}} \cdot \varepsilon \Rightarrow \left|\sqrt[n]{x} - \sqrt[n]{a}\right| =$$

$$= |x - a| \cdot \dfrac{1}{\left|\sum\limits_{i=1}^{n} a^{\frac{i-1}{n}} \cdot x^{\frac{n-i}{n}}\right|} < a^{\frac{n-1}{n}} \cdot \varepsilon \cdot \dfrac{1}{a^{\frac{n-1}{n}}} = \varepsilon$$

127. Lema 2

A função $h(x) = \sqrt[n]{x}$, definida em $\mathbb{R}_+$ se n é par ou definida em $\mathbb{R}$ se n é ímpar, é contínua em a para $a \in \mathbb{R}_+^*$ (se n é par) ou $a \in \mathbb{R}$ (se n é ímpar).

CONTINUIDADE

Demonstração:

Faremos a demonstração para o caso n par. Deixamos a cargo do leitor, como exercício, a demonstração para n ímpar.

Pelo lema 1, temos:

$$\lim_{x \to a} h(x) = \lim_{x \to a} \sqrt[n]{x} = \sqrt[n]{a} = h(a)$$

o que prova que h é contínua em a.

128. Teorema

Se $\lim_{x \to a} f(x) = L$, em que $L \geq 0$ e $n \in \mathbb{N}^*$ ou $L < 0$ e n é natural ímpar, então:

$$\lim_{x \to a} \sqrt[n]{f(x)} = \sqrt[n]{\lim_{x \to a} f(x)} = \sqrt[n]{L}$$

Demonstração:

Sendo a função h definida por $h(x) = \sqrt[n]{x}$, temos a composta $h \circ f$ definida por $(h \circ f)(x) = h(f(x)) = \sqrt[n]{f(x)}$.

Pelo lema 2 a função h é contínua em L; então, pelo teorema do limite da função composta, temos:

$$\lim_{x \to a} \sqrt[n]{f(x)} = \lim_{x \to a} h(f(x)) = h\left(\lim_{x \to a} f(x)\right) = \sqrt[n]{\lim_{x \to a} f(x)} = \sqrt[n]{L}$$

Exemplos:

1º) $\lim_{x \to 2} \sqrt{x^3 + 1} = \sqrt{\lim_{x \to 2}(x^3 + 1)} = \sqrt{9} = 3$

2º) $\lim_{x \to \frac{\pi}{2}} \sqrt[3]{\operatorname{sen} x} = \sqrt[3]{\lim_{x \to \frac{\pi}{2}} \operatorname{sen} x} = \sqrt[3]{1} = 1$

3º) $\lim_{x \to -1} \sqrt[4]{e^x} = \sqrt[4]{\lim_{x \to -1} e^x} = \sqrt[4]{e^{-1}} = e^{-\frac{1}{4}}$

CAPÍTULO VI

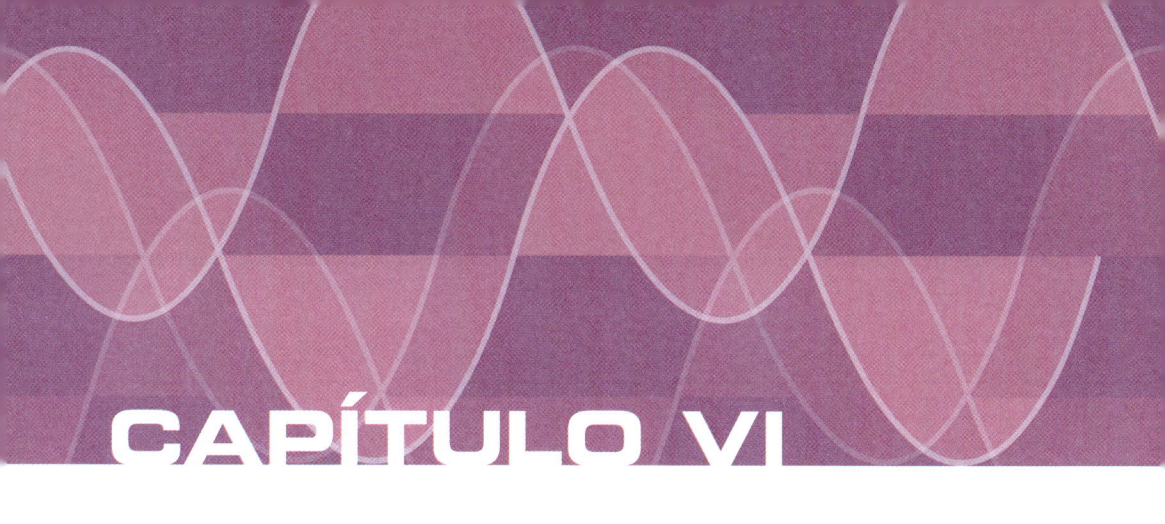

Derivadas

I. Derivada no ponto x_0

129. Definição

Seja f uma função definida em um intervalo aberto I e x_0 um elemento de I. Chama-se **derivada de f no ponto x_0** o limite

$$\lim_{x \to x_0} \frac{f(x) - f(x_0)}{x - x_0}$$

se este existir e for finito.

A derivada de f no ponto x_0 é habitualmente indicada com uma das seguintes notações:

$$f'(x_0) \text{ ou } \left[\frac{df}{dx}\right]_{x = x_0} \text{ ou } Df(x_0)$$

A diferença $\Delta x = x - x_0$ é chamada **acréscimo** ou **incremento da variável x** relativamente ao ponto x_0. A diferença $\Delta y = f(x) - f(x_0)$ é chamada **acréscimo** ou **incremento da função f** relativamente ao ponto x_0. O quociente $\frac{\Delta y}{\Delta x} = \frac{f(x) - f(x_0)}{x - x_0}$ recebe o nome de **razão incremental de f** relativamente ao ponto x_0.

DERIVADAS

Frisemos que a derivada de f no ponto x_0 pode ser indicada das seguintes formas:

$$f'(x_0) = \lim_{x \to x_0} \frac{f(x) - f(x_0)}{x - x_0} \quad \text{ou} \quad f'(x_0) = \lim_{\Delta x \to 0} \frac{\Delta y}{\Delta x} \quad \text{ou}$$

$$f'(x_0) = \lim_{\Delta x \to 0} \frac{f(x_0 + \Delta x) - f(x_0)}{\Delta x}$$

Quando existe $f'(x_0)$ dizemos que f é **derivável** no ponto x_0. Dizemos também que f é **derivável** no intervalo aberto I quando existe $f'(x_0)$ para todo $x_0 \in I$.

130. Exemplos:

1º) Calculemos a derivada de $f(x) = 2x$ no ponto $x_0 = 3$.

$$f'(3) = \lim_{x \to 3} \frac{f(x) - f(3)}{x - 3} = \lim_{x \to 3} \frac{2x - 6}{x - 3} = \lim_{x \to 3} \frac{2(x - 3)}{x - 3} = 2$$

Outra maneira de proceder seria esta:

$$f'(3) = \lim_{\Delta x \to 0} \frac{f(3 + \Delta x) - f(3)}{\Delta x} = \lim_{\Delta x \to 0} \frac{2(3 + \Delta x) - 6}{\Delta x} = \lim_{\Delta x \to 0} 2 = 2$$

2º) Calculemos a derivada de $f(x) = x^2 + x$ no ponto $x_0 = 1$.

$$f'(1) = \lim_{\Delta x \to 0} \frac{f(1 + \Delta x) - f(1)}{\Delta x} =$$

$$= \lim_{\Delta x \to 0} \frac{[(1 + \Delta x)^2 + (1 + \Delta x)] - [1^2 + 1]}{\Delta x} =$$

$$= \lim_{\Delta x \to 0} \frac{(\Delta x)^2 + 3 \cdot \Delta x}{\Delta x} = \lim_{\Delta x \to 0} (\Delta x + 3) = 3$$

3º) Calculemos a derivada de $f(x) = \operatorname{sen} x$ em $x_0 = \dfrac{\pi}{3}$.

$$f'\left(\dfrac{\pi}{3}\right) = \lim_{\Delta x \to 0} \dfrac{\operatorname{sen}\left(\dfrac{\pi}{3} + \Delta x\right) - \operatorname{sen}\dfrac{\pi}{3}}{\Delta x} =$$

$$= \lim_{\Delta x \to 0} \dfrac{2 \cdot \operatorname{sen}\dfrac{\Delta x}{2} \cdot \cos\left(\dfrac{\pi}{3} + \dfrac{\Delta x}{2}\right)}{\Delta x} =$$

$$= \lim_{\Delta x \to 0} \left[\dfrac{\operatorname{sen}\dfrac{\Delta x}{2}}{\dfrac{\Delta x}{2}} \cdot \cos\left(\dfrac{\pi}{3} + \dfrac{\Delta x}{2}\right)\right] = \cos\dfrac{\pi}{3} = \dfrac{1}{2}$$

4º) Calculemos a derivada de $f(x) = \sqrt[3]{x}$ em $x_0 = 0$.

$$f'(0) = \lim_{x \to 0} \dfrac{f(x) - f(0)}{x - 0} = \lim_{x \to 0} \dfrac{\sqrt[3]{x}}{x} = \lim_{x \to 0} \dfrac{1}{\sqrt[3]{x^2}} \text{ portanto, como}$$

$\lim\limits_{x \to 0} \dfrac{1}{\sqrt[3]{x^2}} = +\infty$, não existe $f'(0)$.

EXERCÍCIOS

Nos problemas que seguem, calcule $f'(x_0)$.

118. $f(x) = 3x + 1, \quad x_0 = 2$

119. $f(x) = x^2 + 2x + 5, \quad x_0 = 1$

120. $f(x) = x^3, \quad x_0 = -1$

121. $f(x) = |x|, \quad x_0 = 1$

122. $f(x) = |x|, \quad x_0 = 0$

123. $f(x) = \cos x, \quad x_0 = \dfrac{\pi}{4}$

124. $f(x) = \sqrt{x}, \quad x_0 = 1$

125. $f(x) = \sqrt[3]{x}, \quad x_0 = 2$

126. $f(x) = \sqrt[5]{x}, \quad x_0 = 0$

127. $f(x) = x \cdot |x|, \quad x_0 = 0$

DERIVADAS

II. Interpretação geométrica

131. Seja f uma função contínua no intervalo aberto I. Admitamos que exista a derivada de f no ponto $x_0 \in I$.

Dado um ponto $x \in I$, tal que $x \neq x_0$, consideremos a reta s determinada pelos pontos $P(x_0, f(x_0))$ e $Q(x, f(x))$.

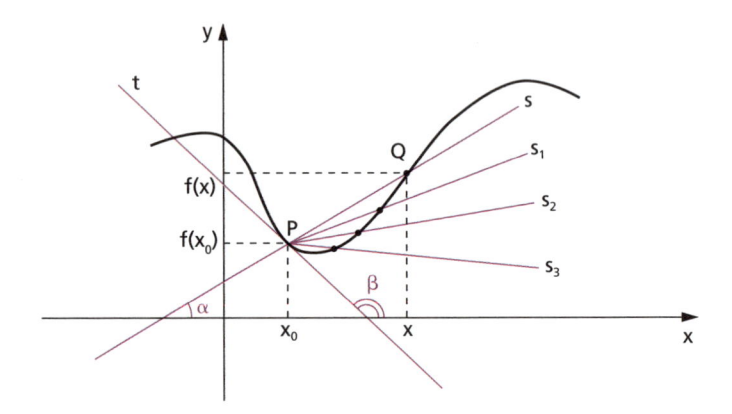

A reta s é secante com o gráfico de f e seu coeficiente angular é:

$$\text{tg } \alpha = \frac{f(x) - f(x_0)}{x - x_0}$$

portanto, tg α é a razão incremental de f relativamente ao ponto x_0.

Se f é contínua em I, então, quando x tende a x_0, Q desloca-se sobre o gráfico da função e aproxima-se de P. Consequentemente, a reta s desloca-se tomando sucessivamente as posições $s_1, s_2, s_3, \ldots$ e tende a coincidir com a reta t, tangente à curva no ponto P.

Como existe $f'(x_0) = \lim\limits_{x \to x_0} \dfrac{f(x) - f(x_0)}{x - x_0} = \lim\limits_{x \to x_0} \text{tg } \alpha = \text{tg}\left(\lim\limits_{x \to x_0} \alpha\right) = \text{tg } \beta$, concluímos:

> A derivada de uma função f no ponto x_0 é igual ao coeficiente angular da reta tangente ao gráfico de f no ponto de abscissa x_0.

132. Quando queremos obter a equação de uma reta passando por $P(x_0, y_0)$ e com coeficiente angular m, utilizamos a fórmula de Geometria Analítica:

$$y - y_0 = m \cdot (x - x_0)$$

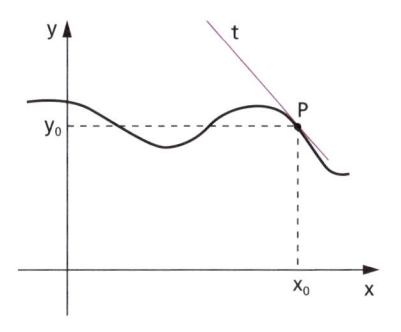

Em particular, se queremos a equação da tangente t ao gráfico de uma função f no ponto (x_0, y_0), em que f é derivável, basta fazer $y_0 = f(x_0)$ e $m = f'(x_0)$. A equação da reta t fica:

$$\boxed{y - f(x_0) = f'(x_0) \cdot (x - x_0)}$$

EXERCÍCIOS

128. Qual é a equação da reta tangente à curva $y = x^2 - 3x$ no seu ponto de abscissa 4?

Solução

$x_0 = 4 \Rightarrow f(x_0) = 4^2 - 3 \cdot 4 =$
$= 16 - 12 = 4$
então $P(4, 4)$ é o ponto de tangência.

$$f'(x_0) = f'(4) = \lim_{x \to 4} \frac{f(x) - f(4)}{x - 4} =$$

$$= \lim_{x \to 4} \frac{(x^2 - 3x) - 4}{x - 4} =$$

$$= \lim_{x \to 4} \frac{(x - 4)(x + 1)}{x - 4} = \lim_{x \to 4} (x + 1) = 5,$$

portanto, o coeficiente angular de t é 5 e sua equação é:

$y - 4 = 5(x - 4)$.

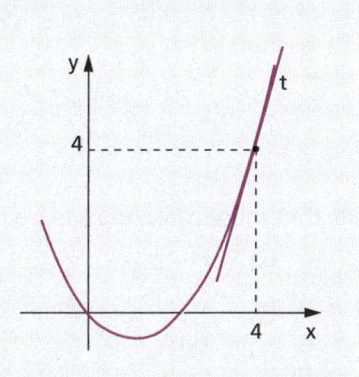

DERIVADAS

129. Determine a equação da reta tangente ao gráfico de $f(x) = \operatorname{tg} x$ no ponto de abscissa $x_0 = \dfrac{\pi}{4}$.

Solução

$x_0 = \dfrac{\pi}{4} \Rightarrow f(x_0) = \operatorname{tg} \dfrac{\pi}{4} = 1$, então

$P\left(\dfrac{\pi}{4}, 1\right)$ é o ponto de tangência.

$f'(x_0) = f'\left(\dfrac{\pi}{4}\right) = \lim\limits_{x \to \frac{\pi}{4}} \dfrac{\operatorname{tg} x - \operatorname{tg} \dfrac{\pi}{4}}{x - \dfrac{\pi}{4}} =$

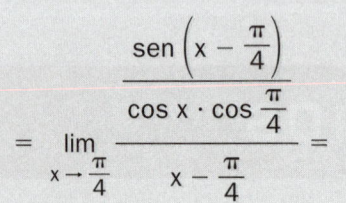

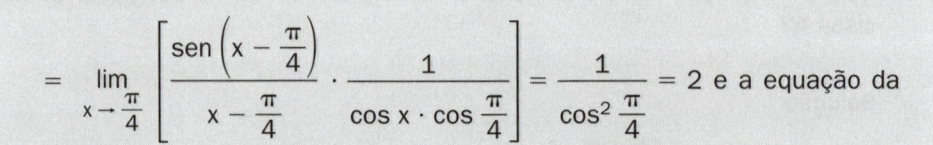

$= \lim\limits_{x \to \frac{\pi}{4}} \dfrac{\dfrac{\operatorname{sen}\left(x - \dfrac{\pi}{4}\right)}{\cos x \cdot \cos \dfrac{\pi}{4}}}{x - \dfrac{\pi}{4}} =$

$= \lim\limits_{x \to \frac{\pi}{4}} \left[\dfrac{\operatorname{sen}\left(x - \dfrac{\pi}{4}\right)}{x - \dfrac{\pi}{4}} \cdot \dfrac{1}{\cos x \cdot \cos \dfrac{\pi}{4}} \right] = \dfrac{1}{\cos^2 \dfrac{\pi}{4}} = 2$ e a equação da

reta t é $y - 1 = 2\left(x - \dfrac{\pi}{4}\right)$.

130. Determine, em cada caso, a equação da reta tangente ao gráfico de f no ponto x_0.
 a) $f(x) = x + 1$, $x_0 = 3$
 b) $f(x) = x^2 - 2x$, $x_0 = 1$
 c) $f(x) = \operatorname{sen} x$, $x_0 = 0$
 d) $f(x) = \dfrac{1}{x}$, $x_0 = 1$
 e) $f(x) = \sqrt{x}$, $x_0 = 4$
 f) $f(x) = \sqrt[3]{x^2}$, $x_0 = 2\sqrt{2}$

III. Interpretação cinemática

133. Do estudo da Cinemática sabemos que a posição de um ponto material em movimento, sobre um curva $\mathcal{C}$ (trajetória) conhecida, pode ser determinada, em cada instante t, através de sua abscissa s, medida sobre a curva $\mathcal{C}$. A expressão que nos dá s em função de t:

$$s = s(t)$$

é chamada **equação horária**.

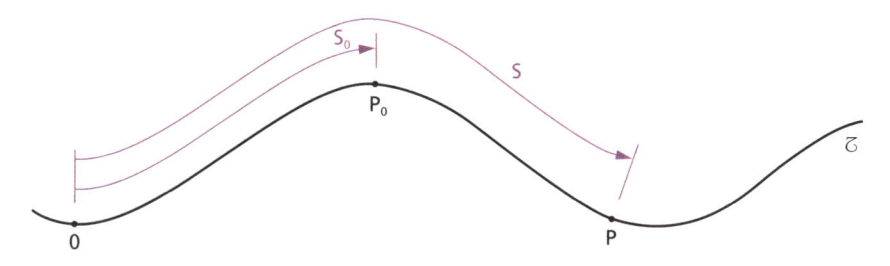

Sendo dado um instante t_0 e sendo t um instante diferente de t_0, chama-se **velocidade escalar média** do ponto entre os instantes t_0 e t o quociente:

$$v_m = \frac{s(t) - s(t_0)}{t - t_0} = \frac{\Delta s}{\Delta t}$$

e chama-se **velocidade escalar** do ponto no instante t_0 o limite:

$$v_{(t_0)} = \lim_{t \to t_0} v_m = \lim_{t \to t_0} \frac{s(t) - s(t_0)}{t - t_0} = \lim_{\Delta t \to 0} \frac{\Delta s}{\Delta t} = s'(t_0)$$

Daí se conclui que:

> A derivada de uma função $s = s(t)$ no ponto $t = t_0$ é igual à velocidade escalar do móvel no instante t_0.

134. Sabemos ainda que a velocidade v de um ponto material em movimento pode variar de instante para instante. A equação que nos dá v em função do tempo t:

$$v = v(t)$$

é chamada **equação da velocidade** do ponto.

DERIVADAS

Sendo dado um instante t_0 e um instante t, diferente de t_0, chama-se **aceleração escalar média** do ponto entre os instantes t_0 e t o quociente:

$$a_m = \frac{v(t) - v(t_0)}{t - t_0} = \frac{\Delta v}{\Delta t}$$

e chama-se **aceleração escalar** do ponto no instante t_0 o limite:

$$a_{(t_0)} = \lim_{t \to t_0} a_m = \lim_{t \to t_0} \frac{v(t) - v(t_0)}{t - t_0} = \lim_{\Delta t \to 0} \frac{\Delta v}{\Delta t} = v'(t_0)$$

Daí se conclui que:

> A derivada de uma função $v = v(t)$ no ponto $t = t_0$ é igual à aceleração escalar do móvel no instante t_0.

EXERCÍCIOS

131. Um ponto percorre uma curva obedecendo à equação horária $s = t^2 + t - 2$. Calcule a sua velocidade no instante $t_0 = 2$. (Unidades SI)

Solução

A velocidade no instante $t_0 = 2$ é igual à derivada de s no instante t_0:

$$s'(t_0) = s'(2) = \lim_{t \to 2} \frac{s(t) - s(2)}{t - 2} = \lim_{t \to 2} \frac{(t^2 + t - 2) - (2^2 + 2 - 2)}{t - 2} =$$

$$= \lim_{t \to 2} \frac{t^2 + t - 6}{t - 2} = \lim_{t \to 2} \frac{(t - 2)(t + 3)}{t - 2} = 5 \text{ m/s}$$

132. Calcule no instante $t_0 = 3$ a velocidade de uma partícula que se move obedecendo à equação horária $s = \frac{1}{t}$. (Unidades SI)

133. Um ponto material em movimento sobre uma reta tem velocidade $v = \sqrt[3]{t}$ no instante t. Calcule a aceleração do ponto no instante $t_0 = 2$. (Unidades SI)

Solução

A aceleração no instante $t_0 = 2$ é igual à derivada de v no instante t_0:

$$v'(t_0) = v'(2) = \lim_{t \to 2} \frac{v(t) - v(2)}{t - 2} = \lim_{t \to 2} \frac{\sqrt[3]{t} - \sqrt[3]{2}}{t - 2} =$$

$$= \lim_{t \to 2} \frac{\sqrt[3]{t} - \sqrt[3]{2}}{(\sqrt[3]{t} - \sqrt[3]{2})(\sqrt[3]{t^2} + \sqrt[3]{2t} + \sqrt[3]{2^2})} =$$

$$= \frac{1}{\sqrt[3]{2^2} + \sqrt[3]{2 \cdot 2} + \sqrt[3]{2^2}} = \frac{1}{3\sqrt[3]{4}} \text{ m/s}^2$$

134. Calcule a aceleração de uma partícula no instante $t_0 = 5$, sabendo que sua velocidade obedece à equação $v = 2 + 3t + 5t^2$. (Unidades SI)

IV. Função derivada

135. Seja f uma função derivável no intervalo aberto I. Para cada x_0 pertencente a I existe e é único o limite $f'(x_0) = \lim_{\Delta x \to 0} \frac{f(x_0 + \Delta x) - f(x_0)}{\Delta x}$.

Portanto, podemos definir uma função $f': I \to \mathbb{R}$ que associa a cada $x_0 \in I$ a derivada de f no ponto x_0. Esta função é chamada **função derivada de f** ou, simplesmente, **derivada de f**.

Habitualmente a derivada de f é representada por f' ou $\frac{df}{dx}$ ou Df.

A lei $f'(x)$ pode ser determinada a partir da lei $f(x)$, aplicando-se a definição de derivada de uma função, num ponto genérico $x \in I$:

$$f'(x) = \lim_{\Delta x \to 0} \frac{f(x + \Delta x) - f(x)}{\Delta x}$$

É isso o que faremos logo em seguida para calcular as derivadas das principais funções elementares.

V. Derivadas das funções elementares

136. Derivada da função constante

Dada a função $f(x) = c$, $c \in \mathbb{R}$, temos:

$$\frac{\Delta y}{\Delta x} = \frac{f(x + \Delta x) - f(x)}{\Delta x} = \frac{c - c}{\Delta x} = 0$$

$$f'(x) = \lim_{\Delta x \to 0} \frac{\Delta y}{\Delta x} = 0$$

Logo,

$$\boxed{f(x) = c \Rightarrow f'(x) = 0}$$

137. Derivada da função potência

Dada a função $f(x) = x^n$, $n \in \mathbb{N}^*$, temos:

$$\frac{\Delta y}{\Delta x} = \frac{f(x + \Delta x) - f(x)}{\Delta x} = \frac{(x + \Delta x)^n - x^n}{\Delta x} =$$

$$= \frac{\binom{n}{0} x^n + \binom{n}{1} x^{n-1} \cdot \Delta x + \binom{n}{2} x^{n-2} \cdot (\Delta x)^2 + \ldots + \binom{n}{n} (\Delta x)^n - x^n}{\Delta x} =$$

$$= \binom{n}{1} x^{n-1} + \binom{n}{2} x^{n-2} \cdot \Delta x + \binom{n}{3} x^{n-3} \cdot (\Delta x)^2 + \ldots + \binom{n}{n} (\Delta x)^{n-1}$$

$$f'(x) = \lim_{\Delta x \to 0} \frac{\Delta y}{\Delta x} = \binom{n}{1} x^{n-1} = n \cdot x^{n-1}$$

Logo,

$$\boxed{f(x) = x^n \Rightarrow f'(x) = n \cdot x^{n-1}}$$

138. Derivada da função seno

Dada a função $f(x) = \operatorname{sen} x$, temos:

$$\frac{\Delta y}{\Delta x} = \frac{\operatorname{sen}(x + \Delta x) - \operatorname{sen} x}{\Delta x} = \frac{2 \cdot \operatorname{sen}\left(\frac{\Delta x}{2}\right) \cdot \cos\left(x + \frac{\Delta x}{2}\right)}{\Delta x} =$$

$$= \frac{\operatorname{sen}\left(\frac{\Delta x}{2}\right)}{\frac{\Delta x}{2}} \cdot \cos\left(x + \frac{\Delta x}{2}\right)$$

$$f'(x) = \lim_{\Delta x \to 0} \frac{\Delta y}{\Delta x} = \underbrace{\lim_{\Delta x \to 0} \frac{\operatorname{sen}\left(\frac{\Delta x}{2}\right)}{\frac{\Delta x}{2}}}_{= 1} \cdot \lim_{\Delta x \to 0} \cos\left(x + \frac{\Delta x}{2}\right) = \cos x$$

Logo,

$$\boxed{f(x) = \operatorname{sen} x \Rightarrow f'(x) = \cos x}$$

137. Derivada da função cosseno

Dada a função $f(x) = \cos x$, temos:

$$\frac{\Delta y}{\Delta x} = \frac{\cos(x + \Delta x) - \cos x}{\Delta x} = \frac{-2 \cdot \operatorname{sen}\left(x + \frac{\Delta x}{2}\right) \cdot \operatorname{sen}\left(\frac{\Delta x}{2}\right)}{\Delta x} =$$

$$= -\operatorname{sen}\left(x + \frac{\Delta x}{2}\right) \cdot \frac{\operatorname{sen}\left(\frac{\Delta x}{2}\right)}{\frac{\Delta x}{2}}$$

$$f'(x) = \lim_{\Delta x \to 0} \frac{\Delta y}{\Delta x} = -\lim_{\Delta x \to 0} \operatorname{sen}\left(x + \frac{\Delta x}{2}\right) \cdot \underbrace{\lim_{\Delta x \to 0} \frac{\operatorname{sen}\left(\frac{\Delta x}{2}\right)}{\frac{\Delta x}{2}}}_{= 1} = -\operatorname{sen} x$$

Logo,

$$\boxed{f(x) = \cos x \Rightarrow f'(x) = -\operatorname{sen} x}$$

140. Derivada da função exponencial

Dada a função $f(x) = a^x$, com $a \in \mathbb{R}$ e $0 < a \neq 1$, calculemos a sua derivada. Temos:

$$\frac{\Delta y}{\Delta x} = \frac{f(x + \Delta x) - f(x)}{\Delta x} = \frac{a^{x + \Delta x} - a^x}{\Delta x} = a^x \cdot \frac{a^{\Delta x} - 1}{\Delta x}$$

$$f'(x) = \lim_{\Delta x \to 0} \frac{\Delta y}{\Delta x} = \lim_{\Delta x \to 0} a^x \cdot \lim_{\Delta x \to 0} \frac{a^{\Delta x} - 1}{\Delta x} = a^x \cdot \ell n\, a$$

Logo,

$$\boxed{f(x) = a^x \Rightarrow f'(x) = a^x \cdot \ell n\, a}$$

No caso particular da função exponencial de base e, $f(x) = e^x$, temos o resultado notável:

$f'(x) = e^x \cdot \ell n\, e = e^x$

Logo,

$$\boxed{f(x) = e^x \Rightarrow f'(x) = e^x}$$

EXERCÍCIOS

135. Obtenha a derivada das seguintes funções:

$f(x) = 5 \qquad g(x) = x^6 \qquad h(x) = x^{15}$

136. Obtenha a derivada das seguintes funções:

$f(x) = c \cdot x^n \qquad (c \in \mathbb{R}$ e $n \in \mathbb{N}^*)$

$g(x) = \text{tg}\, x$

$h(x) = \sec x$

137. Obtenha a equação da reta tangente ao gráfico de f(x) = cos x no ponto $\left(\dfrac{\pi}{3}, \dfrac{1}{2}\right)$.

> **Solução**
>
> O coeficiente angular da reta procurada é:
>
> $f'\left(\dfrac{\pi}{3}\right) = -\operatorname{sen}\dfrac{\pi}{3} = -\dfrac{\sqrt{3}}{2}$
>
> Portanto a equação da reta é:
>
> $y - \dfrac{1}{2} = -\dfrac{\sqrt{3}}{2}\left(x - \dfrac{\pi}{3}\right)$

138. Obtenha a equação da reta tangente ao gráfico da função f(x) = e^x no ponto de abscissa 2.

139. Um móvel desloca-se sobre um segmento de reta obedecendo à equação horária s = cos t (Unidades SI). Determine:

a) sua velocidade no instante $t = \dfrac{\pi}{4}$ s;

b) sua aceleração no instante $t = \dfrac{\pi}{6}$ s.

> **Solução**
>
> a) A derivada de s nos dá em cada instante a velocidade do móvel, isto é, v = s'(t) = −sen t.
>
> No instante $t = \dfrac{\pi}{4}$ s, temos:
>
> $v\left(\dfrac{\pi}{4}\right) = -\operatorname{sen}\dfrac{\pi}{4} = -\dfrac{\sqrt{2}}{2}$ m/s
>
> b) A derivada de v nos dá em cada instante a aceleração do móvel, isto é, a = v'(t) = −cos t.
>
> No instante $t = \dfrac{\pi}{6}$ s, temos:
>
> $a\left(\dfrac{\pi}{6}\right) = -\cos\dfrac{\pi}{6} = -\dfrac{\sqrt{3}}{2}$ m/s²

DERIVADAS

140. Um móvel desloca-se sobre uma reta obedecendo à equação horária $s = t^4$ (Unidades SI). Determine:

a) sua velocidade no instante $t = 2s$;

b) sua aceleração no instante $t = 3s$;

c) em que instante sua velocidade é 108 m/s;

d) em que instante sua aceleração é 48 m/s².

VI. Derivada e continuidade

141. Teorema

Sejam a função $f: A \to \mathbb{R}$ e $x_0 \in A$. Se f é derivável em x_0, então f é contínua em x_0.

Demonstração:

Notemos que:

$$f(x) - f(x_0) = \frac{f(x) - f(x_0)}{x - x_0} \cdot (x - x_0)$$

então:

$$\lim_{x \to 0} (f(x) - f(x_0)) = \lim_{x \to x_0} \frac{f(x) - f(x_0)}{x - x_0} \cdot \lim_{x \to x_0} (x - x_0) = f'(x_0) \cdot 0 = 0$$

e portanto:

$$\lim_{x \to x_0} f(x) = f(x_0) \text{ e, por definição, } f \text{ é contínua no ponto } x_0.$$

142.
Notemos que o recíproco deste teorema é falso, isto é, existem funções contínuas em x_0 e não deriváveis em x_0.

Exemplos:

1º) A função $f(x) = |x|$ é contínua no ponto $x_0 = 0$, pois:

$$\lim_{x \to 0} |x| = 0 = f(0)$$

porém esta função não é derivável no ponto $x_0 = 0$, pois:

$$\lim_{x \to 0^-} \frac{|x| - 0}{x - 0} = -1 \quad \text{e} \quad \lim_{x \to 0^+} \frac{|x| - 0}{x - 0} = 1$$

então não existe $f'(0) = \lim_{x \to 0} \frac{|x| - 0}{x - 0}$.

2º) A função $f(x) = x \cdot \cos \frac{1}{x}$ se $x \neq 0$ e $f(0) = 0$ é contínua no ponto $x_0 = 0$:

$$\lim_{x \to 0} \left(x \cdot \cos \frac{1}{x} \right) = 0 = f(0)$$

mas f não é derivável no ponto $x_0 = 0$:

$$f'(0) = \lim_{x \to 0} \frac{f(x) - f(0)}{x - 0} = \lim_{x \to 0} \frac{x \cdot \cos \frac{1}{x}}{x} = \lim_{x \to 0} \cos \frac{1}{x}$$

e este último limite não existe.

DERIVADAS

LEITURA

Leibniz e as diferenciais

Hygino H. Domingues

"Eu vi um professor de Matemática, só porque foi grande em sua vocação, ser enterrado como um rei que tivesse feito o bem para seus súditos." Foi assim que Voltaire se pronunciou após haver assistido aos funerais de Newton. De fato, o respeito pela obra científica de Newton conseguiria transcender em muito o âmbito da comunidade especializada. Tanto que um sentimento de admiração generalizada cercou as últimas décadas de sua vida. Um episódio, porém, tinha turvado em parte a glória que pôde colher ainda em vida: a polêmica com Leibniz sobre a primazia da criação do cálculo.

Gottfried Wilhelm Leibniz (1646-1716) nasceu em Leipzig, filho de um jurista, professor da universidade local. Órfão de pais aos 6 anos de idade, foi em grande parte o responsável pela própria educação. Assim é que, revelando extrema precocidade intelectual, ainda em criança conseguiu aprender latim e grego sozinho. Já graduado em Direito em Leipzig, em 1667 obtém o grau de doutor em Filosofia na Universidade de Altdorf com a tese *Ars combinatória* (A arte das combinações), uma tentativa de criar um método universal de raciocínio, através de uma espécie de cálculo, numa antecipação da Álgebra de Boole do século XIX. Mas sua formação matemática ainda era precária, como ele próprio reconheceria futuramente.

Esta tese lhe valeu um convite para ser professor de Direito na própria Universidade de Altdorf. Mas sua aspiração era a carreira pública diplomática, que efetivamente veio a exercer por toda a vida, os últimos 40 anos junto à corte de Hanover.

A primeira missão diplomática de Leibniz no exterior, que acabou se estendendo de 1672 a 1676, em Paris, se

Gottfried Wilhelm Leibniz (1646-1716).

politicamente não deixou marcas, no campo da matemática foi da mais alta importância. Dois fatores, principalmente, pesaram muito nesse sentido: a amizade que Leibniz travou com Huygens, que na época morava em Paris e se tornou seu orientador em matemática; e uma viagem que fez a Londres em 1673, na qual tomou conhecimento da obra de Barrow e, talvez, da primeira versão do cálculo de Newton (aí o embrião da futura controvérsia). Numa segunda ida a Londres em 1676, Leibniz já desenvolvera os principais aspectos e notações do seu cálculo.

Se para Newton a ideia central do cálculo era a de taxa de variação (velocidade), para Leibniz era a de diferencial. Embora sem dar uma definição precisa (nem havia como), diferencial para Leibniz era uma diferença entre dois valores infinitamente próximos de uma variável. Muito mais preocupado do que Newton com simbologia, fórmulas e regras, Leibniz acabou optando pela notação dx, dy, ... para as diferenciais de x, y, ..., respectivamente. E num artigo de 1682 estabeleceu regras como: (i) da = 0, se a é constante; (ii) d(u + v) = du + dv; (iii) d(uv) = udv + vdu. Na redução desta última desprezou (du)(dv) (sempre procedia assim com produtos de diferenciais).

Seu cálculo integral foi explicado noutro artigo, dois anos depois. A relação deste com o cálculo diferencial, cerne da questão, é focalizada em termos de somatórios de áreas infinitesimais. Cada uma destas sob a curva y = y(x) é dada por ydx. Para a soma de todas inventou o símbolo ∫ (um S alongado). Logo a área total sob a curva y = y(x) é:

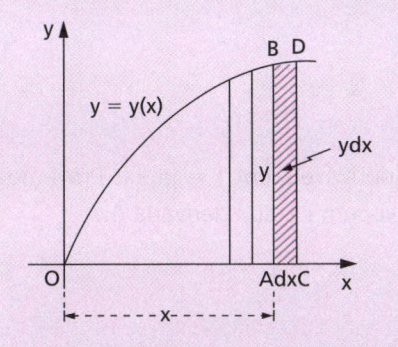

$$\int y dx$$

Sendo Área (OCD) − Área (OAB) = ydx a diferencial da área, então

$$d \int y dx = y dx,$$

o que mostra a invertibilidade de d e $\int$.

Hoje não há dúvida de que Newton e Leibniz seguiram linhas diferentes na criação do cálculo. Mas o segundo levou a pior na polêmica entre ambos, o que contribuiu para que tivesse um fim obscuro. O que diria Voltaire se assistisse ao enterro de Leibniz, no qual o único acompanhante era o fiel secretário do falecido?

CAPÍTULO VII
Regras de derivação

Neste capítulo vamos sistematizar o cálculo das derivadas procurando obter regras de derivação para determinar a derivada de uma função, sem ter de recorrer necessariamente à definição.

I. Derivada da soma

143. Sejam $u = u(x)$ e $v = v(x)$ duas funções deriváveis em $I = \,]a, b[$. Provemos que a função $f(x) = u(x) + v(x)$ também é derivável em I e sua derivada é:

$$f'(x) = u'(x) + v'(x)$$

Temos:

$$\Delta y = f(x + \Delta x) - f(x) = [u(x + \Delta x) + v(x + \Delta x)] - [u(x) + v(x)] =$$
$$= [u(x + \Delta x) - u(x)] + [v(x + \Delta x) - v(x)] = \Delta u + \Delta v$$

Então:

$$\lim_{\Delta x \to 0} \frac{\Delta y}{\Delta x} = \lim_{\Delta x \to 0} \frac{\Delta u}{\Delta x} + \lim_{\Delta x \to +0} \frac{\Delta v}{\Delta x}$$

Como *u* e *v* são funções deriváveis, os dois limites do segundo membro são finitos; portanto, $\lim\limits_{\Delta x \to 0} \frac{\Delta y}{\Delta x}$ é finito, isto é, *f* é derivável em I.

Calculando os limites, temos:

f'(x) = u'(x) + v'(x)

Em resumo:

$$f(x) = u(x) + v(x) \Rightarrow f'(x) = u'(x) + v'(x)$$

Notemos que esta propriedade pode ser estendida para uma soma de n funções. Assim:

$$f(x) = u_1(x) + u_2(x) + ... + u_n(x) \Rightarrow f'(x) = u'_1(x) + u'_2(x) + ... + u'_n(x)$$

sempre que $x \in I$ e $u_1, u_2, ..., u_n$ sejam deriváveis em I.

Notemos também que a derivada de uma diferença de funções pode ser obtida através de fórmula semelhante à da soma, pois:

$$f(x) = u(x) - v(x) \Rightarrow f(x) = u(x) + [-v(x)] \Rightarrow f'(x) = u'(x) + [-v'(x)] \Rightarrow$$
$$\Rightarrow f'(x) = u'(x) - v'(x)$$

144. Exemplos:

1º) $f(x) = x + 1 \Rightarrow f'(x) = 1 + 0 = 1$
2º) $f(x) = x^2 + 3 \Rightarrow f'(x) = 2x + 0 = 2x$
3º) $f(x) = \text{sen } x + \cos x \Rightarrow f'(x) = \cos x - \text{sen } x$
4º) $f(x) = x^2 - e^x \Rightarrow f'(x) = 2x - e^x$

II. Derivada do produto

145. Sejam $u = u(x)$ e $v = v(x)$ duas funções deriváveis em $I = \,]a, b[$. Provemos que a função $f(x) = u(x) \cdot v(x)$ também é derivável em I e sua derivada é:

f'(x) = u'(x) · v(x) + u(x) · v'(x)

Temos:

$\Delta y = f(x + \Delta x) - f(x) = u(x + \Delta x) \cdot v(x + \Delta x) - u(x) \cdot v(x) =$
$= u(x + \Delta x) \cdot v(x + \Delta x) - u(x) \cdot v(x + \Delta x) + u(x) \cdot v(x + \Delta x) - u(x) \cdot v(x) =$
$= [u(x + \Delta x) - u(x)] \cdot v(x + \Delta x) + u(x) \cdot [v(x + \Delta x) - v(x)] =$
$= \Delta u \cdot v(x + \Delta x) + u(x) \cdot \Delta v$

REGRAS DE DERIVAÇÃO

Então:

$$\lim_{\Delta x \to 0} \frac{\Delta y}{\Delta x} = \lim_{\Delta x \to 0} \frac{\Delta u}{\Delta x} \cdot \lim_{\Delta x \to 0} v(x + \Delta x) + \lim_{\Delta x \to 0} u(x) \cdot \lim_{\Delta x \to 0} \frac{\Delta v}{\Delta x}$$

Como u e v são funções deriváveis, e portanto contínuas, os quatro limites do segundo membro são finitos e, assim, $\lim_{\Delta x \to 0} \frac{\Delta y}{\Delta x}$ é finito, isto é, f é derivável em I.

Calculando os limites, temos:

$f'(x) = u'(x) \cdot v(x) + u(x) \cdot v'(x)$

Em resumo:

$$\boxed{f(x) = u(x) \cdot v(x) \Rightarrow f'(x) = u'(x) \cdot v(x) + u(x) \cdot v'(x)}$$

146. No caso particular em que $f(x) = c \cdot v(x)$, isto é, $u(x) = c$ (função constante) e $v(x)$ é uma função derivável, a regra precedente leva ao seguinte resultado:

$f'(x) = u(x) \cdot v'(x) + u'(x) \cdot v(x) = c \cdot v'(x) + 0 \cdot v(x) = c \cdot v'(x)$

Logo:

$$\boxed{f(x) = c \cdot v(x) \Rightarrow f'(x) = c \cdot v'(x)}$$

147. Exemplos:

1º) $f(x) = 3x^4 \Rightarrow f'(x) = 3(4x^3) = 12x^3$

2º) $f(x) = 3x^2 + 5x \Rightarrow f'(x) = 6x + 5$

3º) $f(x) = (x^2 + 1)(x^3 + 2x) \Rightarrow f'(x) = 2x \cdot (x^3 + 2x) + (x^2 + 1)(3x^2 + 2) =$
$= 5x^4 + 9x^2 + 2$

4º) $f(x) = \text{sen } x \cdot \cos x \Rightarrow f'(x) = \cos x \cdot \cos x + \text{sen } x \cdot (-\text{sen } x) =$
$= \cos^2 x - \text{sen}^2 x$

148. Notemos que a propriedade da derivada do produto pode ser estendida para um produto de n fatores. Assim:

$$\boxed{\begin{array}{l} f(x) = u_1(x) \cdot u_2(x) \cdot \ldots \cdot u_n(x) \Rightarrow f'(x) = u'_1(x) \cdot u_2(x) \cdot \ldots \cdot u_n(x) + \\ + u_1(x) \cdot u'_2(x) \cdot \ldots \cdot u_n(x) + \ldots + u_1(x) \cdot u_2(x) \cdot \ldots \cdot u'_n(x) \end{array}}$$

sempre que $x \in I$ e $u_1, u_2, ..., u_n$ sejam deriváveis em I.

Em particular, se $u_1(x) = u_2(x) = ... = u_n(x) = u(x)$, esta propriedade se reduz a:

$$f(x) = [(u(x))]^n \Rightarrow f'(x) = n \cdot [u(x)]^{n-1} \cdot u'(x)$$

149. Exemplos:

1º) $f(x) = \underbrace{x^2}_{u_1} \cdot \underbrace{\text{sen } x}_{u_2} \cdot \underbrace{e^x}_{u_3} \Rightarrow f'(x) = \underbrace{2x}_{u'_1} \cdot \underbrace{\text{sen } x}_{u_2} \cdot \underbrace{e^x}_{u_3} +$

$+ \underbrace{x^2}_{u_1} \cdot \underbrace{\cos x}_{u'_2} \cdot \underbrace{e^x}_{u_3} + \underbrace{x^2}_{u_1} \cdot \underbrace{\text{sen } x}_{u_2} \cdot \underbrace{e^x}_{u'_3}$

2º) $f(x) = \text{sen}^4 x = \underbrace{(\text{sen } x)^4}_{u} \Rightarrow f'(x) = 4 \cdot \underbrace{\text{sen}^3 x}_{u^3} \cdot \underbrace{\cos x}_{u'}$

3º) $f(x) = e^{5x} = \underbrace{(e^x)^5}_{u} \Rightarrow f'(x) = 5 \cdot \underbrace{e^{4x}}_{u^4} \cdot \underbrace{e^x}_{u'}$

EXERCÍCIOS

141. Calcule a derivada da função polinomial $f(x) = a_0 + a_1x + a_2x^2 + ... + a_nx^n$.

Solução

Trata-se de uma soma em que as parcelas têm a forma a_px^p; portanto, sua derivada é $p \cdot a_px^{p-1}$. Assim, temos:

$f'(x) = a_1 + 2a_2x + 3a_3x^2 + ... + n \cdot a_nx^{n-1}$

142. Calcule a derivada de cada uma das seguintes funções:

a) $f(x) = 8x^{11}$

b) $f(x) = -\dfrac{7}{5}x^3 - \dfrac{\sqrt{3}}{7}$

c) $f(x) = 5 + x + 3x^2$

d) $f(x) = 3 + 5x^2 + x^4$

e) $f(x) = x^3 + x^2 + x + 5$

f) $f(x) = 3 + 2x^n + x^{2n}$ ($n \in \mathbb{N}$)

REGRAS DE DERIVAÇÃO

143. Calcule a derivada de cada uma das seguintes funções:
a) $f(x) = e^x \cdot \text{sen } x + 4x^3$
c) $h(x) = (e^x \cdot \cos x - x^2)^4$
b) $g(x) = (x^2 + x + 1)^5$

Solução

a) f deve ser vista como soma de duas parcelas $(e^x \cdot \text{sen } x$ e $4x^3)$; portanto f' é a soma das derivadas das parcelas, sendo que a primeira parcela é um produto.
Então:
$f'(x) = Df(x) = D(e^x \cdot \text{sen } x) + D(4x^3) =$
$= e^x \cdot \text{sen } x + e^x \cdot \cos x + 12x^2$

b) Fazendo $x^2 + x + 1 = u(x)$, vem $g(x) = [u(x)]^5$, então:
$g'(x) = 5 \cdot [u(x)]^4 \cdot u'(x) = 5(x^2 + x + 1)^4 (2x + 1)$

c) Fazendo $e^x \cdot \cos x - x^2 = u(x)$, vem $h(x) = [u(x)]^4$, então:
$h'(x) = 4 \cdot [u(x)]^3 \cdot u'(x) = 4 \cdot (e^x \cdot \cos x - x^2)^3 \cdot (e^x \cdot \cos x - e^x \cdot \text{sen } x - 2x)$

144. Obtenha a derivada de cada função f dada abaixo:
a) $f(x) = (3x^2 + x)(1 + x + x^3)$
b) $f(x) = x^2(x + x^4)(1 + x + x^3)$
c) $f(x) = (2 + 3x + x^2)^5$
d) $f(x) = (2x + 3)^{52}$
e) $f(x) = x^3 \cdot e^x$
f) $f(x) = x \cdot e^x + \cos x$
g) $f(x) = x^4 \cdot a^{2x}$
h) $f(x) = 3^{3x}$
i) $f(x) = e^{5x+1}$
j) $f(x) = \cos^5 x$
k) $f(x) = \text{sen}^7 x \cdot \cos^3 x$
l) $f(x) = a \cdot \text{sen } x + b \cdot \cos x$ $(a, b \in \mathbb{R})$

145. Calcule a derivada da função $f(x) = (\text{sen } x + e^x)^2 (\cos x + x^3)^3$ no ponto $x_0 = 0$.

146. Obtenha a equação da reta tangente ao gráfico da função
$f(x) = (3 \cdot \text{sen } x + 4 \cdot \cos x)^5$ no ponto da abscissa $x_0 = \pi$.

147. Obtenha a velocidade e a aceleração de um ponto material que percorre um segmento de reta obedecendo à equação horária $s = a \cdot e^{-1} \cdot \cos t$, com $a \in \mathbb{R}$.
(Unidades: SI)

III. Derivada do quociente

150. Sejam $u = u(x)$ e $v = v(x)$ duas funções deriváveis em I e $v(x) \neq 0$ em I. Provemos que a função $f(x) = \dfrac{u(x)}{v(x)}$ também é derivável em I e sua derivada é $f'(x) = \dfrac{u'(x) \cdot v(x) - u(x) \cdot v'(x)}{[v(x)]^2}$.

Temos:

$$\Delta y = f(x + \Delta x) - f(x) = \frac{u(x + \Delta x)}{v(x + \Delta x)} - \frac{u(x)}{v(x)} = \frac{u(x + \Delta x) \cdot v(x) - u(x) \cdot v(x + \Delta x)}{v(x + \Delta x) \cdot v(x)} =$$

$$= \frac{u(x + \Delta x) \cdot v(x) - u(x) \cdot v(x) + u(x) \cdot v(x) - u(x) \cdot v(x + \Delta x)}{v(x + \Delta x) \cdot v(x)} =$$

$$= \frac{[u(x + \Delta x) - u(x)] \cdot v(x)}{v(x + \Delta x) \cdot v(x)} - \frac{u(x) \cdot [v(x + \Delta x) - v(x)]}{v(x + \Delta x) \cdot v(x)} =$$

$$= \Delta u \cdot \frac{v(x)}{v(x + \Delta x) \cdot v(x)} - \frac{u(x)}{v(x + \Delta x) \cdot v(x)} \cdot \Delta v$$

Então:

$$\lim_{\Delta x \to 0} \frac{\Delta y}{\Delta x} = \lim_{\Delta x \to 0} \frac{\Delta u}{\Delta x} \cdot \lim_{\Delta x \to 0} \frac{v(x)}{v(x + \Delta x) \cdot v(x)} -$$

$$- \lim_{\Delta x \to 0} \frac{u(x)}{v(x + \Delta x) \cdot v(x)} \cdot \lim_{\Delta x \to 0} \frac{\Delta v}{\Delta x}$$

Como *u* e *v* são deriváveis e contínuas, os quatro limites do segundo membro são finitos e, portanto, $\lim\limits_{\Delta x \to 0} \dfrac{\Delta y}{\Delta x}$ é finito, ou melhor, *f* é derivável em I.

Calculando os limites, temos:

$$f'(x) = u'(x) \cdot \frac{v(x)}{[v(x)]^2} - \frac{u(x)}{[v(x)]^2} \cdot v'(x)$$

Em resumo:

$$\boxed{f(x) = \frac{u(x)}{v(x)} \Rightarrow f'(x) = \frac{u'(x) \cdot v(x) - u(x) \cdot v'(x)}{[v(x)]^2}}$$

REGRAS DE DERIVAÇÃO

151. Exemplos:

1º) $f(x) = \dfrac{e^x}{x^2} \Rightarrow f'(x) = \dfrac{e^x \cdot x^2 - e^x \cdot 2x}{(x^2)^2} = \dfrac{e^x(x^2 - 2x)}{x^4}$

2º) $f(x) = \dfrac{x^2 + 1}{x + 1} \Rightarrow f'(x) = \dfrac{(2x)(x+1) - (x^2+1)(1)}{(x+1)^2} = \dfrac{x^2 + 2x - 1}{(x+1)^2}$

3º) $f(x) = \dfrac{\operatorname{sen} x}{a^x} \Rightarrow f'(x) = \dfrac{\cos x \cdot a^x - \operatorname{sen} x \cdot a^x \cdot \log_e a}{(a^x)^2} =$

$= \dfrac{(\cos x - \operatorname{sen} x \cdot \log_e a)}{a^x}$

152. Consequências

1ª) Derivada da função tangente

Dada a função $f(x) = \operatorname{tg} x$, sabemos que $f(x) = \dfrac{\operatorname{sen} x}{\cos x}$ e então podemos aplicar a regra da derivada de um quociente:

$u(x) = \operatorname{sen} x \Rightarrow u'(x) = \cos x$

$v(x) = \cos x \Rightarrow v'(x) = -\operatorname{sen} x$

portanto,

$f'(x) = \dfrac{u'(x) \cdot v(x) - u(x) \cdot v'(x)}{(v(x))^2} = \dfrac{\cos^2 x + \operatorname{sen}^2 x}{\cos^2 x} = \dfrac{1}{\cos^2 x} = \sec^2 x$

Logo:

$$\boxed{f(x) = \operatorname{tg} x \Rightarrow f'(x) = \sec^2 x}$$

2ª) Derivada da função $f(x) = [u(x)]^{-n}$, $n \in \mathbb{N}^*$

Dada a função $f(x) = [u(x)]^{-n} = \dfrac{1}{[u(x)]^n}$, podemos aplicar a regra da derivada de um quociente:

$f'(x) = \dfrac{0 \cdot [u(x)]^n - 1 \cdot n \cdot [u(x)]^{n-1} \cdot u'(x)}{[u(x)]^{2n}} = \dfrac{-n \cdot u'(x)}{[u(x)]^{n+1}} =$

$= -n \cdot [u(x)]^{-(n+1)} \cdot u'(x)$

Em particular, se $u(x) = x$, vem a importante regra:

$$f(x) = x^{-n} \Rightarrow f'(x) = -n \cdot x^{-(n+1)}$$

EXERCÍCIOS

148. Derive as seguintes funções:

$$f(x) = \frac{1}{x}, \quad g(x) = \frac{2}{x^4}, \quad h(x) = \frac{1}{\text{sen } x}, \quad i(x) = \frac{7}{e^{2x}}$$

Solução

$$f(x) = x^{-1} \Rightarrow f'(x) = (-1) \cdot x^{-2} = -\frac{1}{x^2}$$

$$g(x) = 2 \cdot x^{-4} \Rightarrow g'(x) = 2 \cdot (-4) \cdot x^{-5} = -\frac{8}{x^5}$$

$$h(x) = (\text{sen } x)^{-1} \Rightarrow h'(x) = (-1) \cdot (\text{sen } x)^{-2} \cdot \cos x = -\frac{\cos x}{\text{sen}^2 x}$$

$$i(x) = 7 \cdot (e^x)^{-2} \Rightarrow i'(x) = 7 \cdot (-2) \cdot (e^x)^{-3} \cdot e^x = -\frac{14}{e^{2x}}$$

149. Derive as seguintes funções:

a) $f(x) = \dfrac{2}{x^7}$

b) $f(x) = 3x^{-5}$

c) $f(x) = \dfrac{1}{x^2 + x + 1}$

d) $f(x) = \dfrac{x+1}{x-1}$

e) $f(x) = \dfrac{x+3}{x-1} + \dfrac{x+2}{x+1}$

f) $f(x) = \dfrac{x^2 + 3x + 1}{x - 2}$

g) $f(x) = \dfrac{x^2 \cdot \text{sen } x}{e^x}$

h) $f(x) = \dfrac{\cos x}{x \cdot e^x}$

REGRAS DE DERIVAÇÃO

150. Obtenha a derivada de cada uma das seguintes funções:
a) $f(x) = \cotg x$
b) $f(x) = \sec x$
c) $f(x) = \cossec x$
d) $f(x) = \tg^2 x$
e) $f(x) = \sec x - \tg x$
f) $f(x) = (x^2 + 1) \cdot \tg x$
g) $f(x) = \dfrac{\tg x}{\sen x + \cos x}$
h) $f(x) = \left(\dfrac{e^x}{\tg x}\right)^2$

151. Obtenha a equação da reta tangente ao gráfico de $f(x) = \dfrac{1}{x} + e^x$ no ponto de abscissa $x_0 = -1$.

152. Calcule o valor da derivada da função $f(x) = \dfrac{1}{x^2} + e^{-x} + \sec^2 x$ quando $x_0 = \dfrac{\pi}{4}$.

153. É dada a função $y = \dfrac{x^2}{x^2 + 1}$.
a) Determine a derivada.
b) Calcule $\lim\limits_{x \to +\infty} y$.
c) Determine os pontos do gráfico em que a tangente passa pela origem.

IV. Derivada de uma função composta (regra da cadeia)

153. Seja f: A → B uma função dada pela lei $y = f(x)$. Seja g: B → C uma função dada pela lei $z = g(y)$. Existe a função composta F: A → C dada pela lei $z = F(x) = g(f(x))$.

Supondo que f seja derivável no ponto x e g seja derivável no ponto y tal que $y = f(x)$, provemos que F também é derivável em x e sua derivada é $F'(x) = g'(y) \cdot f'(x)$.

Temos inicialmente:
$$\dfrac{\Delta z}{\Delta x} = \dfrac{\Delta z}{\Delta y} \cdot \dfrac{\Delta y}{\Delta x}$$

REGRAS DE DERIVAÇÃO

Notemos que, se Δx tende a zero, então Δy também tende a zero, pois a função $y = f(x)$ é derivável e, portanto, contínua no ponto x. Assim, para valores próximos de x ($\Delta x \to 0$) a função f assume valores próximos de $y = f(x)$ ($\Delta y \to 0$).

Então, temos:

$$\lim_{\Delta x \to 0} \frac{\Delta z}{\Delta x} = \lim_{\Delta x \to 0} \frac{\Delta z}{\Delta y} \cdot \lim_{\Delta x \to 0} \frac{\Delta y}{\Delta x} = \lim_{\Delta y \to 0} \frac{\Delta z}{\Delta y} \cdot \lim_{\Delta x \to 0} \frac{\Delta y}{\Delta x}$$

Como $z = g(y)$ e $y = f(x)$ são deriváveis, $\lim_{\Delta y \to 0} \frac{\Delta z}{\Delta y}$ e $\lim_{\Delta x \to 0} \frac{\Delta y}{\Delta x}$ são ambos finitos; portanto, $\lim_{\Delta x \to 0} \frac{\Delta z}{\Delta y}$ também. Assim, $z = F(x)$ é derivável e sua derivada é:

$F'(x) = g'(y) \cdot f'(x)$

Em resumo:

$$\boxed{F(x) = g(f(x)) \implies F'(x) = g'(f(x)) \cdot f'(x)}$$

154. Exemplos:

1º) Derivar $F(x) = \cos 2x$.
   Fazendo $y = f(x) = 2x$ e $z = g(y) = \cos y$, temos:
   $y' = f'(x) = 2$ e $z' = g'(y) = -\text{sen } y$; portanto, vem:
   $F'(x) = g'(y) \cdot f'(x) = (-\text{sen } y) \cdot 2 = -2 \cdot \text{sen } 2x$

2º) Derivar $F(x) = \text{sen}^3 x$.
   Fazendo $y = f(x) = \text{sen } x$ e $z = g(y) = y^3$, temos:
   $y' = f'(x) = \cos x$ e $z' = g'(y) = 3y^2$; portanto, vem:
   $F'(x) = g'(y) \cdot f'(x) = (3y^2) \cdot \cos x = 3 \cdot \text{sen}^2 x \cdot \cos x$

3º) Derivar $F(x) = e^{7x^2 - 2x}$.
   Fazendo $y = 7x^2 - 2x$ e $z = g(y) = e^y$, temos:
   $y' = f'(x) = 14x - 2$ e $z' = g'(y) = e^y$; portanto, vem:
   $F'(x) = g'(y) \cdot f'(x) = e^y \cdot (14x - 2) = (14x - 2) \cdot e^{7x^2 - 2x}$

EXERCÍCIOS

154. Utilizando a regra da função composta, obtenha a derivada de cada função abaixo:

a) $F(x) = \cos^n x \quad (n \in \mathbb{N}^*)$
b) $F(x) = \operatorname{sen} x^n \quad (n \in \mathbb{N}^*)$
c) $F(x) = a^{(x^2)} \quad (a \in \mathbb{R}_+)$
d) $F(x) = (f(x))^n \quad (n \in \mathbb{N}^*)$
e) $F(x) = \cos(\operatorname{sen} x)$
f) $F(x) = \operatorname{sen}^3 3x$

Solução

a) Fazendo $y = f(x) = \cos x$ e $z = g(y) = y^n$, temos:
$y' = f'(x) = -\operatorname{sen} x$ e $z' = g'(y) = n \cdot y^{n-1}$, portanto, vem:
$F'(x) = g'(y) \cdot f'(x) = (ny^{n-1})(-\operatorname{sen} x) = -n \cdot \cos^{n-1} x \cdot \operatorname{sen} x$

b) Fazendo $y = f(x) = x^n$ e $z = g(y) = \operatorname{sen} y$, vem:
$y' = f'(x) = n \cdot x^{n-1}$ e $z' = g'(y) = \cos y$ e daí:
$F'(x) = g'(y) \cdot f'(x) = (\cos y) \cdot (nx^{n-1}) = nx^{n-1} \cdot \cos x^n$

c) Fazendo $y = f(x) = x^2$ e $z = g(y) = a^y$, vem:
$y' = f'(x) = 2x$ e $z' = g'(y) = a^y \cdot \log_e a$ e daí:
$F'(x) = g'(y) \cdot f'(x) = (a^y \cdot \log_e a)(2x) = 2xa^{(x^2)} \cdot \log_e a$

d) Fazendo $y = f(x)$ e $z = g(y) = y^n$, vem:
$y' = f'(x)$ e $z' = g'(y) = ny^{n-1}$, e daí:
$F'(x) = g'(y) \cdot f'(x) = ny^{n-1} f'(x) = n[f(x)]^{n-1} f'(x)$

e) Fazendo $y = f(x) = \operatorname{sen} x$ e $z = g(y) = \cos y$, vem:
$y' = f'(x) = \cos x$ e $z' = g'(y) = -\operatorname{sen} y$, logo:
$F'(x) = g'(y) \cdot f'(x) = (-\operatorname{sen} y)(\cos x) = -\cos x \cdot \operatorname{sen}(\operatorname{sen} x)$

f) Fazendo $y = f(x) = 3x$, $z = g(y) = \operatorname{sen} y$ e $t = h(z) = z^3$, temos
$y' = f'(x) = 3$, $z' = g'(y) = \cos y$ e $t' = h'(z) = 3z^2$.

Notemos que $F(x) = h(g(f(x)))$, isto é, F é a composta de três funções. Como a regra da composta pode ser generalizada para a composta de n funções, vem:
$F'(x) = h'(z) \cdot g'(y) \cdot f'(x) = (3z^2)(\cos y)(3) = (3 \cdot \operatorname{sen}^2 y)(\cos y)(3) =$
$= 9 \cdot \operatorname{sen}^2 3x \cdot \cos 3x$

155. Obtenha a derivada de cada uma das seguintes funções:

a) $F(x) = \text{sen } 4x$

b) $F(x) = \dfrac{\cos 7x}{x}$

c) $F(x) = a \cdot \text{sen } bx \quad (a, b \in \mathbb{R})$

d) $F(x) = \cos\left(3x^2 + x + 5\right)$

e) $F(x) = \text{sen } e^x$

f) $F(x) = x + 3 \cdot \text{tg } 4x$

g) $F(x) = a^{\text{sen } x} \quad (a \in \mathbb{R}_+)$

h) $F(x) = \text{cotg } (3x - 1)$

i) $F(x) = a^{x^2 + 5x + 1} \quad (a \in \mathbb{R}_+)$

j) $F(x) = \text{tg }(\cos x)$

k) $F(x) = \text{tg}^3 \, 2x$

l) $F(x) = e^{\text{sen } 2x}$

156. Calcule o valor da derivada da função $f(x) = \cos^3 x + \text{sen}^3 x$ no ponto $x_0 = \dfrac{\pi}{2}$.

157. Calcule o coeficiente angular da reta tangente ao gráfico da função $f(x) = e^{x^2 + 5x}$ no ponto de abscissa -1.

158. Obtenha a equação da reta tangente à curva $y = \dfrac{e^x + e^{-x}}{2}$ no ponto de abscissa -2.

159. As derivadas dos termos da sequência:

$$\text{sen } x, \text{ sen}\left(x + \dfrac{\pi}{2}\right), \text{ sen }(x + \pi), \ldots, \text{ sen}\left(x + \dfrac{n\pi}{2}\right), \ldots$$

também são termos da sequência?

V. Derivada da função inversa

155. Seja a função $y = f(x)$ bijetora e derivável em I tal que $f'(x) \neq 0$ para $x \in I$. Provemos que a função inversa $x = f^{-1}(y)$ é derivável em $f(I)$ e que $(f^{-1})'(y) = \dfrac{1}{f'(x)}$, sendo $y = f(x)$.

Como f é bijetora e derivável, decorre que $\Delta x \neq 0 \Rightarrow \Delta y \neq 0$; portanto, podemos escrever:

$$\dfrac{\Delta x}{\Delta y} = \dfrac{1}{\dfrac{\Delta y}{\Delta x}}$$

REGRAS DE DERIVAÇÃO

Sendo f derivável e, portanto, contínua, se Δx tende a zero, então Δy também tende a zero. Assim, temos:

$$(f^{-1})'(y) = \lim_{\Delta y \to 0} \frac{\Delta x}{\Delta y} = \lim_{\Delta x \to 0} \frac{1}{\frac{\Delta y}{\Delta x}} = \frac{1}{\lim_{\Delta x \to 0} \frac{\Delta y}{\Delta x}} = \frac{1}{f'(x)}$$

Logo,

$$x = f^{-1}(y) \Rightarrow (f^{-1})'(y) = \frac{1}{f'(x)}$$

156. Consequência

1. Derivada da função logarítmica

Sabemos que a função logarítmica é a inversa da função exponencial:

$y = \log_a x \Rightarrow x = a^y$

Já vimos que:

$x = a^y \Rightarrow x' = a^y \cdot \ell n\, a$

Empregando a regra ora deduzida, vem:

$$y' = \frac{1}{x'} = \frac{1}{a^y \cdot \ell n\, a} = \frac{1}{a^{\log_a x} \cdot \ell n\, a} = \frac{1}{x \cdot \ell n\, a}$$

Em resumo:

$$y = \log_a x \Rightarrow y' = \frac{1}{x \cdot \ell n\, a}$$

No caso particular em que $a = e$, temos:

$$y = \ell n\, x \Rightarrow y' = \frac{1}{x}$$

2. Derivada da função potência com expoente real

Dada a função $y = x^\alpha$, em que $\alpha \in \mathbb{R}$ e $x > 0$, temos:

$y = x^\alpha = (e^{\ell n\, x})^\alpha \cdot \ell n\, x$

Aplicando a regra de derivação da função logarítmica, obtemos:

$$y' = e^{\alpha \cdot \ln x} \cdot \alpha \cdot \frac{1}{x} = x^\alpha \cdot \alpha \cdot x^{-1} = \alpha \cdot x^{\alpha-1}$$

Em resumo, fica generalizada para qualquer α real a seguinte regra:

$$\boxed{y = x^\alpha \Rightarrow y' = \alpha \cdot x^{\alpha-1}}$$

3. Derivada da função arc sen

Sabemos que a função $y = \text{arc sen } x$, definida em $I = [-1, 1]$ com imagens em $\left[-\frac{\pi}{2}, \frac{\pi}{2}\right]$, é a inversa de $x = \text{sen } y$:

$y = \text{arc sen } x \Rightarrow x = \text{sen } y$

Já vimos que:

$x = \text{sen } y \Rightarrow x' = \cos y$

Empregando a regra da derivada da inversa, vem:

$$y' = \frac{1}{x'} = \frac{1}{\cos y} = \frac{1}{\sqrt{1 - \text{sen}^2 y}} = \frac{1}{\sqrt{1 - x^2}}$$

Em resumo:

$$\boxed{y = \text{arc sen } x \Rightarrow y' = \frac{1}{\sqrt{1 - x^2}}}$$

4. Derivada da função arc cos

Sabemos que a função $y = \text{arc cos } x$, definida em $I = [-1, 1]$ com imagens em $[0, \pi]$, é a inversa de $x = \cos y$:

$y = \text{arc cos } x \Leftrightarrow x = \cos y$

Já vimos que:

$x = \cos y \Rightarrow x' = -\text{sen } y$

Empregando a regra da inversa, vem:

$$y' = \frac{1}{x'} = \frac{1}{-\text{sen } y} = \frac{1}{-\sqrt{1 - \cos^2 y}} = -\frac{1}{\sqrt{1 - x^2}}$$

Em resumo:

$$\boxed{y = \text{arc cos } x \Rightarrow y' = -\frac{1}{\sqrt{1 - x^2}}}$$

5. Derivada da função arc tg

Dada a função $y = \text{arc tg } x$, de $\mathbb{R}$ em $\left]-\frac{\pi}{2}, \frac{\pi}{2}\right[$, sabemos que:

$y = \text{arc tg } x \Leftrightarrow x = \text{tg } y$

então:

$$y' = \frac{1}{x'} = \frac{1}{\sec^2 y} = \frac{1}{1 + \text{tg}^2 y} = -\frac{1}{1 + x^2}$$

Em resumo:

$$y = \text{arc tg } x \Rightarrow y' = \frac{1}{1 + x^2}$$

EXERCÍCIOS

160. Determine a função derivada das seguintes funções:

a) $f(x) = \log_2 x$

b) $f(x) = \log_2 \cos x$

c) $f(x) = \sqrt{x}$

d) $f(x) = \sqrt[3]{x}$

e) $f(x) = \sqrt{\text{sen } x}$

f) $f(x) = \text{arc sen } x^2$

g) $f(x) = \text{arc cos } e^x$

h) $f(x) = \text{arc tg } (\ell n \, x)$

Solução

a) $f' = \dfrac{1}{x \cdot \ell n \, 2}$

b) Vamos aplicar a regra para funções compostas:

$y = \cos x$ e $z = \log_2 y$ então $f'(x) = z'(y) \cdot y'(x) = \dfrac{1}{y \cdot \ell n \, 2} \cdot (-\text{sen } x) =$

$= -\dfrac{\text{sen } x}{\cos x \cdot \ell n \, 2}$

c) $f(x) = \sqrt{x} = x^{\frac{1}{2}} \Rightarrow f'(x) = \dfrac{1}{2} \cdot x^{\frac{1}{2} - 1} = \dfrac{1}{2} \cdot x^{-\frac{1}{2}} = \dfrac{1}{2\sqrt{x}}$

d) $f(x) = \sqrt[3]{x} = x^{\frac{1}{3}} \Rightarrow f'(x) = \dfrac{1}{3} \cdot x^{\frac{1}{3} - 1} = \dfrac{1}{3} \cdot x^{-\frac{2}{3}} = \dfrac{1}{3 \cdot \sqrt[3]{x^2}}$

e) Fazendo $y = \operatorname{sen} x$ e $z = \sqrt{y}$, temos:
$$f'(x) = z'(y) \cdot y'(x) = \frac{1}{2\sqrt{y}} \cdot \cos x = \frac{\cos x}{2\sqrt{\operatorname{sen} x}}$$

f) Fazendo $y = x^2$ e $z = \operatorname{arc sen} y$, temos:
$$f'(x) = z'(y) \cdot y'(x) = \frac{1}{\sqrt{1 - y^2}} \cdot 2x = \frac{2x}{\sqrt{1 - x^4}}$$

g) Fazendo $y = e^x$ e $z = \operatorname{arc cos} y$, temos:
$$f'(x) = z'(y) \cdot y'(x) = -\frac{1}{\sqrt{1 - y^2}} \cdot e^x = -\frac{e^x}{\sqrt{1 - e^{2x}}}$$

h) Fazendo $y = \ell n\, x$ e $z = \operatorname{arc tg} y$, temos:
$$f'(x) = z'(y) \cdot y'(x) = \frac{1}{1 + y^2} \cdot \frac{1}{x} = \frac{1}{x(1 + \ell n^2 x)}$$

161. Determine a função derivada das seguintes funções:

a) $f(x) = \dfrac{1}{x} + \ell n\, x$

b) $f(x) = x^n \cdot \ell n\, x \quad (n \in \mathbb{N})$

c) $f(x) = (ax + b) \cdot \ell n\, x$

d) $f(x) = \operatorname{sen} x \cdot \ell n\, x$

e) $f(x) = \dfrac{\ell n\, x}{\cos x}$

f) $f(x) = \ell n\, (ax^2 + bx + c)$

g) $f(x) = \ell n\, \operatorname{sen} x$

h) $f(x) = \log_a \log_b x$

162. Determine a função derivada das seguintes funções:

a) $f(x) = x^{\frac{4}{7}}$

b) $f(x) = \sqrt[3]{x^8}$

c) $f(x) = x\sqrt{x^7}$

d) $f(x) = \sqrt[5]{\dfrac{3}{x^2}}$

e) $f(x) = \sqrt[3]{x\sqrt{x}}$

f) $f(x) = \sqrt{x} + \sqrt[3]{x} - x^{-2}$

g) $f(x) = \sqrt{ax + b} \quad (a, b \in \mathbb{R})$

h) $f(x) = \sqrt[3]{ax^2 + bx + c} \quad (a, b, c \in \mathbb{R})$

i) $f(x) = \sqrt{a + b\sqrt{x}} \quad (a, b \in \mathbb{R})$

REGRAS DE DERIVAÇÃO

j) $f(x) = \sqrt{\dfrac{ax^2 + bx + c}{cx^2 + bx + a}}$ (a, b, c ∈ ℝ)

k) $f(x) = \sqrt[3]{\left(\dfrac{ax + b}{ax - b}\right)^2}$ (a, b ∈ ℝ)

l) $f(x) = \sqrt[3]{(1 + x + x^2)^4}$

m) $f(x) = x \cdot \sqrt[3]{x^2 + 1}$

n) $f(x) = (x^2 + 1) \cdot \sqrt{3x + 2}$

o) $f(x) = \dfrac{3 + \sqrt{x}}{2 - \sqrt{x}}$

p) $f(x) = \dfrac{x + 1}{\sqrt{x - 1}}$

q) $f(x) = \cos \sqrt{x}$

r) $f(x) = \sqrt{\cos x}$

s) $f(x) = \ell n \sqrt{\dfrac{1 + x}{1 - x}}$

t) $f(x) = \log_a \sqrt{1 + x}$

163. Determine a função derivada das seguintes funções:

a) $f(x) = \text{arc sen } 3x$

b) $f(x) = \text{arc cos } x^3$

c) $f(x) = \text{arc tg } \dfrac{1}{x}$

d) $f(x) = x^2 + \text{arc sen } x$

e) $f(x) = \text{arc cos } x - \sqrt{x}$

f) $f(x) = x \cdot \text{arc tg } x$

g) $f(x) = \dfrac{\sqrt[3]{x}}{\text{arc sen } x}$

h) $f(x) = \ell n \text{ arc cos } x$

i) $f(x) = \sqrt{\text{arc tg } x}$

j) $f(x) = x \cdot \text{arc sen } x^2 - e^{x^3}$

k) $f(x) = \text{arc cos } \dfrac{\sqrt{x}}{e^x}$

l) $f(x) = \ell n \dfrac{\text{arc sen } x}{\text{arc cos } x}$

164. Obtenha a equação da reta tangente à curva $y = x \cdot \sqrt{x + 1}$ no ponto de abscissa $x_0 = 3$.

165. Obtenha o ponto em que a reta tangente à curva $y = \dfrac{x + 1}{\sqrt{x - 1}}$ é paralela ao eixo dos x.

166. Obtenha o valor da derivada da inversa da função $f(x) = x^3 + x$ no ponto $x_0 = 1$.

Solução

$y = x^3 + x \Rightarrow \dfrac{dy}{dx} = 3x^2 + 1 \Rightarrow \dfrac{dx}{dy} = \dfrac{1}{3x^2 + 1}$

para $x_0 = 1$, temos $\left[\dfrac{dx}{dy}\right]_{x_0 = 1} = \dfrac{1}{3 + 1} = \dfrac{1}{4}$

167. Dada a função $y = x^3 + x^2 + 4x$, calcule a derivada de sua função inversa no ponto $x_0 = -1$.

168. Dada a função $f(x) = [u(x)]^{v(x)}$, calcule sua derivada.

Solução
$f(x) = [u(x)]^{v(x)} = [e^{\ln u(x)}]^{v(x)} = e^{v(x) \cdot \ln u(x)}$

Aplicando a regra de derivação da função composta, temos:

$y = v(x) \cdot \ln u(x)$ e $z = e^y$

então:

$$f'(x) = z'(y) \cdot y'(x) = e^y \cdot \left[v'(x) \cdot \ln u(x) + v(x) \cdot \frac{1}{u(x)} \cdot u'(x) \right]$$

e finalmente:

$$f'(x) = [u(x)]^{v(x)} \cdot \left[v'(x) \cdot \ln u(x) + v(x) \cdot \frac{u'(x)}{u(x)} \right]$$

169. Obtenha a derivada da função $f(x) = (\cos x)^x$.

Solução
Empregando a regra que acaba de ser deduzida, vem:

$$f'(x) = (\cos x)^x \cdot \left[1 \cdot \ln \cos x + x \cdot \frac{-\operatorname{sen} x}{\cos x} \right] =$$

$$= (\cos x)^x \cdot (\ln \cos x - x \cdot \operatorname{tg} x)$$

170. Obtenha a derivada de cada uma das seguintes funções:
a) $f(x) = (\operatorname{sen} x)^{(x^2)}$
b) $f(x) = x^{(x^3)}$
c) $f(x) = x^{(e^x)}$
d) $f(x) = (e^x)^{\operatorname{tg} 3x}$

VI. Derivadas sucessivas

157. Seja f uma função contínua em um intervalo I e seja I_1 o conjunto dos pontos de I em que f é derivável. Em I_1 já definimos a função f', chamada **função derivada primeira** de f. Seja I_2 o conjunto dos pontos de I_1 em que f' é derivável. Em I_2 podemos definir a função derivada de f' que chamaremos de **derivada segunda** de f e indicaremos por f''.

REGRAS DE DERIVAÇÃO

Repetindo o processo, podemos definir as derivadas terceira, quarta, etc. de f. A derivada de ordem n de f representaremos por $f^{(n)}$.

158. Exemplos:

1º) Calcular as derivadas de $f(x) = 3x^2 + 5x + 6$.
Temos:
$f'(x) = 6x + 5$
$f''(x) = 6$
$f'''(x) = f^{(4)}(x) = f^{(5)}(x) = \ldots = 0$

2º) Calcular as derivadas de $f(x) = \text{sen } 2x$.
Temos:
$f'(x) = 2 \cdot \cos 2x$
$f''(x) = -4 \cdot \text{sen } 2x = 2^2 \cdot \cos\left(2x + \dfrac{\pi}{2}\right)$
$f'''(x) = -8 \cdot \cos 2x = 2^3 \cdot \cos(2x + \pi)$
$f^{(n)} = 2^n \cdot \cos\left(2x + \dfrac{(n-1)\pi}{2}\right)$

EXERCÍCIOS

171. Calcule as derivadas sucessivas para cada uma das seguintes funções:
a) $f(x) = x^4 + 5x^2 + 1$
b) $f(x) = \dfrac{1}{x}$
c) $f(x) = e^x$
d) $f(x) = e^{-x}$
e) $f(x) = \cos x$

172. Um ponto móvel sobre uma reta tem abscissa s dada em cada instante t pela lei $s = a \cdot \cos(\omega t + \varphi)$ em que a, ω e φ são números reais dados. Determine:
a) a lei que dá a velocidade do ponto em cada instante;
b) a velocidade no instante $t = 0$;
c) a lei que dá a aceleração do ponto em cada instante;
d) a aceleração no instante $t = 1$.

173. A função $y = A \cdot \text{sen } kx$, com $A > 0$, e sua derivada segunda y" satisfazem identicamente a igualdade $y'' + 4y = 0$. O valor da derivada primeira y', para $x = 0$, é 12. Calcule as constantes de A e k.

CAPÍTULO VIII
Estudo da variação das funções

Neste capítulo mostraremos algumas aplicações das derivadas. Veremos que, a partir da derivada de uma função, muitas conclusões podem ser tiradas sobre a variação da função e, portanto, sobre seu gráfico.

I. Máximos e mínimos

159. Definições

I) Seja a função $f: D \to \mathbb{R}$ e seja $x_0 \in D$. Chamamos **vizinhança de x_0** um intervalo $V =]x_0 - \delta, x_0 + \delta[$, em que δ é um número real positivo.

II) Dizemos que x_0 é um **ponto de máximo local** de f se existir uma vizinhança V de x_0 tal que:

$(\forall x) \left(x \in V \implies f(x) \leq f(x_0) \right)$

Nesse caso, o valor de $f(x_0)$ é chamado **máximo local** de f.

III) Dizemos que x_0 é um **ponto de mínimo local** de f se existir uma vizinhança V de x_0 tal que:

$(\forall x) \left(x \in V \implies f(x) \geq f(x_0) \right)$

Nesse caso, o valor de $f(x_0)$ é chamado **mínimo local** de f.

IV) Dizemos que x_0 é um **ponto extremo** ou um **extremante** se x_0 for um ponto de máximo local ou de mínimo local de f. Nesse caso, o valor de $f(x_0)$ é chamado valor **extremo** de f.

ESTUDO DA VARIAÇÃO DAS FUNÇÕES

160. Exemplos:

1º) $x = 0$ é o ponto de máximo local da função $f(x) = 1 - x^2$; o máximo local de f é $f(0) = 1$.

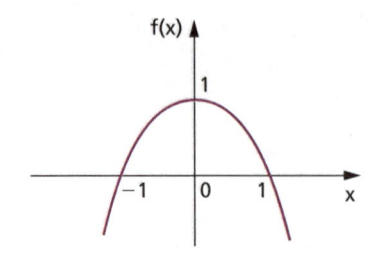

2º) $x = 0$ é o ponto de mínimo local de $f(x) = |x|$; o mínimo local de f é $f(0) = 0$.

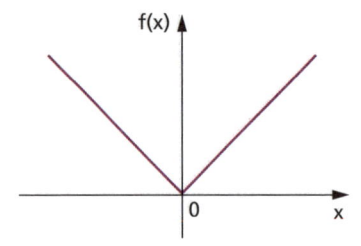

3º) $x = \dfrac{\pi}{2}$ é o ponto de máximo local de $f(x) = \operatorname{sen} x$; o máximo local de f é $f\left(\dfrac{\pi}{2}\right) = \operatorname{sen} \dfrac{\pi}{2} = 1$.

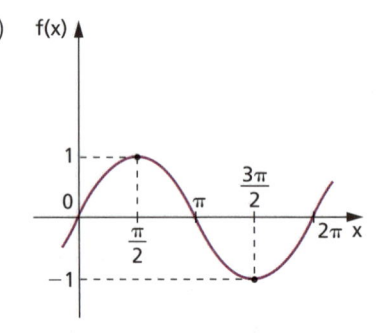

$x = \dfrac{3\pi}{2}$ é o ponto de mínimo local de $f(x) = \operatorname{sen} x$; o mínimo local de f é $f\left(\dfrac{3\pi}{2}\right) = \operatorname{sen} \dfrac{3\pi}{2} = -1$.

4º) a, x_2, x_4 e b são pontos de mínimo locais de f, enquanto x_1, x_3 e x_5 são pontos de máximo locais de f.

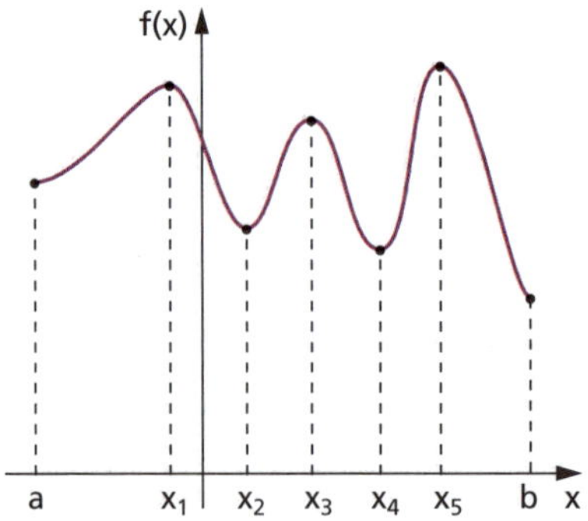

ESTUDO DA VARIAÇÃO DAS FUNÇÕES

Os pontos de máximo ou mínimo locais que não são extremos do intervalo em que a função está definida são chamados **pontos de máximo ou mínimo locais interiores**. No 4º exemplo, x_2 e x_4 são pontos de mínimo locais interiores.

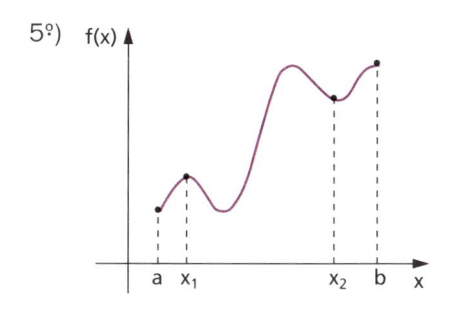

5º)

As noções de máximo e mínimo locais referem-se a uma vizinhança do ponto considerado. Na função representada ao lado, existe uma vizinhança V_1 de x_1 em que $f(x) \leq f(x_1)$, $\forall x$; por outro lado, existe uma vizinhança V_2 de x_2 em que $f(x) \geq f(x_2)$, $\forall x$. Isto leva à conclusão (aparentemente contraditória) de que x_1 é ponto de máximo local, x_2 é ponto de mínimo local e $f(x_1) < f(x_2)$.

161. Definição

Dizemos que $f(x_0)$ é um **valor máximo absoluto** de f se $f(x_0) \geq f(x)$ para todo x do domínio de f, isto é, $f(x_0)$ é o maior valor que f assume.

Dizemos que $f(x_0)$ é um **valor mínimo absoluto** de f se $f(x_0) \leq f(x)$ para todo x do domínio de f, isto é, $f(x_0)$ é o menor valor que f assume.

Voltando aos cinco exemplos anteriores, temos:

1º) o valor máximo absoluto de $f(x) = 1 - x^2$ é 1;

2º) o valor mínimo absoluto de $f(x) = |x|$ é 0;

3º) $f(x) = \text{sen } x$ tem um máximo absoluto que é 1 e um mínimo absoluto que é -1;

4º) $f(x_5)$ e $f(b)$ são, respectivamente, o máximo e o mínimo absolutos de f.

Observemos que são muitas as funções que têm máximos ou mínimos locais, mas não apresentam um máximo ou mínimo absoluto.

Por exemplo, observando o gráfico ao lado, vemos que a e c são pontos de máximo local, b e d são pontos de mínimo local, porém a função não tem máximo absoluto nem mínimo absoluto.

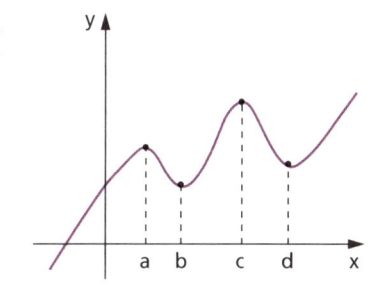

162. Teorema de Fermat

Se f: D → ℝ é uma função derivável no ponto $x_0 \in D$ e x_0 é ponto extremo local interior de f, então $f'(x_0) = 0$.

Demonstração:

Suponhamos que x_0 seja ponto de mínimo local interior de f. Existe uma vizinhança V de x_0 tal que, para todo $x \in V$, temos:

$$f(x_0) \leq f(x) \Rightarrow \begin{cases} \dfrac{f(x) - f(x_0)}{x - x_0} \leq 0 \text{ para } x < x_0 \\ \dfrac{f(x) - f(x_0)}{x - x_0} \geq 0 \text{ para } x > x_0 \end{cases}$$

Sendo f derivável em x_0, existe e é finito o limite:

$$\lim_{x \to x_0} \dfrac{f(x) - f(x_0)}{x - x_0} = f'(x_0)$$

que coincide com os limites laterais à esquerda e à direita de x_0. Lembrando do teorema da conservação do sinal para limites, temos:

$$\left. \begin{array}{l} \lim\limits_{x \to x_0^-} \dfrac{f(x) - f(x_0)}{x - x_0} = f'(x_0) \leq 0 \\ \lim\limits_{x \to x_0^+} \dfrac{f(x) - f(x_0)}{x - x_0} = f'(x_0) \geq 0 \end{array} \right\} \Rightarrow f'(x_0) = 0$$

Se x_0 for ponto de máximo local de f, a demonstração é análoga.

Interpretação geométrica

O teorema de Fermat garante que num extremo local interior de uma função derivável f, a reta tangente ao gráfico de f é paralela ao eixo dos x.

$f(x_0)$ é máximo local interior

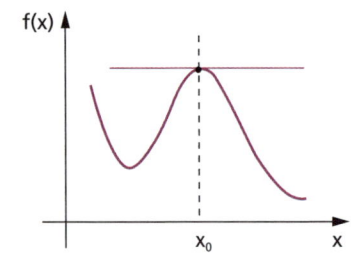

$f(x_0)$ é mínimo local interior

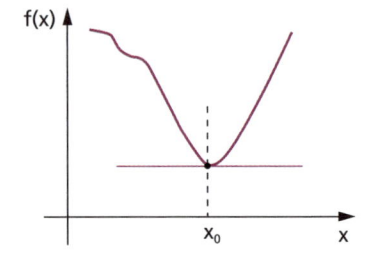

Observemos, porém, que o recíproco do teorema de Fermat é falso, isto é, existem funções f deriváveis no ponto x_0 do seu domínio, $f'(x_0) = 0$ e x_0 não é ponto extremo de f. É o caso, por exemplo, da função $f(x) = (x - 1)^3$. Sua derivada é $f'(x) = 3(x - 1)^2$, então $f'(1) = 0$ e 1 não é ponto extremo.

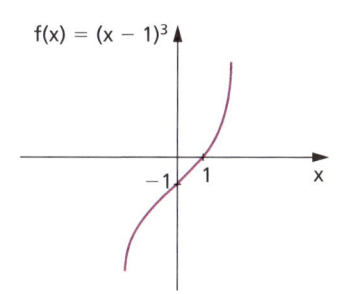

Observemos ainda que o teorema de Fermat não exclui a possibilidade de x_0 ser ponto extremo sem que se tenha $f'(x_0) = 0$. Isto pode ocorrer se f não é derivável em x_0. Por exemplo, 0 é ponto de mínimo de função $f(x) = |x|$ e não existe $f'(0)$.

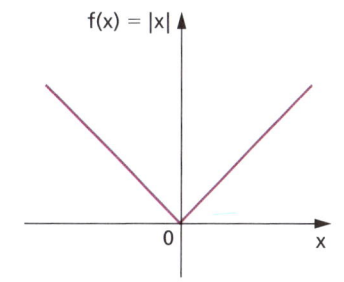

II. Derivada — crescimento — decréscimo

163. Neste item vamos provar alguns teoremas que terminam por estabelecer um elo de ligação entre a derivada de uma função e o crescimento ou decréscimo desta.

164. Teorema de Rolle

Se f é uma função contínua em $[a, b]$, é derivável em $]a, b[$ e $f(a) = f(b)$, então existe ao menos um ponto $x_0 \in]a, b[$ tal que $f'(x_0) = 0$.

Demonstração:

1º caso: f é constante em $[a, b]$

Neste caso $f'(x) = 0$ em $]a, b[$, isto é, para todo $x_0 \in]a, b[$, temos $f'(x_0) = 0$.

2º caso: f não é constante em [a, b]

Neste caso existe $x \in [a, b]$ tal que $f(x) \neq f(a) = f(b)$. Como f é contínua em [a, b], f tem um mínimo e um máximo em [a, b]. Se existe $x \in \ ]a, b[$ tal que $f(x) > f(a) = f(b)$, então o valor $f(a) = f(b)$ não é o máximo de f em [a, b]; portanto, f assume valor máximo em algum ponto $x_0 \in \ ]a, b[$ e, sendo f derivável em $]a, b[$, temos $f'(x_0) = 0$.

Se existe $x \in \ ]a, b[$ tal que $f(x) < f(a) = f(b)$, a prova é análoga.

Interpretação geométrica

O teorema de Rolle afirma que, se uma função é derivável em $]a, b[$, contínua em [a, b] e assume valores iguais nos extremos do intervalo, então em algum ponto de $]a, b[$ a tangente ao gráfico de f é paralela ao eixo dos x.

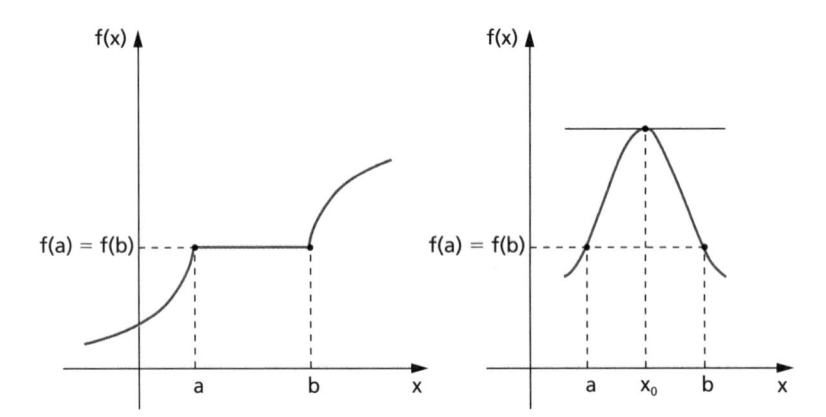

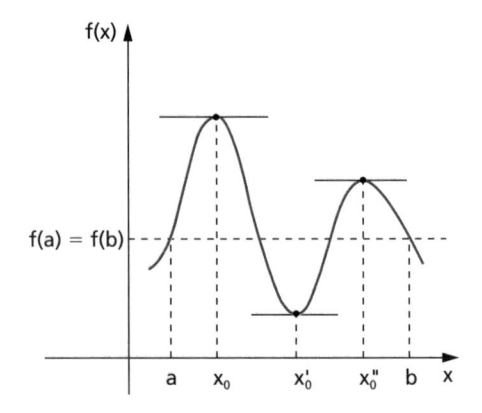

165. Teorema de Lagrange ou teorema do valor médio

Se f é uma função contínua em $[a, b]$ e derivável em $]a, b[$ então existe ao menos um ponto $x_0 \in]a, b[$ tal que $\dfrac{f(b) - f(a)}{b - a} = f'(x_0)$.

Demonstração:

1º caso: $f(a) = f(b)$

Neste caso $\dfrac{f(b) - f(a)}{b - a} = 0$ e, pelo teorema de Rolle, existe $x_0 \in]a, b[$ tal que $f'(x_0) = 0 = \dfrac{f(b) - f(a)}{b - a}$.

2º caso: $f(a) \neq f(b)$

Consideremos a função $g(x) = f(x) - f(a) - \dfrac{f(b) - f(a)}{b - a} \cdot (x - a)$.

Observemos que:

I) g é contínua em $[a, b]$ por ser a diferença entre $f(x) - f(a)$ e $\dfrac{f(b) - f(a)}{b - a} \cdot (x - a)$ que são contínuas em $[a, b]$;

II) g é derivável em $]a, b[$ e sua derivada é $g'(x) = f'(x) - \dfrac{f(b) - f(a)}{b - a}$;

III) nos extremos do intervalo $[a, b]$, temos:

$g(a) = f(a) - f(a) - \dfrac{f(b) - f(a)}{b - a} \cdot (a - a) = 0$

$g(b) = f(b) - f(a) - \dfrac{f(b) - f(a)}{b - a} \cdot (b - a) = 0$

portanto, $g(a) = g(b) = 0$.

Sendo assim, é válido para g o teorema de Rolle: existe $x_0 \in]a, b[$ tal que $g'(x_0) = 0$, isto é,

$g'(x_0) = f'(x_0) - \dfrac{f(b) - f(a)}{b - a} = 0$

ou ainda:

$f'(x_0) = \dfrac{f(b) - f(a)}{b - a}$

Interpretação geométrica

Segundo o teorema de Lagrange, se f é função contínua em $[a, b]$ e derivável em $]a, b[$, então existe um ponto $x_0 \in \,]a, b[$ tal que a reta tangente ao gráfico de f no ponto $P(x_0, f(x_0))$ é paralela à reta determinada pelos pontos $A(a, f(a))$ e $B(b, f(b))$, por terem coeficientes angulares iguais.

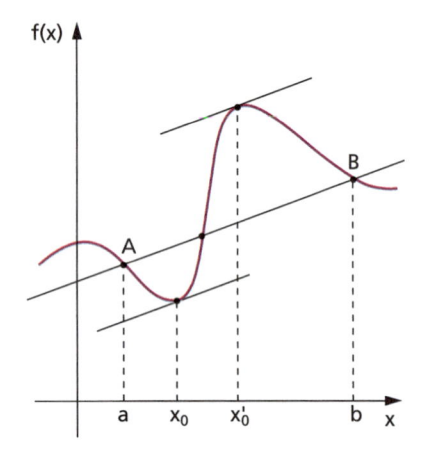

EXERCÍCIOS

174. Dada $f(x) = 4x^3 - 9x^2 + 5x$, verifique se estão satisfeitas as condições para validade do teorema de Rolle em cada um dos seguintes intervalos: $[0, 1]$, $\left[1, \dfrac{5}{2}\right]$ e $\left[0, \dfrac{5}{2}\right]$. Determine um número α em cada um desses intervalos de modo que $f'(\alpha) = 0$.

Solução

Notemos que f é derivável e contínua em $\mathbb{R}$; portanto, também é nos intervalos dados.

Temos $f(0) = 0$, $f(1) = 0$ e $f\left(\dfrac{5}{2}\right) = \dfrac{75}{4}$. Assim, o teorema de Rolle é válido só no intervalo $[0, 1]$. Determinemos $\alpha \in [0, 1]$ tal que $f'(\alpha) = 0$:

$f'(x) = 12x^2 - 18x + 5 = 0 \Rightarrow x = \dfrac{9 + \sqrt{21}}{12}$ ou $x = \dfrac{9 - \sqrt{21}}{12}$

portanto, $\alpha = \dfrac{9 - \sqrt{21}}{12}$ porque $\dfrac{9 - \sqrt{21}}{12} \in [0, 1]$.

ESTUDO DA VARIAÇÃO DAS FUNÇÕES

Nos exercícios 175 a 177, verifique se as hipóteses do teorema de Rolle estão satisfeitas pela função f no intervalo I.

175. $f(x) = \dfrac{2x^2 - 3x + 1}{3x - 4}$ e $I = \left[\dfrac{1}{2}, 1\right]$

176. $f(x) = \begin{cases} x + 3 & \text{se } x < 2 \\ 7 - x & \text{se } x \geq 2 \end{cases}$ e $I = [-3, 7]$

177. $f(x) = 1 - |x|$ e $I = [-1, 1]$

178. O recíproco do teorema de Rolle não é válido. Dê exemplos de funções para as quais a tese do teorema é válida, porém uma das hipótese não é.

Nos exercícios 179 a 181, verifique que as hipóteses do teorema de Rolle são satisfeitas pela função f no intervalo I. Em seguida, obtenha um $c \in I$ que satisfaça a tese do teorema.

179. $f(x) = x^2 - 6x + 8$ e $I = [2, 4]$

180. $f(x) = x^3 - 2x^2 - x + 2$ e $I = [-1, 2]$

181. $f(x) = x^3 - 16x$ e $I = [0, 4]$

182. Dada $f(x) = x^3 + 3x^2 - 5$, verifique que as condições para validade do teorema do valor médio estão satisfeitas para $a = -1$ e $b = 2$. Encontre todos os números α, $\alpha \in \,]-1, 2[$, tal que $f'(\alpha) = \dfrac{f(2) - f(-1)}{2 - (-1)}$.

Solução

Notemos que f é derivável e contínua em $\mathbb{R}$; portanto, também é no intervalo $]-1, 2[$.

Sua derivada é $f'(x) = 3x^2 + 6x$. Então:

$f'(\alpha) = \dfrac{f(2) - f(-1)}{2 - (-1)} \Rightarrow 3\alpha^2 + 6\alpha = \dfrac{15 - (-3)}{2 - (-1)} \Rightarrow$

$\Rightarrow 3\alpha^2 + 6\alpha - 6 = 0 \Rightarrow \alpha = -1 + \sqrt{2}$ ou $\alpha = -1 - \sqrt{2}$.

Como queremos α no intervalo $]-1, 2[$, só convém $\alpha = -1 + \sqrt{2}$.

Nos exercícios 183 a 186 verifique que as hipóteses do teorema de Lagrange são satisfeitas pela função f no intervalo I. Em seguida, obtenha um c ∈ I que satisfaça a tese do teorema.

183. $f(x) = x^2 + 2x - 1$ e $I = [0, 1]$

184. $f(x) = \sqrt[3]{x^2}$ e $I = [0, 1]$

185. $f(x) = \sqrt{100 - x^2}$ e $I = [-8, 6]$

186. $f(x) = \dfrac{x^2 + 4x}{x - 1}$ e $I = [2, 6]$

187. Dada $f(x) = x^{\frac{2}{3}}$, esboce o gráfico de f e mostre que não existe um número α, $\alpha \in\ ]-3, 3[$ tal que $f'(\alpha) = \dfrac{f(3) - f(-3)}{3 - (-3)}$. Qual a hipótese do teorema do valor médio que não se verificou?

Solução

Dados valores a x e calculando os correspondentes valores de f(x), podemos obter pontos e esboçar o gráfico ao lado.

Temos $f'(x) = \dfrac{2}{3} \cdot x^{-\frac{1}{3}}$, então:

$f'(\alpha) = \dfrac{f(3) - f(-3)}{3 - (-3)} \Rightarrow$

$\Rightarrow \dfrac{2}{3\sqrt[3]{\alpha}} = \dfrac{3^{\frac{2}{3}} - (-3)^{\frac{2}{3}}}{3 - (-3)} = 0$

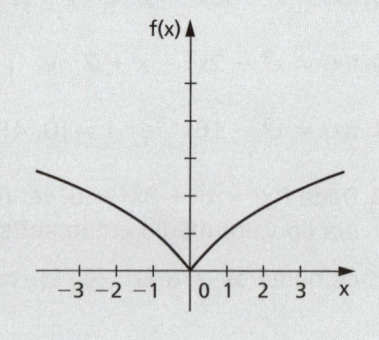

e não existe α satisfazendo esta última igualdade.

A função f é contínua em ℝ, mas não é derivável no ponto x = 0 que está no intervalo]−3, 3[. Isto invalida uma das hipóteses do teorema do valor médio.

Nos exercícios 188 a 190, verifique que hipótese do teorema de Lagrange não está satisfeita pela função f no intervalo I.

188. $f(x) = \dfrac{4}{(x - 3)^2}$ e $I = [1, 6]$

189. $f(x) = \dfrac{2x - 1}{3x - 4}$ e $I = [1, 2]$

190. $f(x) = \begin{cases} 3x + 2 & \text{se } x < 1 \\ 8 - 3x & \text{se } x \geqslant 1 \end{cases}$ e $I = [-2, 4]$

166. Lembremos agora os conceitos de função crescente e de função decrescente num intervalo I.

Uma função f: D → ℝ é **crescente** num intervalo I (I ⊂ D) quando, qualquer que seja $x_1 \in I$ e $x_2 \in I$, temos:

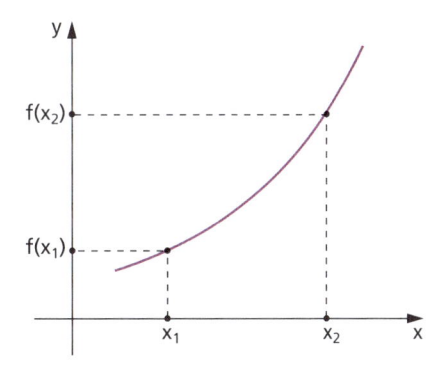

$$x_1 < x_2 \Rightarrow f(x_1) < f(x_2)$$

Uma função f: D → ℝ é **decrescente** num intervalo I (I ⊂ D) quando, qualquer que seja $x_1 \in I$ e $x_2 \in I$, temos:

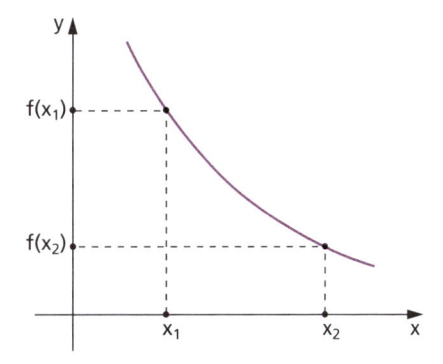

$$x_1 < x_2 \Rightarrow f(x_1) > f(x_2)$$

Podemos também dizer que f é uma função crescente num intervalo I quando, aumentando o valor atribuído a x, aumenta o valor de f(x).

Notemos ainda que, se f é crescente, então $\dfrac{f(x_1) - f(x_2)}{x_1 - x_2} > 0$ para todos x_1, $x_2 \in I$, com $x_1 \neq x_2$, pois numerador e denominador têm necessariamente sinais iguais.

Podemos também dizer que f é uma função decrescente num intervalo I quando, aumentando o valor atribuído a x, diminui o valor de f(x).

Notemos ainda que, se f é decrescente, então $\dfrac{f(x_1) - f(x_2)}{x_1 - x_2} < 0$ para todos x_1, $x_2 \in I$, com $x_1 \neq x_2$, pois numerador e denominador têm necessariamente sinais contrários.

167. Teorema

Seja f uma função contínua em $[a, b]$ e derivável em $]a, b[$. Então:

I) $f'(x) \geq 0$ em $]a, b[\iff f$ é crescente em $[a, b]$

II) $f'(x) \leq 0$ em $]a, b[\iff f$ é decrescente em $[a, b]$

Demonstração:

1ª parte: $\Leftarrow$

I) Seja $x_0 \in I =]a, b[$. Dado um outro ponto $x \in I$, consideremos o quociente $\dfrac{f(x) - f(x_0)}{x - x_0}$. Conforme vimos no item anterior, se f é crescente em I, este quociente é positivo. De acordo com o teorema da conservação do sinal, decorre que
$$\lim_{x \to x_0} \frac{f(x) - f(x_0)}{x - x_0} = f'(x_0) \geq 0.$$

II) Pode-se provar analogamente.

2ª parte: $\Rightarrow$

I) Sejam $x_1, x_2 \in [a, b]$ com $x_1 < x_2$.

Como $[x_1, x_2] \subset [a, b]$, f é contínua em $[x_1, x_2]$ e derivável em $]x_1, x_2[$. De acordo com o teorema de Lagrange, existe $x_0 \in]x_1, x_2[$ tal que $f'(x_0) = \dfrac{f(x_2) - f(x_1)}{x_2 - x_1}$, isto é, $f(x_2) - f(x_1) = (x_2 - x_1) \cdot f'(x_0)$.

Sendo $f'(x) \geq 0$ em $]a, b[$, decorre $f'(x_0) \geq 0$. Como $x_2 - x_1 > 0$, vem: $f(x_2) - f(x_1) \geq 0$, isto é: $f(x_2) \geq f(x_1)$ e, portanto, f é crescente.

II) Analogamente.

Interpretação geométrica

O teorema acaba de mostrar que:

I) Uma função f ser crescente em $[a, b]$, quando f é derivável, equivale a $f'(x) \geq 0$ para todo $x \in]a, b[$, isto é, os coeficientes angulares das retas tangentes ao gráfico de f são não negativos.

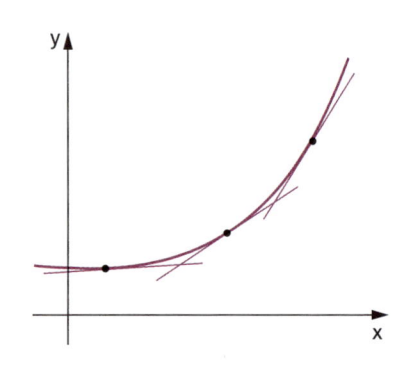

II) Uma função f ser decrescente em [a, b], quando f é derivável, equivale a f'(x) ≤ 0 para todo x ∈]a, b[, isto é, os coeficientes angulares das retas tangentes ao gráfico de f são não positivos.

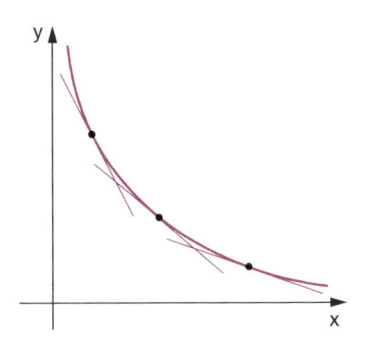

168. Exemplos:

1º) A função $f(x) = 2$ é constante em $\mathbb{R}$. Sua derivada é $f'(x) = 0, \forall x \in \mathbb{R}$.

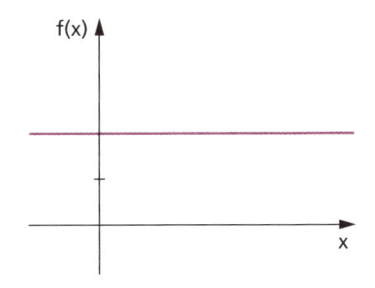

2º) A função $f(x) = x^3$ é crescente em $\mathbb{R}$. Sua derivada é $f'(x) = 3x^2 \geq 0, \forall x \in \mathbb{R}$.

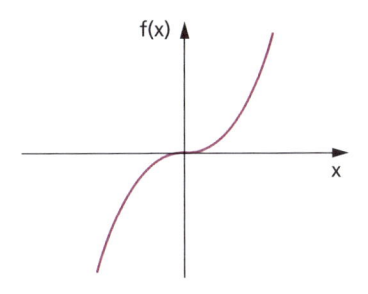

3º) A função $f(x) = \dfrac{1}{x}$ é decrescente em qualquer intervalo que não contenha o zero. Sua derivada é:

$$f'(x) = -\frac{1}{x^2} < 0, \forall x \in \mathbb{R}^*$$

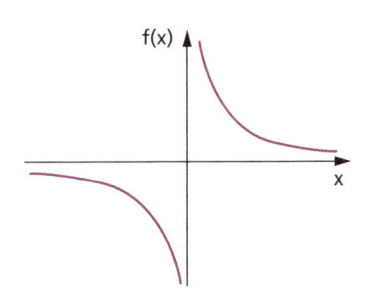

ESTUDO DA VARIAÇÃO DAS FUNÇÕES

4º) A função $f(x) = x^2 - 4$ é decrescente em qualquer intervalo contido em $\mathbb{R}_-$ e crescente em qualquer intervalo de $\mathbb{R}_+$. Sua derivada é $f'(x) = 2x$ tal que:

$f'(x) \leq 0$ se $x \in \mathbb{R}_-$
$f'(x) \geq 0$ se $x \in \mathbb{R}_+$

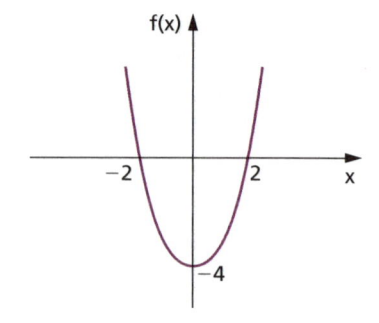

5º) A função $f(x) = x^3 - 3x^2$ tem derivada $f'(x) = 3x^2 - 6x$, então:

$x \leq 0$ ou $x \geq 2 \Rightarrow f'(x) \geq 0$
$0 \leq x \leq 2 \Rightarrow f'(x) \leq 0$

portanto:
f é crescente $\Leftrightarrow x \leq 0$ ou $x \geq 2$
f é decrescente $\Leftrightarrow 0 \leq x \leq 2$

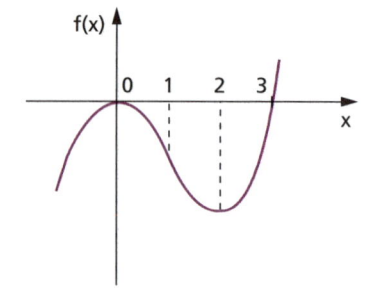

EXERCÍCIOS

191. Determine o conjunto dos valores de x para os quais a função $f(x) = x^2 - \log_e x$ é crescente.

Solução

Devemos calcular a derivada de f e determinar em que conjunto a função f' é não negativa. Temos:

$$f'(x) = 2x - \frac{1}{x} = \frac{2x^2 - 1}{x}$$

$$f'(x) \geq 0 \Rightarrow \frac{2x^2 - 1}{x} \geq 0 \Rightarrow -\frac{\sqrt{2}}{2} \leq x < 0 \text{ ou } x \geq \frac{\sqrt{2}}{2}$$

Lembrando que $D(f) = \mathbb{R}_+^*$, vem a resposta: f é crescente para $x \geq \frac{\sqrt{2}}{2}$.

ESTUDO DA VARIAÇÃO DAS FUNÇÕES

192. Determine o conjunto dos valores de x para os quais a função abaixo é crescente.

$f(x) = 2x^3 - 15x^2 - 84x + 13$

$g(x) = 2 \cdot \cos x - x + 1$

$h(x) = \text{sen } x - \cos x$

$i(x) = ||x| - 1|$

193. Para que valores de x é decrescente a função $f(x) = |2 \cdot |x| - 4|$?

Solução

Vamos definir f através de várias sentenças. Como primeiro passo, temos:

$$f(x) = \begin{cases} |2x - 4|, & \text{se } x \geq 0 \\ |-2x - 4|, & \text{se } x < 0 \end{cases}$$

e finalmente vem:

$$f(x) = \begin{cases} 2x - 4, & \text{se } x \geq 2 \\ -2x + 4, & \text{se } 0 \leq x < 2 \\ 2x + 4, & \text{se } -2 < x < 0 \\ -2x - 4, & \text{se } x \leq -2 \end{cases}$$

A derivada de f é, portanto:

$$f'(x) = \begin{cases} 2, \text{ se } -2 < x < 0 \text{ ou } x > 2 \\ -2, \text{ se } 0 < x < 2 \text{ ou } x < -2 \end{cases}$$

e não é definida para x = 0 ou 2 ou −2.

Assim, f é decrescente para x pertencente ao conjunto $[0, 2] \cup]-\infty, -2]$.

194. Determine o conjunto dos valores de x para os quais cada função abaixo é decrescente:

$f(x) = 3x^4 + 4x^3 - 12x^2 + 1$

$g(x) = e^x - x$

$h(x) = \dfrac{3x - 2}{x + 1}$

$i(x) = \text{arc sen } x$

Em cada um dos exercícios de 195 a 203, determine os intervalos em que f é crescente e os intervalos em que é decrescente.

195. $f(x) = x^3 - 9x^2 + 15x - 5$

ESTUDO DA VARIAÇÃO DAS FUNÇÕES

196. $f(x) = x^4 + 4x$

197. $f(x) = x^5 - \dfrac{25}{3} x^3 + 20x - 2$

198. $f(x) = x + \dfrac{1}{x}$

199. $f(x) = x\sqrt{9 - x^2}$

200. $f(x) = 2 - \sqrt[3]{x - 1}$

201. $f(x) = \begin{cases} 2x + 1, & \text{se } x \leq 2 \\ 7 - x, & \text{se } x > 2 \end{cases}$

202. $f(x) = \begin{cases} x^2 - 1, & \text{se } x \leq 1 \\ x^2 + 2x - 3, & \text{se } x > 1 \end{cases}$

203. $f(x) = \begin{cases} x^2 + x, & \text{se } x \leq 0 \\ x, & \text{se } 0 < x \leq 1 \\ 2x - x^3, & \text{se } x > 1 \end{cases}$

204. Estude a função $f: \mathbb{R}_+^* \to \mathbb{R}$ tal que $f(x) = \log_e x + \log_e (x + 2)$, determinando os intervalos em que é crescente ou decrescente.

205. Descreva o crescimento e o decréscimo da função $f: \mathbb{R} \to \mathbb{R}$ tal que:

$f(x) = \begin{cases} -x, & \text{se } x \leq -1 \\ x^2, & \text{se } -1 < x \leq 1 \\ e^{x-1}, & \text{se } x > 1 \end{cases}$

206. Descreva o crescimento e o decréscimo da função $f: [0, 2\pi] \to \mathbb{R}$ tal que

$f(x) = 2 + 3 \cdot \text{sen}\left(2x - \dfrac{\pi}{3}\right)$.

207. Determine para que valores de x é crescente ou decrescente a função $f: \mathbb{R} \to \mathbb{R}$ tal que: $f(x) = e^{\cos x}$.

208. Prove que se $x \in \left]0, \dfrac{\pi}{2}\right[$, então a função $f(x) = \dfrac{\text{sen } x}{x}$ é decrescente.

209. Prove que o polinômio $f(x) = 3x^5 + 5x^3 + 1$ admite um único zero real.
Sugestão: calcule $\lim\limits_{x \to -\infty} f(x)$, $\lim\limits_{x \to +\infty} f(x)$ e estude $f'(x)$.

ESTUDO DA VARIAÇÃO DAS FUNÇÕES

210. Esboce o gráfico de uma função f para a qual são verificadas as seguintes hipóteses:

a) f é contínua em $\mathbb{R}$
b) $f(3) = 2$
c) $f'(x) = -1$ se $x < 3$
   $f'(x) = 1$ se $x > 3$

211. Prove que, se f é uma função crescente em I, então $g = -f$ é decrescente em I.

Solução

Sejam $x_1 \in I$ e $x_2 \in I$ com $x_1 < x_2$. Temos:

$x_1 < x_2 \Rightarrow f(x_1) \leq f(x_2) \Rightarrow -f(x_1) \geq -f(x_2) \Rightarrow g(x_1) \geq g(x_2)$

então g é decrescente em I.

212. Prove que, se f é uma função crescente em I e h é definida em I pela lei $h(x) = \dfrac{1}{f(x)}$, então h é decrescente em I.

213. Prove que, se f é crescente num intervalo I, g é crescente em I e existe $f \circ g$, então $f \circ g$ é crescente em I.

III. Determinação dos extremantes

169. Dada uma função f, definida e derivável em $I =]a, b[$, o teorema de Fermat garante que os valores de x que anulam f', isto é, as raízes da equação $f'(x) = 0$ são possivelmente extremantes de f.

Assim, por exemplo, os possíveis extremantes da função $f(x) = x^4 - 4x^3$ são as raízes da equação $f'(x) = 4x^3 - 12x^2 = 0$, isto é, 0 e 3. Em princípio, tanto 0 quanto 3 podem ser ponto de máximo ou ponto de mínimo ou não ser extremante. Com toda certeza nenhum número diferente desses dois é extremante por não anular f'. A questão agora é saber qual das alternativas é correta para 0 ou para 3.

170. Mais geralmente, dado um número $x_0 \in]a, b[$ tal que $f'(x_0) = 0$, como determinar se x_0 é ou não extremante de f e ainda, sendo extremante, como saber se x_0 é ponto de máximo ou de mínimo?

1ª resposta: x_0 é ponto de máximo local de f se existir uma vizinhança V de x_0 tal que $f'(x)$ é positiva à esquerda e negativa à direita de x_0.

ESTUDO DA VARIAÇÃO DAS FUNÇÕES

De fato, se existir uma vizinhança V de x_0 com a propriedade citada, temos para todo $x \in V$:

$x < x_0 \Rightarrow f'(x) > 0 \Rightarrow f(x)$ crescente $\Rightarrow f(x) \leq f(x_0)$

$x > x_0 \Rightarrow f'(x) < 0 \Rightarrow f(x)$ decrescente $\Rightarrow f(x) \leq f(x_0)$

e, então, x_0 é um ponto de máximo local.

O gráfico ao lado mostra que, numa vizinhança de um ponto x_0 de máximo local, as retas tangentes à curva passam de coeficiente angular positivo (à esquerda de x_0) para negativo (à direita de x_0). E o coeficiente angular é justamente a derivada de f.

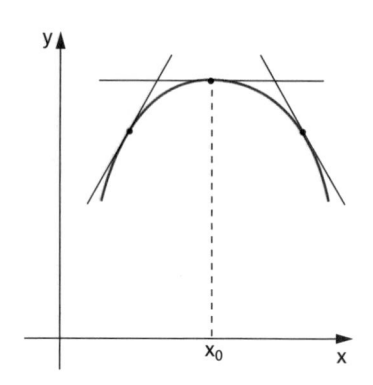

2ª resposta: x_0 é ponto de mínimo local de f se existir uma vizinhança V de x_0 tal que f'(x) é negativa à esquerda e positiva à direita de x_0.

De fato, se existir uma vizinhança V de x_0 com a propriedade referida, temos para todo $x \in V$:

$x < x_0 \Rightarrow f'(x) < 0 \Rightarrow f(x)$ decrescente $\Rightarrow f(x) \geq f(x_0)$

$x > x_0 \Rightarrow f'(x) > 0 \Rightarrow f(x)$ crescente $\Rightarrow f(x) \geq f(x_0)$

e, então, x_0 é um ponto de mínimo local.

O gráfico ao lado mostra que, numa vizinhança de um ponto x_0 de mínimo local, as retas tangentes à curva passam de coeficiente angular negativo (à esquerda de x_0) para positivo (à direita de x_0).

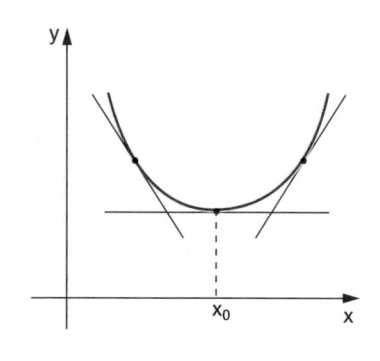

3ª resposta: x_0 não é extremante de f se existir uma vizinhança V de x_0 tal que para todo $x \in V$ e $x \neq x_0$ tem-se $f'(x)$ sempre com mesmo sinal.

A figura 1 mostra que, se existir uma vizinhança V de x_0 tal que $f'(x) > 0$ para todo $x \in V$ e $x \neq x_0$, então x_0 não é extremante. A figura 2 mostra, analogamente, para o caso em que $f'(x) < 0$, que x_0 não é extremante.

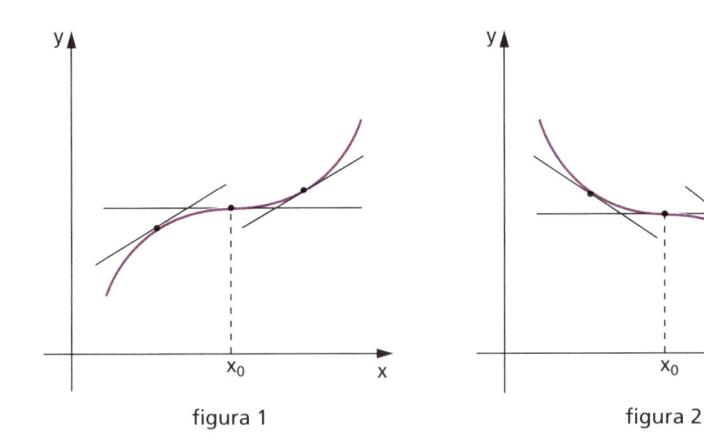

figura 1   figura 2

171. Exemplos:

1º) Verificar se $f(x) = x^4 - 4x^3$ tem extremante.

Já vimos que $f'(x) = 4x^3 - 12x^2$ tem raízes 0 e 3.

Analisemos a variação de sinal da função

$f'(x) = 4x^3 - 12x^2 = 4x^2(x-3)$:

		0		3		x
x^2	+		+		+	
$x - 3$	−		−		+	
$f'(x)$	−		−		+	

ESTUDO DA VARIAÇÃO DAS FUNÇÕES

Existem vizinhanças de 0 em que $f'(x) < 0$, portanto, 0 não é extremante de f. Há vizinhanças de 3 em que $f'(x)$ passa de negativa a positiva, isto é, 3 é ponto de mínimo local.

O gráfico ao lado ilustra como varia a função f.

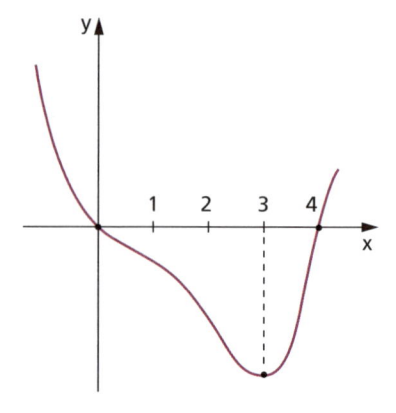

2º) Quais são os extremantes da função $f: \,]0, 2\pi[\to \mathbb{R}$ dada por $f(x) = 2 \operatorname{sen} x + \cos 2x$?

Calculando a derivada:

$f'(x) = 2 \cdot \cos x - 2 \cdot \operatorname{sen} 2x = 2 \cdot \cos x - 4 \cdot \operatorname{sen} x \cdot \cos x =$
$= 2 \cdot \cos x \cdot (1 - 2 \cdot \operatorname{sen} x)$

Os valores de x que anulam $f'(x)$ são as raízes das equações $\cos x = 0$ e $\operatorname{sen} x = \dfrac{1}{2}$, isto é, $\dfrac{\pi}{2}, \dfrac{3\pi}{2}, \dfrac{\pi}{6}$ e $\dfrac{5\pi}{6}$.

Analisando o sinal de $f'(x)$, temos:

	0		$\dfrac{\pi}{6}$		$\dfrac{\pi}{2}$		$\dfrac{5\pi}{6}$		$\dfrac{3\pi}{2}$		2π	x
cos x		+		+		−		−		+		
1 − 2 sen x		+		−		−		+		+		
f'(x)		+		−		+		−		+		

Verificamos que $\dfrac{\pi}{6}$ e $\dfrac{5\pi}{6}$ são pontos de máximo local, enquanto $\dfrac{\pi}{2}$ e $\dfrac{3\pi}{2}$ são pontos de mínimo local.

O gráfico da função f confirma nossa análise.

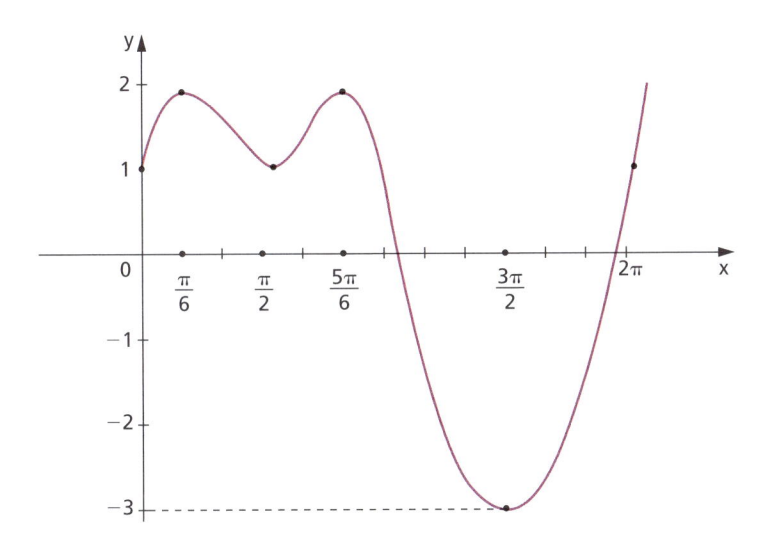

EXERCÍCIOS

Nos exercícios 214 a 224, determine os extremantes da função f.

214. $f(x) = -x^2 - 5x - 4$

215. $f(x) = 2x^2 - 8x + 11$

216. $f(x) = x^3 - 27x + 1$

217. $f(x) = -x^3 + 6x^2 - 12x + 8$

218. $f(x) = (x-8)^3(x-6)^4$

219. $f(x) = \dfrac{1}{x^2 + 5x - 6}$

220. $f(x) = \cos 3x$

221. $f(x) = \operatorname{sen}\left(2x - \dfrac{\pi}{4}\right)$

222. $f(x) = x \cdot \ell n\, x$

223. $f(x) = \ell n\,(x^2 + 1)$

224. $f(x) = e^{x^3 - 3x}$

ESTUDO DA VARIAÇÃO DAS FUNÇÕES

225. Calcule o valor máximo assumido pela função $f(x) = e^{-(x-a)^2}$.

Solução

$f'(x) = -2(x-a) \cdot e^{-(x-a)^2}$

$f'(x) = 0 \Rightarrow -2(x-a) \cdot e^{-(x-a)^2} = 0 \Rightarrow x = a$

Como $e^{-(x-a)^2} > 0$ para todo $x \in \mathbb{R}$, temos:

$x < a \Rightarrow x - a < 0 \Rightarrow f'(x) > 0$

$x > a \Rightarrow x - a > 0 \Rightarrow f'(x) < 0$

Assim $x = a$ é um ponto de máximo local de f. O valor máximo de f é:

$f(a) = e^{-(a-a)^2} = e^0 = 1$.

Nos exercícios 226 a 231, calcule os valores extremos de f.

226. $f(x) = x^2 - 4x - 1$

227. $f(x) = x^4 + 8x$

228. $f(x) = \dfrac{x}{1+x^2}$

229. $f(x) = x^2 e^x$

230. $f(x) = \dfrac{e^x - e^{-x}}{e^x + e^{-x}}$

231. $f(x) = (x-1)^{\frac{2}{3}}$

Nos exercícios 232 a 235, determine as coordenadas dos pontos extremos da função f.

232. $f(x) = x^3 - 9x$

233. $f(x) = \dfrac{1+x-x^2}{1-x+x^2}$

234. $f(x) = \dfrac{1-x^3}{x^2}$

235. $f(x) = \dfrac{\ell n\ x}{x^2}$

236. Calcule a e b de modo que a função $f(x) = x^3 + ax^2 + b$ tenha um extremo relativo em $(1, 5)$.

237. Obtenha os extremos absolutos de $f(x) = x^3 + x^2 - x + 1$ no intervalo $\left[-2, \dfrac{1}{2}\right]$.

Solução

Como f é derivável em $\left[-2, \frac{1}{2}\right]$, apliquemos o teorema de Fermat:

$f'(x) = 3x^2 + 2x - 1 = 3(x + 1)\left(x - \frac{1}{3}\right)$ e os zeros de f' são os números -1 e $\frac{1}{3}$.

Analisando a variação de sinal de f', temos:

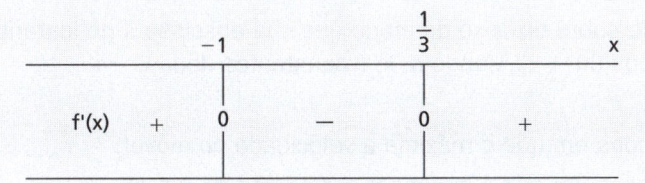

f'(x)	+	0	−	0	+
		-1		$\frac{1}{3}$	x

então -1 é ponto de máximo interior e $\frac{1}{3}$ é ponto de mínimo interior. Calculemos o valor de f nesses pontos críticos e nos extremos do intervalo $\left[-2, \frac{1}{2}\right]$:

$f(-2) = -8 + 4 + 2 + 1 = -1$, $f(-1) = -1 + 1 + 1 + 1 = 2$,

$f\left(\frac{1}{3}\right) = \frac{1}{27} + \frac{1}{9} - \frac{1}{3} + 1 = \frac{22}{27}$ e $f\left(\frac{1}{2}\right) = \frac{1}{8} + \frac{1}{4} - \frac{1}{2} + 1 = \frac{7}{8}$

O valor máximo absoluto de f no intervalo $\left[-2, \frac{1}{2}\right]$ é o maior dos números; $f(-2)$, $f\left(\frac{1}{2}\right)$ e $f(-1)$ portanto é $f(-1) = 2$.

O valor mínimo absoluto de f no intervalo $\left[-2, \frac{1}{2}\right]$ é o menor dos números $f(-2)$, $f\left(\frac{1}{2}\right)$ e $f\left(\frac{1}{3}\right)$ portanto é $f(-2) = -1$.

O gráfico da função ilustra o exposto.

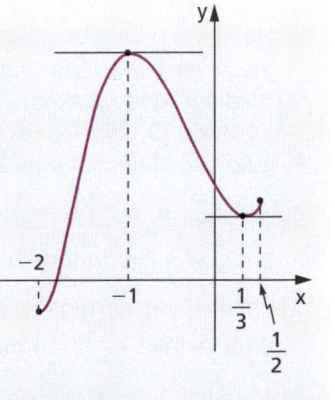

238. Obtenha os extremos absolutos de $f(x) = (x-2)^{\frac{2}{3}}$ no intervalo [1, 5].

239. Dada a função $f(x) = \dfrac{1}{x-2}$, obtenha os extremos absolutos de f no intervalo [3, 6].

240. Uma pedra é lançada verticalmente para cima. Sua altura h (metros), em relação ao solo, é dada por $h = 30 + 20t - 5t^2$, em que t indica o número de segundos decorridos após o lançamento. Em que instante a pedra atingirá sua altura máxima?

241. Um móvel desloca-se sobre um eixo de modo que sua abscissa s no instante t é dada por $s = a \cdot \cos(kt + \ell)$, sendo a, k, ℓ constantes dadas.
Determine:
a) instantes e posições em que é máxima a velocidade do móvel;
b) instantes e posições em que é mínima a aceleração do móvel.

242. Um triângulo está inscrito numa circunferência de raio R. Seus lados medem a, b e 2R. Calcule a e b quando a área do triângulo é máxima.

Solução

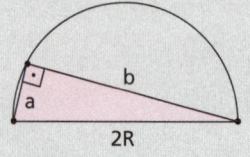

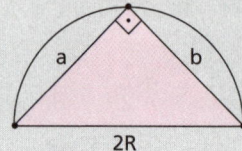

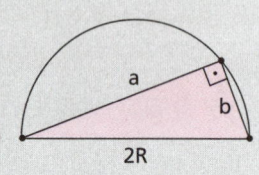

Notemos primeiramente que numa semicircunferência de raio R é possível inscrever diferentes triângulos, todos retângulos. Observemos que a e b, medidas dos catetos, variam de um triângulo para outro e percorrem o intervalo]0, 2R[, isto é, $0 < a < 2R$ e $0 < b < 2R$. Para um mesmo triângulo são verificadas as seguintes relações:

$S = \dfrac{ab}{2}$ e $a^2 + b^2 = 4R^2$

em que S é a área do triângulo.

Para determinarmos o máximo de S devemos colocar S como função de uma variável só (a ou b). Eliminando b, pois $b = \sqrt{4R^2 - a^2}$, temos:

$S = \dfrac{1}{2} \cdot ab = \dfrac{1}{2} \cdot a\sqrt{4R^2 - a^2} = \dfrac{1}{2} \cdot \sqrt{4R^2a^2 - a^4}$

Provemos que S tem um ponto de máximo:

$$S' = \frac{1}{2} \cdot \frac{8R^2a - 4a^3}{2\sqrt{4R^2a^2 - a^4}} = \frac{2R^2a - a^3}{\sqrt{4R^2a^2 - a^4}}$$

$S' = 0 \Rightarrow 2R^2a - a^3 = 0 \Rightarrow a = R\sqrt{2}$

$0 < a < R\sqrt{2} \Rightarrow a^2 < 2R^2 \Rightarrow a^3 < 2R^2a \Rightarrow S' > 0$

$R\sqrt{2} < a < 2R \Rightarrow 2R^2 < a^2 \Rightarrow 2R^2a < a^3 \Rightarrow S' < 0$

e, então, $a = R\sqrt{2}$ é um ponto de máximo local.

Conclusão: O triângulo de área máxima é aquele em que $a = R\sqrt{2}$ e $b = \sqrt{4R^2 - 2R^2} = R\sqrt{2}$, isto é, é o triângulo isósceles.

243. Um retângulo de dimensões x e y tem perímetro 2a (a é constante dada). Determine x e y para que sua área seja máxima.

244. Calcule o perímetro máximo de um trapézio que está inscrito numa semicircunferência de raio R.

245. Calcule o raio da base e a altura do cilindro de volume máximo que pode ser inscrito numa esfera de raio R.

Solução

A figura ao lado é uma secção da esfera e do cilindro inscrito, feita por um plano contendo o eixo de simetria do cilindro. Observemos que numa esfera podem ser inscritos diferentes cilindros, portanto, r e $\frac{h}{2}$ são variáveis. Para um dado cilindro são verificadas as seguintes condições:

$V = \pi r^2 h$, $0 < h < 2R$ e $r^2 + \frac{h^2}{4} = R^2$

em que V é o volume do cilindro.

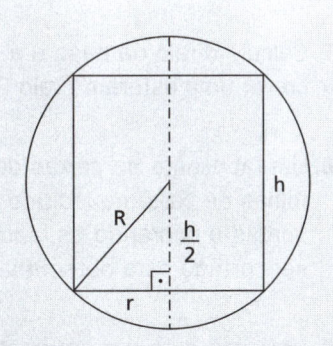

ESTUDO DA VARIAÇÃO DAS FUNÇÕES

> Para determinarmos o máximo de V, devemos colocar V como função de uma variável só (r ou h). Eliminando r, pois $r^2 = R^2 - \dfrac{h^2}{4}$, temos:
>
> $$V = \pi r^2 h = \pi\left(R^2 - \dfrac{h^2}{4}\right)h = \pi R^2 h - \dfrac{\pi h^3}{4}$$
>
> Provemos que V tem um ponto de máximo:
>
> $$V' = \pi R^2 - \dfrac{3\pi h^2}{4}$$
>
> $V' = 0 \Rightarrow \dfrac{3\pi h^2}{4} = \pi R^2 \Rightarrow h = \dfrac{2R}{\sqrt{3}}$
>
> $0 < h < \dfrac{2R}{\sqrt{3}} \Rightarrow h^2 < \dfrac{4R^2}{3} \Rightarrow \dfrac{3\pi h^2}{4} < \pi R^2 \Rightarrow V' > 0$
>
> $\dfrac{2R}{\sqrt{3}} < h < 2R \Rightarrow h^2 > \dfrac{4R^2}{3} \Rightarrow \dfrac{3\pi h^2}{4} < \pi R^2 \Rightarrow V' < 0$
>
> e, então, $h = \dfrac{2R}{\sqrt{3}}$ é um ponto de máximo local.
>
> Conclusão: O cilindro de volume máximo é aquele em que $h = \dfrac{2R}{\sqrt{3}}$ e $r = \dfrac{2R}{\sqrt{3}}$.

246. Calcule o raio da base e a altura do cone de área lateral máxima que é inscritível numa esfera de raio R.

247. Calcule o raio da base e a altura do cone de volume mínimo que pode circunscrever uma esfera de raio R.

248. Um fabricante de caixas de papelão pretende fazer caixas abertas a partir de folhas de cartão quadrado de 576 cm², cortando quadrados iguais nas quatro pontas e dobrando os lados. Calcule a medida do lado do quadrado que deve ser cortado para obter uma caixa cujo volume seja o maior possível.

249. Uma ilha está em um ponto A, a 10 km do ponto B mais próximo sobre uma praia reta. Um armazém está no ponto C, a 20 km de B sobre a praia. Se um homem pode remar à razão de 4 km/h e andar à razão de 5 km/h, onde deveria desembarcar para ir da ilha ao armazém no menor tempo possível?

ESTUDO DA VARIAÇÃO DAS FUNÇÕES

250. Um fio de comprimento L é cortado em dois pedaços, um dos quais formará um círculo e o outro, um quadrado. Como deve ser cortado o fio para que a soma das áreas do círculo e do quadrado seja mínima?

251. Um funil cônico tem raio r e altura h. Se o volume do funil é V (constante), calcule a razão $\frac{r}{h}$ de modo que sua área lateral seja mínima.

252. Um fazendeiro precisa construir dois currais lado a lado, com uma cerca comum, conforme mostra a figura. Se cada curral deve ter uma certa área A, qual o comprimento mínimo que a cerca deve ter?

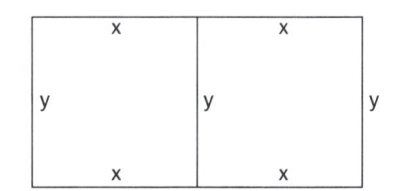

253. Uma calha de fundo plano e lados igualmente inclinados vai ser construída dobrando-se uma folha de metal de largura ℓ. Se os lados e o fundo têm largura $\frac{\ell}{3}$, calcule o ângulo θ de forma que a calha tenha a máxima secção reta.

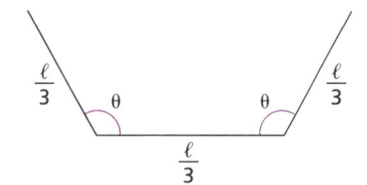

172. Extremantes e derivada segunda

Um outro processo para determinar se uma raiz x_0 da equação f'(x) = 0 é extremante da função f consiste em estudar o sinal da derivada segunda de f no ponto x_0. O teorema seguinte explica o processo.

173. Teorema

Seja f uma função contínua e derivável até segunda ordem no intervalo I =]a, b[, com derivadas f' e f'' também contínuas em I. Seja $x_0 \in$ I tal que f'(x_0) = 0. Nestas condições, temos:

a) se f''(x_0) < 0, então x_0 é ponto de máximo local de f;
b) se f''(x_0) > 0, então x_0 é ponto de mínimo local de f.

ESTUDO DA VARIAÇÃO DAS FUNÇÕES

Demonstração:

a) Se $f''(x_0) < 0$ e f'' é contínua, existe uma vizinhança V de x_0 na qual $f''(x) < 0$, $\forall x \in V$.

Se $f''(x) < 0$, então f' é decrescente em V; portanto, como $f'(x_0) = 0$, decorre que em V, à esquerda de x_0, temos $f'(x) > 0$ e à direita de x_0 temos $f'(x) < 0$. Concluímos assim que x_0 é ponto de máximo local.

b) Prova-se analogamente.

174. Exemplos:

1º) Determinar os extremantes de $f(x) = x^4 - 4x^3$.

$f(x) = x^4 - 4x^3 \Rightarrow f'(x) = 4x^3 - 12x^2 \Rightarrow f''(x) = 12x^2 - 24x$

As raízes da equação $f'(x) = 4x^3 - 12x^2 = 0$ são 0 e 3. Substituindo esses números em $f''(x)$, vem:

$f''(0) = 0 \Rightarrow$ nada se conclui sobre 0.

$f''(3) = 12 \cdot 3^2 - 24 \cdot 3 = 36 > 0 \Rightarrow$ 3 é ponto de mínimo.

2º) Achar os extremantes de $f(x) = 2 \cdot \operatorname{sen} x + \cos 2x$, no intervalo $[0, 2\pi]$.

$f(x) = 2 \cdot \operatorname{sen} x + \cos 2x \Rightarrow f'(x) = 2 \cdot \cos x - 2 \cdot \operatorname{sen} 2x \Rightarrow$

$\Rightarrow f''(x) = -2 \cdot \operatorname{sen} x - 4 \cdot \cos 2x$

As raízes de $f'(x) = 2 \cdot \cos x - 2 \cdot \operatorname{sen} 2x = 0$ são $\frac{\pi}{6}, \frac{\pi}{2}, \frac{5\pi}{6}$ e $\frac{3\pi}{2}$. Testando cada uma em $f''(x)$, temos:

$f''\left(\frac{\pi}{6}\right) = -2 \cdot \operatorname{sen} \frac{\pi}{6} - 4 \cdot \cos \frac{\pi}{3} = -1 - 2 = -3 < 0$

$f''\left(\frac{\pi}{2}\right) = -2 \cdot \operatorname{sen} \frac{\pi}{2} - 4 \cdot \cos \pi = -2 + 4 = 2 > 0$

$f''\left(\frac{5\pi}{6}\right) = -2 \cdot \operatorname{sen} \frac{5\pi}{6} - 4 \cdot \cos \frac{5\pi}{3} = -1 - 2 = -3 < 0$

$f''\left(\frac{3\pi}{2}\right) = -2 \cdot \operatorname{sen} \frac{3\pi}{2} - 4 \cdot \cos 3\pi = +2 + 4 = 6 > 0$

então $\frac{\pi}{6}$ e $\frac{5\pi}{6}$ são pontos de máximo e $\frac{\pi}{2}$ e $\frac{3\pi}{2}$ são pontos de mínimo.

175. Observação

Devemos observar, nas condições do último teorema, que se $f'(x_0) = 0$ e $f''(x_0) = 0$ nada pode ser concluído sobre x_0. Um teorema mais geral que o anterior estabelece finalmente um critério para pesquisar máximos e mínimos locais sem chegar a impasse.

176. Critério geral para pesquisar extremantes

Seja f uma função derivável com derivadas sucessivas também deriváveis em $I = {]}a, b{[}$. Seja $x_0 \in I$ tal que

$$f'(x_0) = f''(x_0) = \ldots = f^{(n-1)}(x_0) = 0 \text{ e } f^{(n)}(x_0) \neq 0$$

Nestas condições, temos:

I) se n é par e $f^{(n)}(x_0) < 0$, então x_0 é ponto de máximo local de f;

II) se n é par e $f^{(n)}(x_0) > 0$, então x_0 é ponto de mínimo local de f;

III) se n é ímpar, então x_0 não é ponto de máximo local nem de mínimo local de f.

A demonstração deste teorema não cabe num curso deste nível.

177. Exemplos:

Pesquisemos os extremantes da função $f(x) = x^5 - 3x^4 + 3x^3 - x^2 + 1$.

Calculando as sucessivas derivadas de f, temos:

$f'(x) = 5x^4 - 12x^3 + 9x^2 - 2x = x(x-1)^2(5x-2)$

$f''(x) = 20x^3 - 36x^2 + 18x - 2 = (x-1)(20x^2 - 16x + 2)$

$f'''(x) = 60x^2 - 72x + 18$

$f''''(x) = 120x - 72$

$f^{(v)}(x) = 120$

$f^{(n)}(x) = 0$, para todo $n > 5$

As raízes de $f'(x) = 0$ são 0, 1 e $\dfrac{2}{5}$.

ESTUDO DA VARIAÇÃO DAS FUNÇÕES

Temos ainda:

$f'(0) = 0$ e $f''(0) = -2 < 0$

$f'(1) = 0$, $f''(1) = 0$ e $f'''(1) = 6 \neq 0$

$f'\left(\dfrac{2}{5}\right) = 0$ e $f''\left(\dfrac{2}{5}\right) = \dfrac{18}{25} > 0$

portanto: 0 é ponto de máximo, $\dfrac{2}{5}$ é ponto de mínimo e 1 não é ponto de máximo nem de mínimo.

EXERCÍCIOS

Nos exercícios 254 a 259, determine os extremantes da função *f*, utilizando o critério da segunda derivada.

254. $f(x) = x(x - 2)^3$

255. $f(x) = \dfrac{x}{1 + x^2}$

256. $f(x) = x^2 e^x$

257. $f(x) = e^x + e^{-x}$

258. $f(x) = \log_e(1 + x^2)$

259. $f(x) = (x - 1)^{\frac{2}{3}}$

260. Calcule as coordenadas dos pontos extremos do gráfico da função $f(x) = \dfrac{\ln \dfrac{x}{2}}{(\ln x)^2}$.

261. Dada a função $f(x) = -(x - 1)^2$, determine os extremos absolutos de *f* no intervalo $[-2, 3]$.

262. Obtenha os extremos absolutos de $f(x) = x^2 - 4x + 8$ em $[-1, 3]$.

263. Dada a função *f* tal que:

$f(x) = \begin{cases} x + 2 & \text{se } x < 1 \\ x^2 - 6x + 8 & \text{se } x \geq 1 \end{cases}$

determine os extremos absolutos de *f* em $[-6, 5]$.

ESTUDO DA VARIAÇÃO DAS FUNÇÕES

264. Ache o ponto P_0 situado sobre a hipérbole de equação $xy = 1$ e que está mais próximo da origem.

Solução

Seja $P_0 = (x, y)$. A distância de P_0 à origem é $d = \sqrt{x^2 + y^2}$. Estando P_0 sobre a hipérbole, $y = \dfrac{1}{x}$ e, então, $d = \sqrt{x^2 + \dfrac{1}{x^2}}$. Calculemos x para que d seja mínima.

$$d' = \frac{1}{2} \cdot \left(x^2 + \frac{1}{x^2}\right)^{-\frac{1}{2}} \cdot (2x - 2 \cdot x^{-3}) = \frac{x - \dfrac{1}{x^3}}{\sqrt{x^2 + \dfrac{1}{x^2}}}$$

$d' = 0 \Rightarrow x - \dfrac{1}{x^3} = 0 \Rightarrow x^4 - 1 = 0 \Rightarrow x = \pm 1$

e, portanto, $P_0 = (1, 1)$ ou $P_0 = (-1, -1)$.

265. Ache o ponto da curva $(x - 3)^2 + (y - 6)^2 = 20$ que está a distância mínima do ponto $(-2, -4)$.

266. Um triângulo isósceles de base a está inscrito numa circunferência de raio R. Calcule a de modo que seja máxima a área do triângulo.

Solução

Seja ABC o triângulo isósceles de base $a = AB$ e altura $h = CE$. Sua área é dada pela fórmula

$S = \dfrac{1}{2} ah$

No triângulo retângulo BCD, a altura BE é média geométrica entre os segmentos que determina a hipotenusa CD. Então:

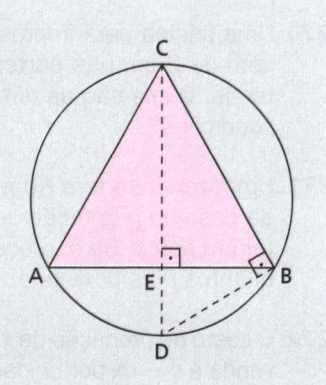

ESTUDO DA VARIAÇÃO DAS FUNÇÕES

$(BE)^2 = (EC)(ED) \Rightarrow \dfrac{a^2}{4} = h \cdot (2R - h) \Rightarrow a = 2\sqrt{2Rh - h^2}$

$S = \dfrac{1}{2} ah = h\sqrt{2Rh - h^2} = \sqrt{2Rh^3 - h^4}$

Procuremos o valor máximo de S para $0 < h < 2R$:

$S' = \dfrac{6Rh^2 - 4h^3}{2\sqrt{2Rh^3 - h^4}} = \dfrac{3Rh^2 - 2h^3}{\sqrt{2Rh^3 - h^4}}$

$S' = 0 \Rightarrow 3Rh^2 - 2h^3 = 0 \Rightarrow h = \dfrac{3R}{2}$

Como $S = 0$ para $h = 0$ ou $h = 2R$ e

$h = \dfrac{3R}{2} \Rightarrow S = \sqrt{2R \cdot \dfrac{27R^3}{8} - \dfrac{81R^4}{16}} = \sqrt{\dfrac{27R^4}{16}} = \dfrac{3\sqrt{3}\,R^2}{4}$

então $h = \dfrac{3R}{2}$ é ponto de máximo para S e, neste caso,

$a = 2\sqrt{2R \cdot \dfrac{3R}{2} - \dfrac{9R^2}{4}} = R\sqrt{3}$

267. Calcule o raio da base e a altura do cone de máximo volume que se pode inscrever numa esfera de raio R.

268. Determine as dimensões do cone de área total mínima que pode circunscrever uma esfera de raio R.

269. Um fabricante precisa produzir caixas de papelão, com tampa, tendo na base um retângulo com comprimento igual ao triplo da largura. Calcule as dimensões que permitem a máxima economia de papelão para produzir caixas de volume V (dado).

270. Uma página para impressão deve conter 300 cm² de área impressa, uma margem de 2 cm nas partes superior e inferior e uma margem de 1,5 cm nas laterais. Quais são as dimensões da página de menor área que preenche essas condições?

271. Um fazendeiro tem 80 porcos, pesando 150 kg cada um. Cada porco aumenta de peso na proporção de 2,5 kg por dia. Gastam-se R$ 2,00 por dia para manter um porco. Se o preço de venda está a R$ 3,00 por kg e cai R$ 0,03 por dia, quantos dias deve o fazendeiro aguardar para que seu lucro seja máximo?

272. O custo de produção de x unidades de uma certa mercadoria é $a + bx$ e o preço de venda é $c - dx$ por unidade, sendo a, b, c, d constantes positivas. Quantas unidades devem ser produzidas e vendidas para que seja máximo o lucro da operação?

IV. Concavidade

178. Definição

Seja f uma função contínua no intervalo $I = [a, b]$ e derivável no ponto $x_0 \in]a, b[$. Dizemos que o gráfico de f tem **concavidade positiva** em x_0 se, e somente se, existe uma vizinhança V de x_0 tal que, para $x \in V$, os pontos do gráfico de f estão acima da reta tangente à curva no ponto x_0.

Analogamente, se existe uma vizinhança V de x_0 tal que, para $x \in V$, os pontos do gráfico de f estão abaixo da reta tangente à curva no ponto x_0, dizemos que o gráfico de f tem **concavidade negativa**.

A figura 1 a seguir mostra o gráfico de uma função que tem concavidade positiva em x_0, enquanto a figura 2 ilustra uma concavidade negativa em x_0.

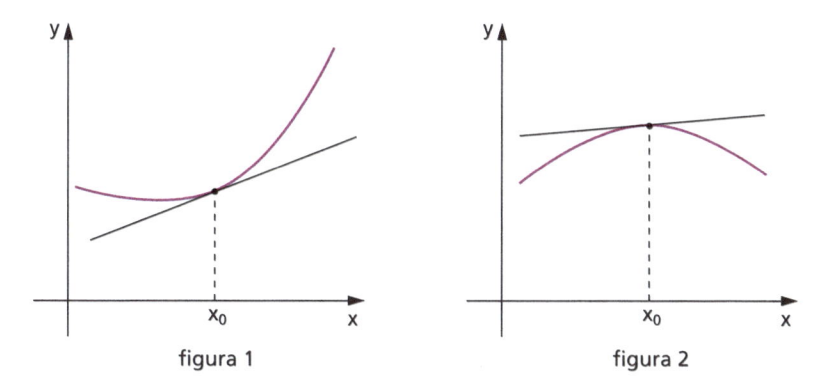

figura 1

figura 2

Um critério para determinar se um gráfico tem concavidade positiva ou negativa em x_0 é dado pelo seguinte teorema.

179. Teorema

Se f é uma função derivável até segunda ordem no intervalo $I = [a, b]$, x_0 é interno a $[a, b]$ e $f''(x_0) \neq 0$, então:

a) quando $f''(x_0) > 0$, o gráfico de f tem concavidade positiva em x_0;

b) quando $f''(x_0) < 0$, o gráfico de f tem concavidade negativa em x_0.

Apenas mostraremos geometricamente que o teorema é válido.

ESTUDO DA VARIAÇÃO DAS FUNÇÕES

Se $f''(x_0) > 0$, então f' é crescente nas vizinhanças de x_0; portanto, as tangentes ao gráfico têm inclinação crescente e isto só é possível sendo positiva a concavidade.

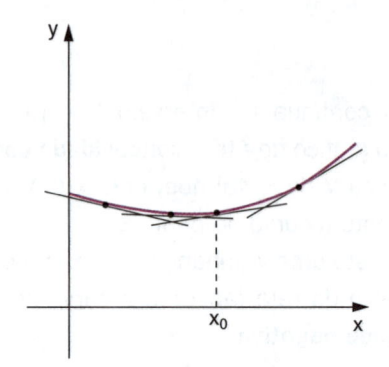

Analogamente, se $f''(x_0) < 0$, então f' é decrescente nas vizinhanças de x_0, isto é, as retas tangentes à curva têm inclinação decrescente; portanto, a concavidade é negativa.

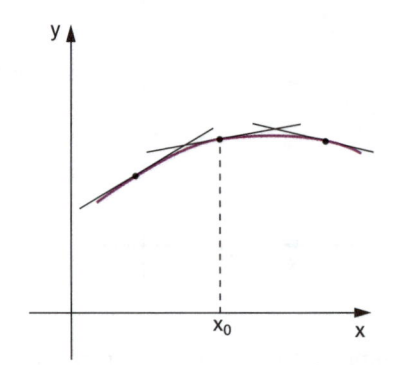

180. Exemplos:

1º) Como é a concavidade do gráfico da função $f(x) = \cos x$, para $x \in [0, 2\pi]$?

Temos $f'(x) = -\operatorname{sen} x$ e $f''(x) = -\cos x$.

Notando que:

$f''(x) < 0 \Leftrightarrow -\cos x < 0 \Leftrightarrow 0 \leq x < \dfrac{\pi}{2}$ ou $\dfrac{3\pi}{2} < x \leq 2\pi$

$f''(x) > 0 \Leftrightarrow -\cos x > 0 \Leftrightarrow \dfrac{\pi}{2} < x < \dfrac{3\pi}{2}$

Concluímos que nos intervalos $\left[0, \dfrac{\pi}{2}\right]$ e $\left[\dfrac{3\pi}{2}, 2\pi\right]$ a curva tem concavidade negativa e no intervalo $\left]\dfrac{\pi}{2}, \dfrac{3\pi}{2}\right[$ a concavidade é positiva. Confira no gráfico abaixo.

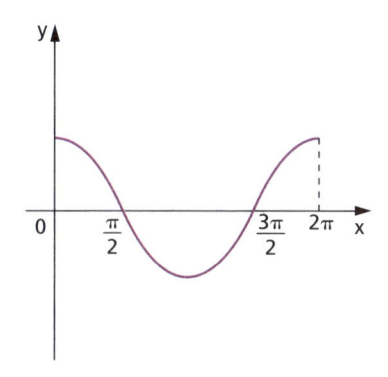

2º) Como é a concavidade da curva $y = x^4 - 4x^3$?

$y = x^4 - 4x^3 \Rightarrow y' = 4x^3 - 12x^2 \Rightarrow y'' = 12x^2 - 24x$

Notando que $y'' = 12 \cdot x \cdot (x - 2)$, temos:

$x < 0$ ou $x > 2 \Rightarrow y'' > 0 \Rightarrow$ concavidade positiva.

$0 < x < 2 \Rightarrow y'' < 0 \Rightarrow$ concavidade negativa.

Confira com o gráfico do item 171.

V. Ponto de inflexão

181. Definição

Seja f uma função contínua no intervalo $I = [a, b]$ e derivável no ponto $x_0 \in \,]a, b[$. Dizemos que $P_0(x_0, f(x_0))$ é um **ponto de inflexão** do gráfico de f se, e somente se, existe uma vizinhança V de x_0 tal que nos pontos do gráfico f para $x \in V$ e $x < x_0$ a concavidade tem sempre o mesmo sinal, que é contrário ao sinal da concavidade nos pontos do gráfico para $x > x_0$.

Em outros termos, P_0 é ponto de inflexão quando P_0 é ponto em que a concavidade "troca de sinal". Eis alguns exemplos:

ESTUDO DA VARIAÇÃO DAS FUNÇÕES

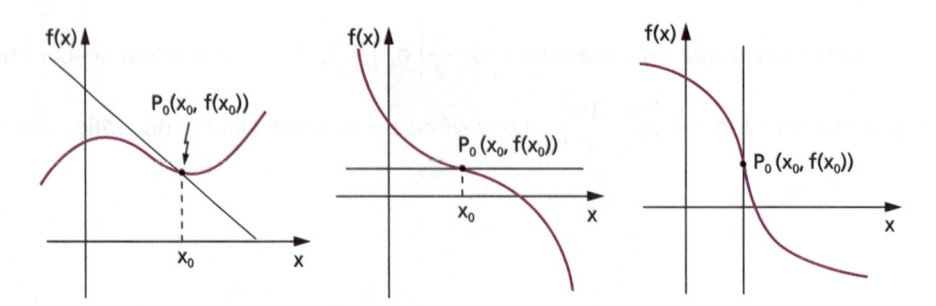

Retomando os exemplos do item 180, vemos que os pontos de inflexão de $f(x) = \cos x$ no intervalo $[0, 2\pi]$ são os pontos de abscissas $\frac{\pi}{2}$ e $\frac{3\pi}{2}$; os pontos de inflexão da curva $y = x^4 - 4x^3$ são os de abscissas 0 e 2.

Os seguintes teoremas permitem localizar os pontos de inflexão no gráfico de uma função.

182. Teorema

Seja f uma função com derivadas até terceira ordem em $I =]a, b[$. Seja $x_0 \in]a, b[$. Se $f''(x_0) = 0$ e $f'''(x_0) \neq 0$, então x_0 é abscissa de um ponto de inflexão.

Demonstração:

Suponhamos, por exemplo, $f''(x_0) = 0$ e $f'''(x_0) > 0$. De acordo com o teorema do item 173, x_0 é ponto de mínimo local da função f'. Assim sendo, existe uma vizinhança V de x_0 tal que:

$(x \in V$ e $x < x_0) \Rightarrow f''(x_0) < 0$

$(x \in V$ e $x > x_0) \Rightarrow f''(x_0) > 0$

isto é, em x_0 a função f'' "troca de sinal", ou ainda, em $P_0(x_0, f(x_0))$ a concavidade do gráfico de f troca de sinal; portanto, x_0 é abscissa de um ponto de inflexão.

183. Teorema

Se f é uma função derivável até segunda ordem em $I =]a, b[$, $x_0 \in]a, b[$ e x_0 é abscissa de ponto de inflexão do gráfico de f, então $f''(x_0) = 0$.

ESTUDO DA VARIAÇÃO DAS FUNÇÕES

Demonstração:

Suponhamos $f''(x_0) \neq 0$; por exemplo, admitamos $f''(x_0) > 0$. Temos:

$$f''(x_0) = \lim_{x \to x_0} \frac{f'(x) - f'(x_0)}{x - x_0} > 0$$

então existe uma vizinhança V de x_0 tal que $\frac{f'(x) - f'(x_0)}{x - x_0} > 0$, $\forall x \in V$, $x \neq x_0$.

Assim, em V, a função f' é crescente; portanto, em V o gráfico de f tem concavidade sempre positiva, isto é, em $P_0(x_0, f(x_0))$ a concavidade não troca de sinal e P_0 deixa de ser ponto de inflexão.

184. Observação

Este último teorema mostra que uma condição necessária para x_0 ser a abscissa de um ponto de inflexão do gráfico de f é anular f''. Entretanto, nem todas as raízes de $f''(x) = 0$ são abscissas de pontos de inflexão. Se uma raiz x_0 de $f''(x) = 0$ não anular f''', o teorema do item 182 garante que x_0 é abscissa de ponto de inflexão. Se, porém, $f''(x_0) = f'''(x_0) = 0$, nada podemos concluir, usando a teoria dada.

185. Exemplo:

Determinar os pontos de inflexão do gráfico da função f: $\mathbb{R} \to \mathbb{R}$ tal que $f(x) = x^4 - 2x^3 - 12x^2 + 12x - 5$.

Temos:

$f'(x) = 4x^3 - 6x^2 - 24x + 12$

$f''(x) = 12x^2 - 12x - 24$

As raízes da equação $f''(x) = 0$, isto é, $12x^2 - 12x - 24 = 0$ são: 2 e -1.

Notando que $f'''(x) = 24x - 12$, vemos que:

$f'''(2) = 48 - 12 = 36 \neq 0$ e $f'''(-1) = -24 - 12 = -36 \neq 0$

portanto, 2 e -1 são abscissas de pontos de inflexão e esses pontos são $P = (2, f(2)) = (2, -29)$ e $Q = (-1, f(-1)) = (-1, -26)$

ESTUDO DA VARIAÇÃO DAS FUNÇÕES

EXERCÍCIOS

Nos exercícios 273 a 277, determine onde o gráfico da função dada tem concavidade positiva, onde a concavidade é negativa e obtenha os pontos de inflexão, caso existam.

273. $f(x) = x^3 + 9x$

274. $f(x) = \dfrac{x}{x^2 - 1}$

275. $f(x) = \sqrt[5]{x - 2}$

276. $f(x) = \dfrac{2x}{\sqrt[2]{(x^2 + 4)^3}}$

277. $f(x) = \begin{cases} x^2, \text{ para } x < 1 \\ x^3 - 4x^2 + 7x - 3, \text{ para } x \geq 1 \end{cases}$

278. Determine os intervalos em que x deve estar para que o gráfico da função $f(x) = \operatorname{sen} x - \cos x$ tenha concavidade positiva.

279. Determine as abscissas dos pontos do gráfico da função $f(x) = x^5 - x^4$ nos quais a concavidade é negativa.

280. Quais são os pontos de inflexão no gráfico da função $f(x) = (x^2 - 1)(x^2 - 4)$?

Nos exercícios 281 a 283, supondo que f é contínua em algum intervalo aberto que contém c, faça uma parte do gráfico de f numa vizinhança de c de modo que fiquem satisfeitas as condições dadas.

281. Para $x > c$, $f'(x) < 0$ e $f''(x) > 0$ e para $x < c$, $f'(x) > 0$ e $f''(x) > 0$.

282. Para $x > c$, $f'(x) > 0$ e $f''(x) > 0$ e para $x < c$, $f'(x) > 0$ e $f''(x) < 0$.

283. $f'(c) = f''(c) = 0$ e $f''(x) > 0$ para $x < c$ ou $x > c$.

284. Esboce o gráfico de uma função f tal que, para todo x real, tenhamos $f(x) > 0$, $f'(x) < 0$ e $f''(x) > 0$.

285. Esboce o gráfico de uma função f para a qual $f(x)$, $f'(x)$ e $f''(x)$ existem e são positivas, $\forall x \in \mathbb{R}$.

286. Se $f(x) = a_0 + a_1 x + a_2 x^2 + a_3 x^3$, determine a_0, a_1, a_2 e a_3 de modo que f tenha um extremo relativo em $(0, 3)$ e um ponto de inflexão em $(1, -1)$.

287. Se $f(x) = a_0 + a_1 x + a_2 x^2 + a_3 x^3 + a_4 x^4$, calcule a_0, a_1, a_2, a_3 e a_4 de modo que o gráfico de f passe pela origem, seja simétrico em relação ao eixo y e tenha um ponto de inflexão em $(1, -1)$.

VI. Variação das funções

186. Um dos objetivos da teoria deste capítulo é possibilitar um estudo da variação de uma função f. Para caracterizar como varia uma função f, procuramos determinar:
   a) o domínio;
   b) a paridade;
   c) os pontos de descontinuidade;
   d) as interseções do gráfico com os eixos x e y;
   e) o comportamento no infinito;
   f) o crescimento ou decréscimo;
   g) os extremantes;
   h) os pontos de inflexão e a concavidade;
   i) o gráfico.

187. Exemplos:

1º) Estudar a variação da função $f(x) = x^3 + x^2 - 5x$.

a) Seu domínio é $\mathbb{R}$.

b) A função não é par nem ímpar, pois:
$f(-x) = (-x)^3 + (-x)^2 - 5(-x) = -x^3 + x^2 + 5x$
não é idêntica a $f(x)$ nem a $-f(x)$.

c) A função polinomial f é contínua em $\mathbb{R}$.

d) Fazendo $x = 0$, temos $f(0) = 0$.

Fazendo $f(x) = 0$, temos $x^3 + x^2 - 5x = 0$, isto é, $x = 0$ ou $x = \dfrac{-1 - \sqrt{21}}{2}$ ou $x = \dfrac{-1 + \sqrt{21}}{2}$.

As interseções com os eixos são os pontos $(0, 0)$; $\left(\dfrac{-1 - \sqrt{21}}{2}, 0\right)$ e $\left(\dfrac{-1 + \sqrt{21}}{2}, 0\right)$.

e) $\lim\limits_{x \to +\infty} f(x) = \lim\limits_{x \to +\infty} x^3 = +\infty$

$\lim\limits_{x \to -\infty} f(x) = \lim\limits_{x \to -\infty} x^3 = -\infty$

f) $f'(x) = 3x^2 + 2x - 5 = 3(x - 1)\left(x + \dfrac{5}{3}\right)$

ESTUDO DA VARIAÇÃO DAS FUNÇÕES

então:

$x \leq -\dfrac{5}{3}$ ou $x \geq 1 \Rightarrow f'(x) \geq 0 \Rightarrow f$ crescente

$-\dfrac{5}{3} \leq x \leq 1 \Rightarrow f'(x) \leq 0 \Rightarrow f$ decrescente

g) $f'(x) = 0 \Rightarrow x = 1$ ou $x = -\dfrac{5}{3}$

$f''(x) = 6x + 2 \Rightarrow \begin{cases} f''(1) = 8 > 0 \\ f''\left(-\dfrac{5}{3}\right) = -8 < 0 \end{cases}$

então f tem um mínimo em $x = 1$ e um máximo em $x = -\dfrac{5}{3}$.

h) $f''(x) = 6x + 2$, então:

$x < -\dfrac{1}{3} \Rightarrow f''(x) < 0 \Rightarrow$ concavidade negativa

$x > -\dfrac{1}{3} \Rightarrow f''(x) > 0 \Rightarrow$ concavidade positiva

Como o sinal da concavidade muda em $x = -\dfrac{1}{3}$, o gráfico tem um ponto de inflexão em $-\dfrac{1}{3}$.

i) gráfico de f:

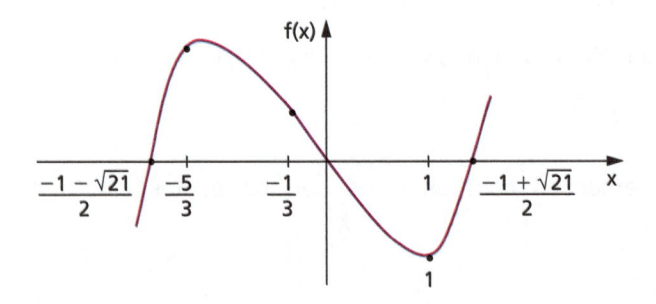

2º) Estudar a variação da função $f(x) = \dfrac{x-1}{2x-5}$.

a) Seu domínio é $D(f) = \mathbb{R} - \left\{\dfrac{5}{2}\right\}$.

b) A função não é par nem ímpar, pois:

$f(-x) = \dfrac{-x - 1}{2(-x) - 5}$ não é idêntica a f(x) nem a $-f(x)$.

c) Como $g(x) = x - 1$ e $h(x) = 2x - 5$ são contínuas,

$f(x) = \dfrac{x - 1}{2x - 5}$ é contínua em todos os pontos do seu domínio.

Notemos que $\lim\limits_{x \to \frac{5}{2}^-} f(x) = -\infty$ e $\lim\limits_{x \to \frac{5}{2}^+} f(x) = +\infty$.

d) Fazendo $x = 0$, temos $f(0) = \dfrac{0 - 1}{2 \cdot 0 - 5} = \dfrac{1}{5}$.

Fazendo $f(x) = 0$, temos $\dfrac{x - 1}{2x - 5} = 0$, isto é, $x = 1$.

As interseções com os eixos são os pontos $\left(0, \dfrac{1}{5}\right)$ e $(1, 0)$.

e) $\lim\limits_{x \to +\infty} f(x) = \lim\limits_{x \to +\infty} \dfrac{x - 1}{2x - 5} = \lim\limits_{x \to +\infty} \dfrac{1 - \dfrac{1}{x}}{2 - \dfrac{5}{x}} = \dfrac{1}{2}$ e

$\lim\limits_{x \to -\infty} f(x) = \dfrac{1}{2}$ (analogamente)

f) $f'(x) = \dfrac{1 \cdot (2x - 5) - (x - 1) \cdot 2}{(2x - 5)^2} = \dfrac{-3}{(2x - 5)^2} < 0, \forall x \neq \dfrac{5}{2}$

então f é decrescente em todo intervalo que não contenha $\dfrac{5}{2}$.

g) f é derivável em seu domínio e f' nunca se anula, então f não tem extremantes.

h) $f''(x) = \dfrac{12}{(2x - 5)^3}$

então:

$x < \dfrac{5}{2} \Rightarrow 2x - 5 < 0 \Rightarrow f''(x) < 0 \Rightarrow$ concavidade negativa

$x > \dfrac{5}{2} \Rightarrow 2x - 5 > 0 \Rightarrow f''(x) > 0 \Rightarrow$ concavidade positiva

Como o sinal da concavidade muda no ponto de abscissa $\frac{5}{2}$ (em que f não é definida), concluímos que o gráfico de f não tem ponto de inflexão.

i) gráfico de f:

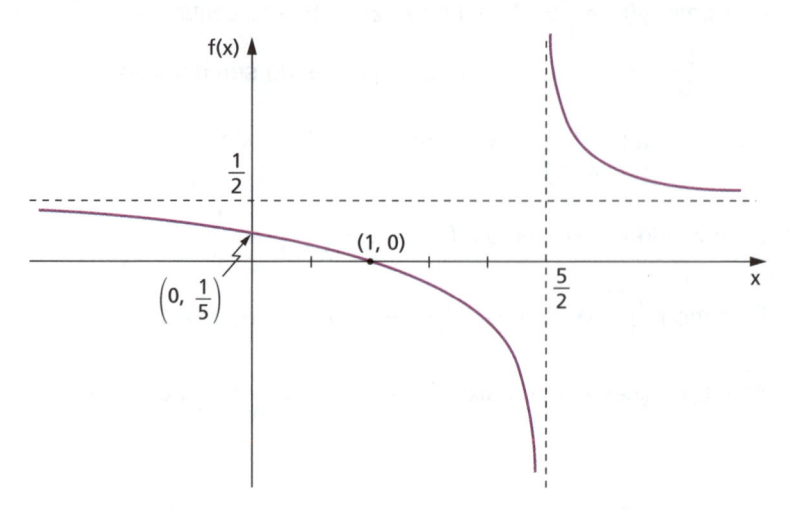

EXERCÍCIOS

Nos exercícios 288 a 297, determine o domínio, a paridade, os pontos de descontinuidade, as interseções do gráfico com os eixos, o comportamento no infinito, o crescimento ou decrescimento, os extremantes, a concavidade, os pontos de inflexão e o gráfico de f.

288. $f(x) = 2x^3 - 6x$

289. $f(x) = 4x^3 - x^2 - 24x - 1$

290. $f(x) = 3x^4 + 4x^3 + 6x^2 - 4$

291. $f(x) = (x - 1)^2(x + 2)^3$

292. $f(x) = 3x^{\frac{2}{3}} - 2x$

293. $f(x) = x^{\frac{1}{3}} + 2 \cdot x^{\frac{4}{3}}$

294. $f(x) = 1 + (x - 2)^{\frac{1}{3}}$

295. $f(x) = x\sqrt{1 - x}$

296. $f(x) = \dfrac{x + 1}{x - 3}$

297. $f(x) = \dfrac{9x}{x^2 + 9}$

ESTUDO DA VARIAÇÃO DAS FUNÇÕES

LEITURA

Cauchy e Weierstrass: o rigor chega ao Cálculo

Hygino H. Domingues

O cálculo, tal como foi deixado por Newton e Leibniz, carecia quase totalmente de estruturação lógica. E nos 150 anos seguintes muito pouco mudou quanto a esse aspecto. Embora houvesse consciência, em todo esse tempo, da necessidade de demonstrações e justificativas, estas frequentemente não correspondiam aos padrões atuais de rigor, apelando demasiado para a intuição geométrica.

Assim é que por muito tempo a confiança no cálculo derivava sobretudo de sua eficácia. Um episódio envolvendo o matemático e astrônomo Edmund Halley (1656-1742) e o bispo George Berkeley (1685-1753) ilustra bem essa situação. O primeiro, talvez movido por concepções materialistas inspiradas na ciência da época (em que o cálculo tinha papel especial), teria convencido alguém em seu leito de morte a recusar o consolo espiritual que lhe seria ministrado por Berkeley. Este, exímio polemista, expressou sua irritação num livro de 1734 intitulado *O analista: ou um discurso dirigido a um matemático infiel*, no qual provou de forma irrefutável que o cálculo àquela altura era, tanto quanto a religião, matéria de fé.

Pois certamente não havia explicação para o fato de Newton, no seu *Quadratura de curvas*, operar algebricamente seguidas vezes com um incremento h e, ao fim, considerar nulos todos os termos envolvendo h (agora igualado a zero). E tampouco para aceitar que a razão dy/dx entre as diferenciais, segundo conceito de Leibniz (ver págs. 142 e 143), expressava a inclinação da tangente, e não a da secante (ver figura). O desprezo das diferenciais superiores,

Augustin-Louis Cauchy (1789-1857).

sem nenhuma explicação convincente, levando a resultados corretos, ensejava a Berkeley a observação "em virtude de um erro duplo chega-se, ainda que não a uma ciência, pelo menos a uma verdade".

D'Alembert (1717-1783), que em algum momento teria declarado "avante, e a fé lhe virá", sugerindo como enfrentar os mistérios do cálculo na época, vislumbrava porém que para sair desse estado era preciso estabelecer um método de limites.

Em 1784, a Academia de Ciências de Berlim instituiu um concurso, cujo prêmio seria conferido dois anos depois, sobre o problema do infinito em matemática. O edital manifestava o desejo da Academia de uma explanação sobre o porquê de muitos teoremas corretos serem "deduzidos de suposições contraditórias". O vencedor foi o suíço Simon L'Huillier, com o trabalho *Exposição elementar do cálculo superior*. Mas L'Huillier, que introduziu a notação dP/dx = lim (ΔP/Δx) para a derivada, pouca luz trouxe ao problema. Seria só no século XIX, especialmente graças aos esforços de Augustin-Louis Cauchy (1789-1857) e Karl Weierstrass (1815-1897), que o assunto seria fundamentado com rigor.

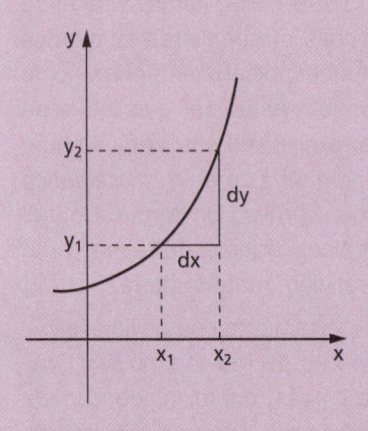

Natural de Paris, Cauchy estudou na Escola Politécnica e, a despeito de seu grande talento para a ciência pura, chegou a encetar uma promissora carreira de engenheiro, abandonada em 1815 por razões de saúde. Nesse mesmo ano inicia-se como professor na Escola Politécnica — afinal, a essa altura, seu currículo já exibia vários trabalhos de valor no campo da matemática, o primeiro de 1811. No ano seguinte aceita sua indicação para a Academia de Ciências, mesmo sendo para o lugar de Monge, excluído por razões políticas. Mas era coerente: em 1830, com a expulsão de Carlos X, exila-se voluntariamente; já de volta à França há cerca de dez anos, em 1848 passa a ocupar uma cadeira na Sorbonne, da qual é excluído em 1852 por sua recusa em jurar fidelidade ao governo (em 1854 foi readmitido sem essa exigência).

Cauchy deixou cerca de 800 trabalhos entre livros e artigos, cobrindo quase todos os ramos da matemática, um feito talvez só superado por Euler. Mas suas contribuições mais significativas estão na área do cálculo e da aná-

ESTUDO DA VARIAÇÃO DAS FUNÇÕES

lise, sempre pautadas pela preocupação com o rigor e a clareza. Um exemplo disso está na sua abordagem das séries, com o cuidado que dispensou à questão da convergência.

Seu *Curso de análise*, um livro-texto feito para a Escola Politécnica, apresenta a primeira definição aritmética de limite. A precisão com que dela decorrem conceitos básicos como os de continuidade, diferenciabilidade e integral definida seguramente marca o início do cálculo moderno. Mas Cauchy recorria com frequência a expressões como "aproximar-se indefinidamente" e "tão pequeno quanto se deseje", por exemplo, o que precisava ser quantificado convenientemente. Esse trabalho seria feito por Weierstrass.

Natural do povoado de Ostenfeld (Alemanha), Weierstrass era filho de um inspetor de alfândega autoritário que desejava vê-lo num alto posto administrativo — tanto mais que sua passagem pela escola secundária fora brilhante. Mas Weierstrass não deu essa alegria ao pai, embora tivesse ficado de 1834 a 1838 em Bonn matriculado no curso indicado (leis, que afinal não concluiu). Em 1839 habilitou-se para o ensino médio de Matemática em curso intensivo no qual teve como professor C. Guderman (1798-1852), especialista em funções elípticas, seu grande inspirador.

Paralelamente ao exercício do magistério secundário, Weierstrass lançou-se à pesquisa. E seus trabalhos pouco a pouco foram-no fazendo conhecido: em 1855 obtinha um doutorado honorário na Universidade de Königsberg e em 1856 tornou-se professor da Universidade de Berlim, onde ensinaria nos 30 anos seguintes.

Weierstrass publicou pouco, comparado a Cauchy. Mas sua obra distingue-se pela qualidade e, em especial, pelo rigor. Os últimos resquícios de imprecisão que ainda acompanhavam os conceitos centrais do cálculo, como o de número real, função e derivada, por exemplo, foram eliminados por ele. No que se refere à teoria dos limites, sua grande arma foi a notação $\varepsilon - \delta$. A razão finalmente se impunha à fé.

Weierstrass.

CAPÍTULO IX
Noções de Cálculo Integral

I. Introdução — Área

188. Historicamente, foi da necessidade de calcular áreas de figuras planas cujos contornos não são segmentos de reta que brotou a noção de integral.

Por exemplo, consideremos o problema de calcular a área A da região sob o gráfico da função f: [a, b] → $\mathbb{R}$, em que f(x) ⩾ 0.

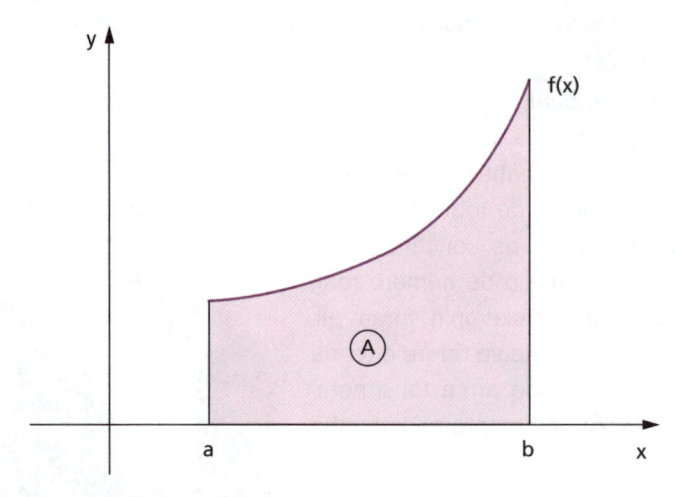

Admitindo conhecida uma noção intuitiva de área de uma figura plana e, ainda, que a área de um retângulo de base b e altura h é $b \cdot h$, vamos descrever um processo para determinar a área A.

NOÇÕES DE CÁLCULO INTEGRAL

Seja f(x) constante e igual a k em [a, b].

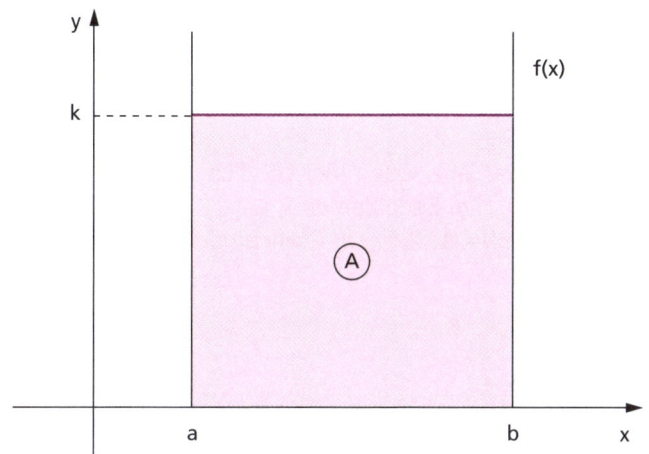

Dessa forma, a área procurada seria a área de um retângulo e teríamos:

A = k · (b − a)

Não sendo f(x) constante, dividimos o intervalo [a, b] em subintervalos suficientemente pequenos para que neles f(x) possa ser considerada constante com uma boa aproximação.

Em cada subintervalo podemos calcular, aproximadamente, a área sob o gráfico, calculando a área do pequeno retângulo que fica determinado quando supomos f(x) constante; a área procurada será, aproximadamente, a soma das áreas destes retângulos.

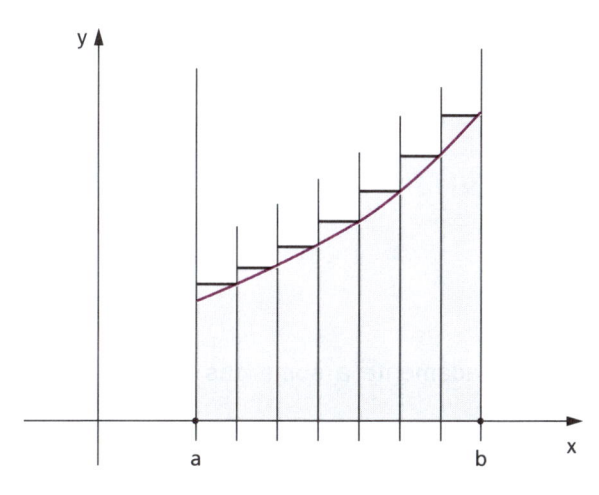

NOÇÕES DE CÁLCULO INTEGRAL

Vamos descrever mais precisamente o procedimento acima relatado. A divisão de [a, b] em subintervalos é feita intercalando-se pontos $x_1, x_2, ..., x_{n-1}$ entre *a* e *b*, como segue:

$$a = x_0 < x_1 < x_2 < ... < x_{i-1} < x_i < ... < x_{n-1} < x_n = b$$

Os *n* subintervalos em que [a, b] fica dividido têm comprimentos $\Delta_i x = x_i - x_{i-1}$, $i = 1, 2, ..., n$. Escolhemos $\bar{x}_i \in [x_{i-1}, x_i]$ e supomos f(x) constante e igual a $f(\bar{x}_i)$ em $[x_{i-1}, x_i]$, $i = 1, 2, ..., n$. Graficamente, temos:

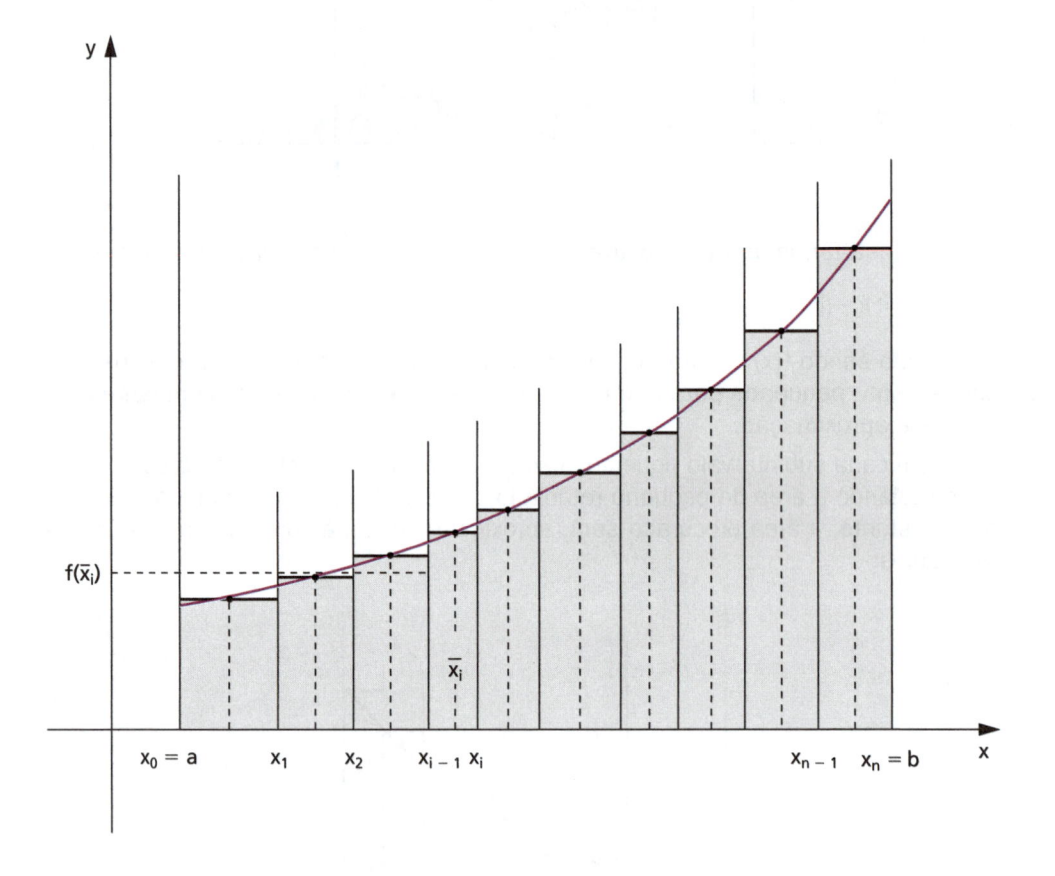

A área A é aproximadamente a soma das áreas dos retângulos, e escrevemos:

$$A \cong f(\bar{x}_1)\Delta_1 x + f(\bar{x}_2)\Delta_2 x + ... + f(\bar{x}_i)\Delta_i x + ... + f(\bar{x}_n)\Delta_n x$$

ou seja:

$$A \cong \sum_{i=1}^{n} f(\overline{x}_i)\Delta_i x$$

A soma que aparece no 2º membro das igualdades anteriores se aproxima mais e mais da área procurada à medida que dividimos mais e mais [a, b], não deixando nenhum subintervalo grande demais.

189. De um modo geral, se f é uma função contínua definida em [a, b], o número do qual as somas $\sum_{i=1}^{n} f(\overline{x}_i)\Delta_i x$ se aproximam arbitrariamente à medida que todos os $\Delta_i x$ se tornam simultaneamente pequenos é chamado integral de f em [a, b] e é representado por $\int_{a}^{b} f(x)dx$. Assim, podemos dizer que, sendo $\Delta_i x$ pequeno, $i = 1, 2, \ldots n$, temos a igualdade aproximada:

$$\int_{a}^{b} f(x)dx \cong \sum_{i=1}^{n} f(\overline{x}_i)\Delta_i x$$

No caso da área A que estávamos calculando, podemos escrever:

$$A = \int_{a}^{b} f(x)dx$$

190. Em muitas outras situações não diretamente ligadas ao cálculo de áreas, somos levados através de um raciocínio semelhante ao exposto acima, a considerar uma função f definida em [a, b], subdividir [a, b], formar somas do tipo $\sum_{i=1}^{n} f(\overline{x}_i)\Delta_i x$ e determinar o número de que tais somas se aproximam à medida que os $\Delta_i x$ diminuem, ou seja, somos levados a um **processo de integração**. Estabelecer a noção de integral desta forma geral é o que pretendemos a partir do próximo item.

NOÇÕES DE CÁLCULO INTEGRAL

EXERCÍCIOS

298. Faça uma estimativa da área A sob o gráfico de $f(x) = 250 - \dfrac{x^2}{10}$, $0 \leq x \leq 50$, dividindo o intervalo [0, 50] em subintervalos de comprimento 10.

Solução

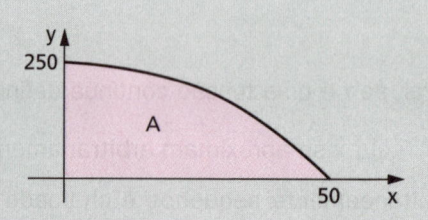

Façamos $x_0 = 0$, $x_1 = 10$, $x_2 = 20$, $x_3 = 30$, $x_4 = 40$, $x_5 = 50$ e escolhamos, por exemplo, $\bar{x}_1 = 5$, $\bar{x}_2 = 15$, $\bar{x}_3 = 25$, $\bar{x}_4 = 35$ e $\bar{x}_5 = 45$.
Graficamente, temos:

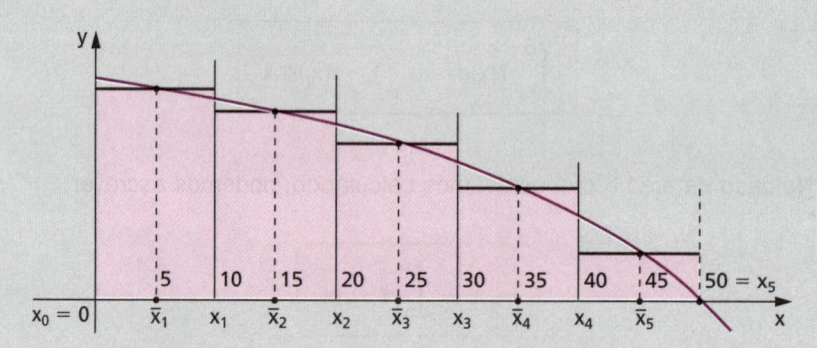

A área A terá o valor aproximado:

$A \cong f(\bar{x}_1)\Delta_1 x + f(\bar{x}_2)\Delta_2 x + f(\bar{x}_3)\Delta_3 x + f(\bar{x}_4)\Delta_4 x + f(\bar{x}_5)\Delta_5 x$

Efetuando os cálculos, resulta:

$A \cong 8\,375$

O valor correto, conforme veremos, é $8\,333\,\dfrac{1}{3}$, sendo o erro cometido da ordem de 0,5%, apesar de o número de subdivisões ser tão pequeno.

299. Obtenha uma estimativa da área sob o gráfico da função $f(x) = \dfrac{200}{x}, x \in [10, 50]$ dividindo o intervalo em 4 subintervalos de comprimento 10. (O valor correto da área procurada é 321,9.)

II. A integral definida

Vamos agora estabelecer de um modo geral a noção de integral de uma função f definida em um intervalo $[a, b]$.

191. Partição

Uma **partição** de $[a, b]$ é um conjunto
$\mathcal{P} = \{x_0, x_1, x_2, ..., x_{i-1}, x_i, ..., x_n\}$ com $x_i \in [a, b]$, $i = 1, 2, ... n$ e
$a = x_0 < x_1 < x_2 < ... < x_{i-1} < x_i < ... < x_n = b$

192. Norma

Chamamos **norma** da partição $\mathcal{P}$ o número μ, máximo do conjunto $\{\Delta_1 x, \Delta_2 x, ..., \Delta_i x, ..., \Delta_n x\}$ em que $\Delta_i x = x_i - x_{i-1}$, $i = 1, 2, ... n$.

193. Soma de Riemann

Sendo $\overline{x}_i$ escolhido arbitrariamente no intervalo $[x_{i-1}, x_i]$, $i = 1, 2, ... n$, a soma $f(\overline{x}_1)\Delta_1 x + f(\overline{x}_2)\Delta_2 x + ... + f(\overline{x}_i)\Delta_i x + ... + f(\overline{x}_n)\Delta_n x$ ou seja, $\sum_{i=1}^{n} f(\overline{x}_i)\Delta_i x$ se chama **soma de Riemann** de f em $[a, b]$ relativa à partição $\mathcal{P}$ e à escolha feita dos $\overline{x}_i$.

194. Função integrável

Sob certas condições bem gerais, que estabeleceremos a seguir, as somas de Riemann se aproximam arbitrariamente de um número fixo I, quando a norma μ da partição $\mathcal{P}$ se torna cada vez menor, independentemente das escolhas dos x_i. Quando isto ocorre, dizemos que a função f é **integrável** em $[a, b]$ e I é a integral de f em $[a, b]$.

NOÇÕES DE CÁLCULO INTEGRAL

Precisamente, dizemos que f é integrável em $[a, b]$ se existe um número real I satisfazendo a seguinte condição:

Dado $\varepsilon > 0$, existe $\delta > 0$ tal que em toda partição $\mathcal{P}$ com norma $\mu < \delta$ temos $\left| \sum_{i=1}^{n} f(\bar{x}_i)\Delta_i x - I \right| < \varepsilon$, qualquer que seja a escolha dos $\bar{x}_i$ em $[x_{i-1}, x_i]$.

195. Integral

Sendo f integrável em $[a, b]$, o número I é chamado **integral** de f em $[a, b]$ (ou **integral definida** de f em $[a, b]$) e é representado por $\int_a^b f(x)dx$; resulta que, dado $\varepsilon > 0$, existe $\delta > 0$, tal que

$$\mu < \delta \Rightarrow \left| \sum f(\bar{x}_i)\Delta_i x - \int_a^b f(x)dx \right| < \varepsilon$$

Vamos, agora, estabelecer uma condição geral de integrabilidade.

196. Teorema 1

Se f é contínua em $[a, b]$, então f é integrável em $[a, b]$.

A demonstração deste teorema está além dos objetivos destas noções iniciais e deixaremos de apresentá-la. Ela pode ser encontrada, por exemplo, no livro de Kaplan & Lewis, **Cálculo e Álgebra Linear***.

EXERCÍCIOS

300. Calcule, pela definição, a integral de $f(x) = 5x + 7$ em $[1, 5]$.

---

* Vol. 1, Cap. 4.26. Livros Técnicos e Científicos Edit.

NOÇÕES DE CÁLCULO INTEGRAL

Solução

Devemos calcular $\int_1^5 (5x + 7)dx$. Como a função $f(x) = 5x + 7$ é contínua em [1, 5], sabemos pelo teorema 1 que a integral existe. Dividindo [1, 5] em n subintervalos iguais de comprimento $\frac{4}{n}$, temos:

$x_0 = 1$, $x_1 = 1 + \frac{4}{n}$, $x_2 = 1 + 2 \cdot \frac{4}{n}$, ..., $x_{i-1} = 1 + (i-1)\frac{4}{n}$,

$x_i = 1 + i \cdot \frac{4}{n}$, ..., $x_n = 5$

Escolhendo, por exemplo, em cada subintervalo, $\bar{x}_i$ como sendo o ponto médio, resulta:

$$\bar{x}_i = \frac{x_{i-1} + x_i}{2} = \frac{1 + \frac{4}{n}(i-1) + 1 + \frac{4}{n}i}{2} = 1 + \frac{4}{n}i - \frac{2}{n}$$

Segue que $f(\bar{x}_i) = 5\bar{x}_i + 7 = 12 + \frac{20}{n}i - \frac{10}{n}$,

$f(\bar{x}_i)\Delta_i x = \left(12 + \frac{20}{n}i - \frac{10}{n}\right)\frac{4}{n}$, ou seja,

$f(\bar{x}_i)\Delta_i x = \frac{48}{n} - \frac{40}{n^2} + \frac{80}{n^2}i$

Logo,

$$\sum_{i=1}^{n} f(\bar{x}_i)\Delta_i x = \sum_{i=1}^{n} \left(\frac{48}{n} - \frac{40}{n^2} + \frac{80}{n^2}i\right) =$$

$$= n \cdot \frac{48}{n} - n \cdot \frac{40}{n^2} + \frac{80}{n^2} \cdot \sum_{i=1}^{n} i = 48 - \frac{40}{n} + \frac{80}{n^2} \sum_{i=1}^{n} i$$

Como $\sum_{i=1}^{n} i = \frac{n \cdot (n+1)}{2}$, resulta que

$$\sum_{i=1}^{n} f(\bar{x}_i)\Delta_i x = 48 - \frac{40}{n} + \frac{80}{n^2} \cdot \frac{n \cdot (n+1)}{2} = 48 - \frac{40}{n} + 40 \cdot \left(\frac{n+1}{n}\right)$$

Como $\Delta_1 x = \Delta_2 x = ... = \Delta_i x = ... = \Delta_n x = \frac{4}{n}$, a norma μ será igual a $\frac{4}{n}$; logo, quando μ se aproxima de zero, temos:

NOÇÕES DE CÁLCULO INTEGRAL

1) n cresce arbitrariamente

2) $\dfrac{40}{n}$ se aproxima de zero

3) $\dfrac{n+1}{n}$ se aproxima de 1

4) $\sum_{i=1}^{n} f(\bar{x}_i)\Delta_i x$ se aproxima arbitrariamente do número $48 \cdot 0 + 40 \cdot 1$

ou seja,

$\mu \cong 0 \;\Rightarrow\; \sum_{i=1}^{n} f(\bar{x}_i)\Delta_i x \cong 88$

Temos, então:

$$\int_1^5 (5x + 7)\,dx = 88$$

De fato, calculando a área sob o gráfico de $f(x) = 5x + 7$ entre $x = 1$ e $x = 5$, temos:

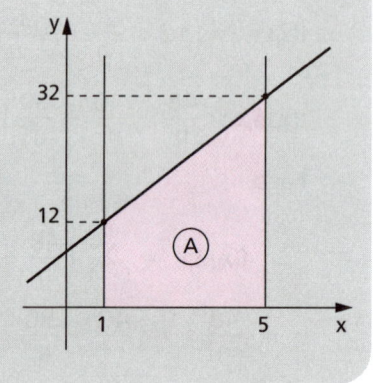

$A = \left(\dfrac{12 + 32}{2}\right) \cdot 4 = 88$

301. Calcule, pela definição, conforme o exercício 300, $\int_1^5 (5x + 7)\,dx$, escolhendo em cada subintervalo $[x_{i-1}, x_i]$ um ponto $\bar{x}_i$ tal que
a) $\bar{x}_i = x_{i-1}$
b) $\bar{x}_i = x_i$

302. Calcule, pela definição, conforme o exercício 300, $\int_3^6 x^2\,dx$.

Dado: $\sum_{i=1}^{n} i^2 = \dfrac{n \cdot (n+1) \cdot (2n+1)}{6}$.

III. O cálculo da integral

197. Vamos agora procurar um processo para calcular a integral de f em [a, b] sem termos que recorrer à definição.

Consideremos f contínua e não negativa em [a, b]. O número $\int_a^b f(x)dx$ representa a área A sob o gráfico de f(x) no intervalo [a, b].

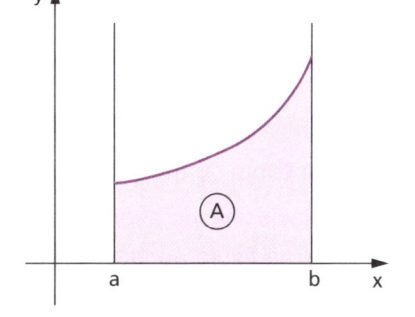

$$A = \int_a^b f(x)dx$$

Observação: Naturalmente, a letra que representa a variável independente pode ser escolhida arbitrariamente, e considera-se que:

$$A = \int_a^b f(x)dx = \int_a^b f(t)dt = \int_a^b f(u)du = ..., \text{etc.}$$

Vamos chamar de A(x) a função que a cada x associa a área sob o gráfico de f no intervalo [a, x] (ver figura).

Segue que $A(a) = 0$, $A(b) = \int_a^b f(x)dx$, e de um modo geral,

$$A(x) = \int_a^x f(t)dt$$

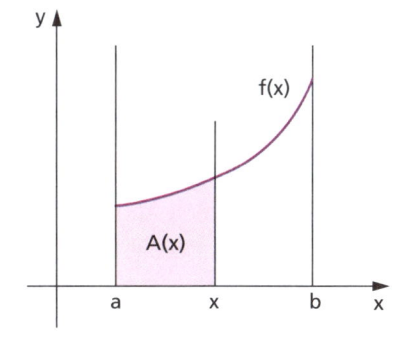

(Evitamos escrever $A(x) = \int_a^x f(x)dx$ para poder destacar que a variável x é um dos extremos do intervalo de integração.)

Com as hipóteses já admitidas anteriormente, vamos mostrar que a derivada da função A(x) é a função f(x).

198. Teorema 2

Se $A(x) = \int_a^x f(t)dt$, então $A'(x) = f(x)$.

Demonstração:

Seja $x \in [a, b]$ e $h > 0$ com $x + h \in [a, b]$.

Sendo f contínua em $[a, b]$, ela o será em $[x, x + h]$, e portanto admite um ponto de máximo x_M e um ponto de mínimo x_m em $[x, x + h]$.

Raciocinando geometricamente, em termos de área, na figura ao lado, segue que:

$$f(x_m) \cdot h \leq A(x + h) - A(x) \leq f(x_M) \cdot h$$

Logo,

$$f(x_m) \leq \frac{A(x + h) - A(x)}{h} \leq f(x_M)$$

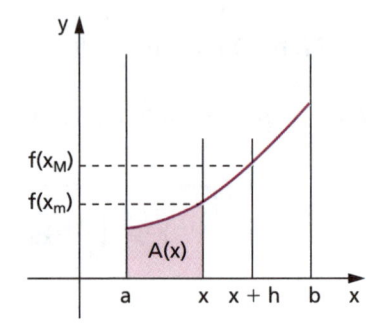

Quando h tende a zero, $f(x_m)$ e $f(x_M)$ se aproximam simultaneamente de $f(x)$ enquanto o quociente $\frac{A(x + h) - A(x)}{h}$ se aproxima da derivada à direita de $A(x)$, isto é:

$$f(x) \leq A'(x^+) \leq f(x)$$

Resulta que $A'(x^+) = f(x)$:

Analogamente, sendo $h < 0$, considerando o intervalo $[x + h, x]$, temos:

$$f(x_m) \cdot (-h) \leq A(x) - A(x + h) \leq f(x_M) \cdot (-h)$$

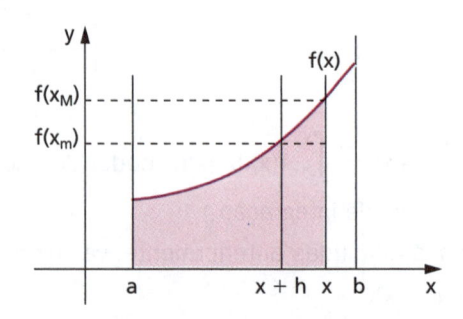

Segue que

$$f(x_m) \leqslant \frac{A(x) - A(x+h)}{-h} \leqslant f(x_M)$$

$$f(x_m) \leqslant \frac{A(x+h) - A(x)}{h} \leqslant f(x_M)$$

e como no caso anterior, quando h tende a zero, resulta que a derivada à esquerda de $A(x)$ é igual a $f(x)$:

$f(x) \leqslant A'(x^-) \leqslant f(x)$, isto é, $A'(x^-) = f(x)$

Isso mostra que $A'(x) = f(x)$ em $[a, b]$.

Utilizando a notação $A'(x) = \dfrac{dA}{dx}$ e lembrando que $A(x) = \int_a^x f(t)dt$, temos o resultado

$$\boxed{\frac{d}{dx}\left(\int_a^x f(t)dt\right) = f(x)}$$

bastante sugestivo, já que estabelece uma relação essencial entre dois conceitos que nasceram de forma independente: o de derivada e o de integral.

Para calcular $\int_a^b f(x)dx$, podemos procurar uma função como $A(x)$, tal que $A(a) = 0$ e $A'(x) = f(x)$, e teremos: $A(b) = \int_a^b f(x)dx$.

Este procedimento pode ser simplificado se atentarmos para o seguinte teorema.

199. Teorema 3

Se $F(x)$ é uma função qualquer que satisfaz a condição $F'(x) = f(x)$ em $[a, b]$, f contínua em $[a, b]$, então $F(x) = A(x) + c$ em que c é uma constante e $A(x) = \int_a^x f(t)dt$.

Demonstração:

De fato, mostramos que $A'(x) = f(x)$ e sabemos por hipótese que $F'(x) = f(x)$; segue que a derivada de função $F(x) - A(x)$ é nula em $[a, b]$ e então $F(x) - A(x)$ é constante, ou seja, $F(x) - A(x) = c$.

NOÇÕES DE CÁLCULO INTEGRAL

Sendo, então, F(x) tal que $F'(x) = f(x)$, temos:

$$\begin{cases} F(b) = A(b) + c \\ F(a) = A(a) + c = 0 + c = c \end{cases}$$

Logo, $F(b) = A(b) + F(a)$ e então $A(b) = F(b) - F(a)$.

200. Resumindo, o procedimento para determinar $\int_a^b f(x)dx$, em que f é uma **função contínua** em [a, b] deve ser o seguinte:

a) procuramos uma função F(x) tal que $F'(x) = f(x)$

b) vale que $\int_a^b f(x)dx = F(b) - F(a)$.

Observação:

Na justificativa do procedimento acima, utilizamos como hipótese o fato de f ser não negativa em [a, b]; caso $f(x) < 0$, uma pequena alteração nos argumentos levaria à mesma conclusão, de modo que a única exigência efetiva para f é a continuidade em [a, b].

201. Uma função F satisfazendo a condição $F'(x) = f(x)$ é chamada **primitiva** de f ou, ainda, **integral indefinida** de f. Se F é uma primitiva de f, então $F(x) + c$, em que c é uma constante, também é. De modo geral, representamos uma primitiva genérica de f por $\int f(x)dx$. Assim, por exemplo, se $f(x) = x^2$, são primitivas de f as funções $\frac{x^3}{3}$, $\frac{x^3}{3} + 5$, ou, de modo geral, $\frac{x^3}{3} + c$, e escrevemos:

$$\int x^2 dx = \frac{x^3}{3} + c$$

Outros exemplos:

1. $\int x^5 dx = \frac{x^6}{6} + c$

2. $\int x^n dx = \frac{x^{n+1}}{n+1} + c \quad (n \neq -1)$

3. $\int 1\, dx = \int dx = x + c$

4. $\int \cos x\, dx = \operatorname{sen} x + c$

5. $\int \text{sen } x \, dx = -\cos x + c$

6. $\int e^x dx = e^x + c$, etc.

202. Como consequência de propriedades conhecidas para as derivadas, temos ainda:

$$\int (f(x) + g(x))dx = \int f(x)dx + \int g(x)dx$$

$$\int (k \cdot f(x))dx = k \cdot \int f(x)dx \quad \begin{array}{c} k \text{ constante} \\ (k \neq 0) \end{array}$$

Seguem mais alguns exemplos que ilustram a aplicação das propriedades acima.

1. $\int (x^3 + \cos x)dx = \int x^3 dx + \int \cos x \, dx = \dfrac{x^4}{4} + \text{sen } x + c$

2. $\int 5x^3 dx = 5 \int x^3 dx = 5 \cdot \dfrac{x^4}{4} + c$

3. $\int (3x + 7)dx = 3 \cdot \dfrac{x^2}{2} + 7x + c$

4. $\int (3 \text{ sen } x + 4 \cos x)dx = -3 \cos x + 4 \text{ sen } x + c$

5. $\int (x^2 - 5x + 3)dx = \dfrac{x^3}{3} - 5\dfrac{x^2}{2} + 3x + c$

EXERCÍCIOS

303. Determine primitivas para as funções:

a) $f(x) = \sqrt{x}$

b) $f(x) = \dfrac{1}{x^3}$

c) $f(x) = x^{-\frac{2}{5}}$

d) $f(x) = \dfrac{1}{1 + x^2}$

e) $f(x) = \dfrac{x^2 - 1}{x^2}$

NOÇÕES DE CÁLCULO INTEGRAL

Solução

Lembrando das regras de derivação já estabelecidas, temos:

a) $f(x) = x^{\frac{1}{2}}$; $F(x) = \dfrac{x^{\frac{3}{2}}}{\frac{3}{2}} = \dfrac{2}{3} x^{\frac{3}{2}}$

b) $f(x) = x^{-3}$; $F(x) = \dfrac{x^{-2}}{-2} = \dfrac{-1}{2x^2}$

c) $f(x) = x^{-\frac{2}{5}}$; $F(x) = \dfrac{x^{-\frac{2}{5}+1}}{-\frac{2}{5}+1} = \dfrac{5}{3} x^{\frac{3}{5}}$

d) $f(x) = \dfrac{1}{1+x^2}$; $F(x) = \text{arc tg } x$

e) $f(x) = 1 - \dfrac{1}{x^2}$; $F(x) = x + \dfrac{1}{x}$

Em cada caso, $F(x) + c$, em que c é constante, também é uma primitiva de $f(x)$.

Poderíamos escrever genericamente: $\displaystyle\int x^{\frac{1}{2}} dx = \dfrac{2}{3} x^{\frac{3}{2}} + c$, etc.

304. Determine primitivas para as funções indicadas:

a) $f(x) = x^3 - 2x + 7$

b) $f(x) = \text{sen } x + 3 \cos x$

c) $f(x) = -x^5 + 3$

d) $f(x) = \dfrac{x^7}{3} + \dfrac{x^3}{7}$

e) $f(x) = \dfrac{x^3 + 1}{7}$

305. Determine as integrais indefinidas indicadas:

a) $\displaystyle\int (x^3 - 4x^2 - 2x + 1) \, dx$

b) $\displaystyle\int \sec^2 x \, dx$

c) $\displaystyle\int \left(\dfrac{-1}{x^2}\right) dx$

d) $\displaystyle\int \dfrac{1}{x^3} \, dx$

e) $\displaystyle\int \left(\dfrac{x^3 + 1}{x^2}\right) dx$

306. Calcule:

a) $\displaystyle\int \sqrt[5]{x} \, dx$

b) $\displaystyle\int \sqrt[3]{x} \, dx$

c) $\displaystyle\int \sqrt[3]{x^2} \, dx$

d) $\displaystyle\int \dfrac{1}{\sqrt{x}} \, dx$

e) $\displaystyle\int \dfrac{1}{\sqrt[3]{x}} \, dx$

307. Calcule $\int_0^{\frac{\pi}{2}} \cos x \, dx$.

Solução

Uma primitiva de $f(x) = \cos x$ é $F(x) = \int \cos x \, dx = \operatorname{sen} x$. Segue que

$$\int_0^{\frac{\pi}{2}} \cos x \, dx = \operatorname{sen} \frac{\pi}{2} - \operatorname{sen} 0 = 1$$

Também costumamos indicar os cálculos como segue:

$$\int_0^{\frac{\pi}{2}} \cos x \, dx = \operatorname{sen} x \,\Big|_0^{\frac{\pi}{2}} = \operatorname{sen} \frac{\pi}{2} - \operatorname{sen} 0 = 1$$

308. Calcule as integrais definidas:

a) $\int_0^1 x \, dx$

b) $\int_1^2 x^2 \, dx$

c) $\int_0^{\frac{\pi}{4}} \operatorname{sen} x \, dx$

d) $\int_0^{\frac{\pi}{4}} \cos x \, dx$

e) $\int_1^2 \frac{1}{x^2} \, dx$

309. Calcule:

a) $\int_{-1}^1 7 \, dx$

b) $\int_{-1}^1 x^2 \, dx$

c) $\int_{-1}^1 x^7 \, dx$

d) $\int_0^1 (-x^2) \, dx$

e) $\int_{-1}^1 2x^4 \, dx$

310. Calcule:

a) $\int_0^2 (x^2 - 3x + 5) \, dx$

b) $\int_{-\frac{\pi}{2}}^{\frac{\pi}{2}} (\operatorname{sen} x + \cos x) \, dx$

c) $\int_0^{\frac{\pi}{2}} (1 + \cos x) \, dx$

d) $\int_0^1 (x^5 - 1) x \, dx$

e) $\int_1^4 \left(\sqrt{x} + \frac{1}{\sqrt{x}} \right) dx$

NOÇÕES DE CÁLCULO INTEGRAL

311. Calcule a área sob o gráfico de $f(x) = x^2 - 5x + 9$, $1 \leq x \leq 4$.

Solução

A área A será igual a $\int_1^4 f(x)dx$. Logo,

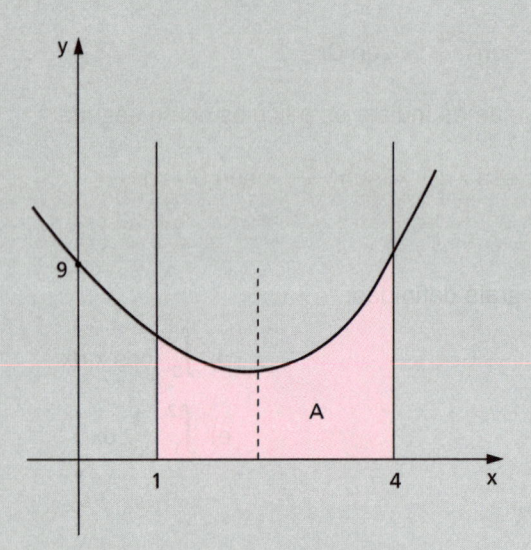

$F(x) = \int (x^2 - 5x + 9)dx = \dfrac{x^3}{3} - 5\dfrac{x^2}{2} + 9x$ e então

$\int_1^4 (x^2 - 5x + 9)dx = F(4) - F(1) =$

$= \dfrac{52}{3} - \dfrac{41}{6} = \dfrac{21}{2}$

312. Calcule a área sob o gráfico de f entre $x = a$ e $x = b$.

a) $f(x) = 4 - x^2$ e $[a, b] = [-2, 2]$

b) $f(x) = x^2 + 7$ e $[a, b] = [0, 3]$

c) $f(x) = 3 + \text{sen } x$ e $[a, b] = \left[0, \dfrac{\pi}{2}\right]$

d) $f(x) = \sqrt{x} + 1$ e $[a, b] = [0, 4]$

e) $f(x) = \dfrac{1}{1 + x^2}$ e $[a, b] = [0, 1]$

313. Calcule $\int_1^4 (-x^2 + 5x - 9)dx$ e interprete o resultado obtido.

Solução

Temos: $F(x) = \int (-x^2 + 5x - 9)dx = -\dfrac{x^3}{3} + \dfrac{5x^2}{2} - 9x$

$\int_1^4 (-x^2 + 5x - 9)dx = F(4) - F(1) =$

$= \left(-\dfrac{52}{3}\right) - \left(-\dfrac{41}{6}\right) = -\dfrac{63}{6} = -\dfrac{21}{2}$

O número $-\dfrac{21}{2}$ é o simétrico da medida da área indicada na figura abaixo.

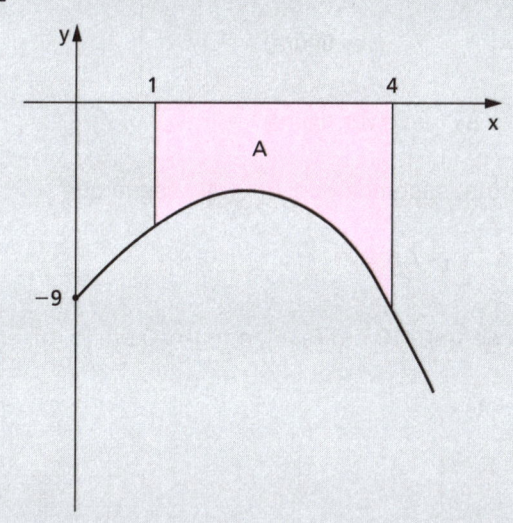

(Lembramos que a medida de uma área é um número sempre não negativo.)

De modo geral, se $f(x) < 0$ em $[a, b]$, resulta que:

$-f(x) > 0$ em $[a, b]$ e $\int(-f(x))dx = -\int f(x)dx$. Logo, se $f(x) < 0$ em $[a, b]$,

$\int_a^b f(x)dx = -A$ em que A é a área da região situada entre o eixo x e o gráfico de f no intervalo $[a, b]$.

314. Calcule $\int_0^{2\pi} \operatorname{sen} x \, dx$ e interprete o resultado.

Solução

Temos: $\int \operatorname{sen} x \, dx = -\cos x$

$\int_0^{2\pi} \operatorname{sen} x \, dx = (-\cos 2\pi) - (-\cos 0) =$

$= -1 + 1 = 0$

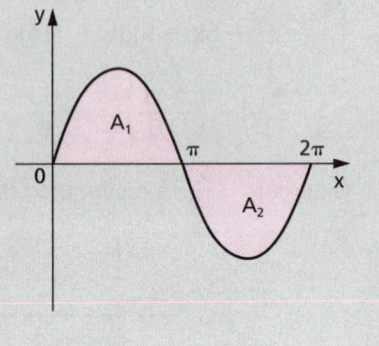

Como $\operatorname{sen} x \geq 0$ em $[0, \pi]$ e $\operatorname{sen} x \leq 0$ em $[\pi, 2\pi]$,

$\int_0^{\pi} \operatorname{sen} x \, dx = A_1$ \qquad (ver figura)

$\int_{\pi}^{2\pi} \operatorname{sen} x \, dx = -A_2$ \qquad (ver figura)

Como, por simetria, sabemos que $A_1 = A_2$, segue que

$\int_0^{2\pi} \operatorname{sen} x \, dx = A_1 + (-A_2) = 0$

De modo geral, se $f(x) \geq 0$ em $[a, c]$, e $f(x) \leq 0$ em $[c, b]$, então,

$\int_a^b f(x) dx = A_1 - A_2$

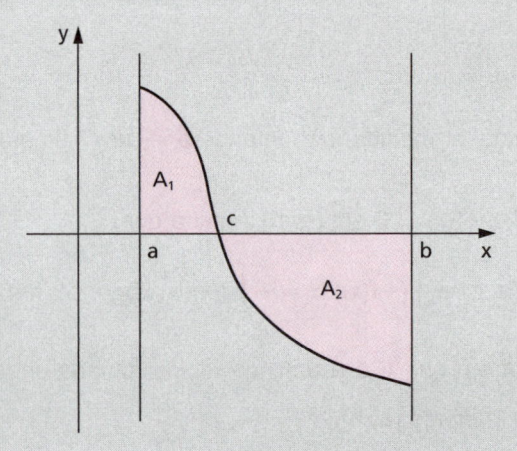

315. Justifique geometricamente, através de uma figura, as afirmações:

a) se f é uma função ímpar, $\int_{-a}^{a} f(x)dx = 0$;

b) se f é uma função par, $\int_{-a}^{a} f(x)dx = 2\int_{0}^{a} f(x)dx$.

316. Calcule as áreas da região compreendida entre as curvas $y = x^2$ e $y = -x^2 + 4x$.

Solução

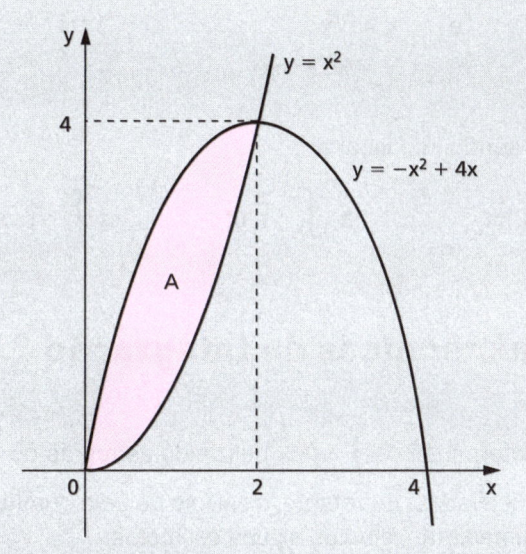

Nos pontos de interseção das curvas, temos:
$x^2 = -x^2 + 4x \Rightarrow 2x^2 - 4x = 0 \Rightarrow x = 0$ ou $x = 2$

A área A pode ser calculada assim

$$A = \int_0^2 (-x^2 + 4x)dx - \int_0^2 x^2 dx$$

ou, equivalentemente:

$$A = \int_0^2 [(-x^2 + 4x) - (x^2)]dx$$

Temos, então: $A = \int_0^2 (-2x^2 + 4x)dx$

NOÇÕES DE CÁLCULO INTEGRAL

e segue que $F(x) = \int (-2x^2 + 4x)dx = -\frac{2x^3}{3} + \frac{4x^2}{2}$

e $A = F(2) - F(0) = \left(-\frac{16}{3} + 8\right) - 0 = \frac{8}{3}$

317. Calcule a área da região limitada pelas curvas:
a) $y = x$ e $y = x^2$
b) $y = x^2 - 1$ e $y = 1 - x^2$
c) $y = x^2$ e $y = 2x + 8$
d) $y = x^2$ e $y = \sqrt{x}$
e) $y = \operatorname{sen} x$ e $y = x^2 - \pi x$

318. Calcule $\frac{dF}{dx}$, sendo $F(x)$ igual a:

a) $\int_1^x (5t + 2)dt$ b) $\int_5^x \sqrt{t}\, dt$ c) $\int_1^x \sqrt{t}\, dt$

IV. Algumas técnicas de integração

203. Até agora determinamos $\int f(x)dx$ utilizando as regras de derivação e algumas propriedades das derivadas. Entretanto, o cálculo de uma primitiva pode não ser uma tarefa simples ou imediata. Vejamos alguns exemplos:

1. $\int 2x \cdot \cos x^2 dx = \operatorname{sen} x^2 + c$

2. $\int 3x^2 \cdot \sqrt{x^3 - 1}\, dx = \frac{2}{3}\sqrt{(x^3 - 1)^3} + c$

3. $\int x \cdot \cos x\, dx = x \operatorname{sen} x + \cos x + c$

4. $\int x \cdot e^x\, dx = xe^x - e^x + c$

Nestes casos, algumas técnicas são requeridas, a fim de determinarmos a integral indefinida. Nestas noções iniciais sobre integral, examinaremos duas: **a integração por substituição** e **a integração por partes**.

204. Integração por substituição

Consideremos o cálculo de uma primitiva de $f(x) = 2x \cdot \cos x^2$. Fazendo a substituição $x^2 = u(x)$, teremos $u'(x) = 2x$, e então $f(x) = u'(x) \cdot \cos u(x)$. Lembrando da regra da cadeia, do cálculo das derivadas resulta que uma primitiva de $u'(x) \cdot \cos u(x)$ é sen $u(x)$, ou seja, que

$$\int u'(x) \cos u(x) dx = \text{sen } u(x) + c$$

De um modo geral, se $f(x)$ pode ser escrita na forma $g(u) \cdot u'$, em que $u = u(x)$, então uma primitiva de $f(x)$ será obtida tomando-se uma primitiva de $g(u)$ e substituindo u por $u(x)$, ou seja:

$$\int f(x)dx = \int g(u) \cdot u'(x)dx = G(u(x)) + c$$
onde $G(u)$ é tal que $G'(u) = g(u)$.

205. No caso de $\int 3x^2 \sqrt{x^3 - 1} \, dx$, temos:

$u(x) = x^3 - 1$, $u'(x) = 3x^2$

$$\int 3x^2 \cdot \sqrt{x^3 - 1} \, dx = \int \sqrt{u} \cdot u' \, dx = \frac{u^{\frac{3}{2}}}{\frac{3}{2}} + c =$$

$$= \frac{(x^3 - 1)^{\frac{3}{2}}}{\frac{3}{2}} + c = \frac{2}{3} \sqrt{(x^3 - 1)^3} + c$$

EXERCÍCIOS

319. Determine as primitivas indicadas:

a) $\int 7 \cdot \text{sen } 7x \, dx$

b) $\int \cos 3x \, dx$

c) $\int e^{x^2} \cdot x \, dx$

d) $\int (x + 1)^{17} \, dx$

e) $\int e^{\text{sen } x} \cdot \cos x \, dx$

NOÇÕES DE CÁLCULO INTEGRAL

Solução

a) Fazendo $u(x) = 7x$, temos $u'(x) = 7$ e segue que:
$$\int 7 \operatorname{sen} 7x \, dx = \int u' \cdot \operatorname{sen} u \, dx = -\cos u + c = -\cos 7x + c$$

b) Fazendo $u(x) = 3x$, temos $u'(x) = 3$ e segue que:
$$\int \cos 3x \, dx = \frac{1}{3}\int 3 \cdot \cos 3x \, dx = \frac{1}{3}\int u' \cdot \cos u \, dx =$$
$$= \frac{1}{3} \operatorname{sen} u + c = \frac{\operatorname{sen} 3x}{3} + c$$

c) Fazendo $u(x) = x^2$, temos $u'(x) = 2x$ e segue que:
$$\int e^{(x^2)} x \cdot dx = \frac{1}{2}\int e^{(x^2)} \cdot 2x \, dx = \frac{1}{2}\int e^u \cdot u' \, dx = \frac{1}{2} e^u + c =$$
$$= \frac{1}{2} e^{(x^2)} + c$$

d) Fazendo $u(x) = x + 1$, temos $u'(x) = 1$ e segue que:
$$\int (x+1)^{17} \, dx = \int u^{17} \cdot u' \, dx = \frac{u^{18}}{18} + c = \frac{(x+1)^{18}}{18} + c$$

e) Fazendo $u(x) = \operatorname{sen} x$, segue que:
$$\int e^{\operatorname{sen} x} \cos x \, dx = \int e^u \cdot u' \, dx = e^u + c = e^{\operatorname{sen} x} + c$$

320. Calcule as integrais indefinidas indicadas:

a) $\int (3x+7)^{15} \cdot 3 \, dx$

b) $\int e^{3x} \cdot 3 \, dx$

c) $\int 5 \cdot \cos 5x \, dx$

d) $\int 3 \cdot \sqrt{3x+7} \, dx$

e) $\int \frac{1}{(x+1)^2} \, dx$

321. Calcule:

a) $\int e^{x^3} \cdot x^2 \, dx$

b) $\int x \cdot \cos 3x^2 \, dx$

c) $\int (5x-1)^{13} \, dx$

d) $\int \sqrt{5x-1} \, dx$

e) $\int \frac{1}{(3x+7)^2} \, dx$

322. Calcule:

a) $\int e^{3x} dx$

b) $\int (\text{sen } x)^5 \cos x \, dx$

c) $\int \text{sen } 5x \, dx$

d) $\int \cos(3x + 1) dx$

e) $\int (3 - 2x)^4 dx$

206. Integração por partes

Sabemos que para a derivada de um produto $u(x) \cdot v(x)$ vale a igualdade:
$(u(x) \cdot v(x))' = u'(x) \cdot v(x) + v'(x) \cdot u(x)$.

Assim, segue que uma primitiva de $(u(x) \cdot v(x))'$ é igual à soma de uma primitiva de $u'(x)v(x)$ com uma primitiva de $v'(x) \cdot u(x)$ (a menos de uma constante), ou seja:

$$\int (u(x) \cdot v(x))' dx = \int v(x) \cdot u'(x) dx + \int u(x) \cdot v'(x) dx$$

Mas uma primitiva de $(u(x) \cdot v(x))'$ é $u(x) \cdot v(x)$; logo:

$$u(x) \cdot v(x) = \int v(x) \cdot u'(x) dx + \int u(x) \cdot v'(x) dx$$

Isso significa que

$$\int v(x) \cdot u'(x) dx = u(x) \cdot v(x) - \int u(x) \cdot v'(x) dx$$

e que uma primitiva de $v(x) \cdot u'(x)$ pode ser obtida através de uma primitiva de $u(x) \cdot v'(x)$, caso isso seja conveniente.

207. Por exemplo, procuremos uma primitiva de $x \cdot e^x$. Fazendo $v(x) = x$ e $u'(x) = e^x$, temos:

$$\int x \cdot e^x dx = \int v(x) \cdot u'(x) dx$$

NOÇÕES DE CÁLCULO INTEGRAL

Como $\begin{cases} u'(x) = e^x \Rightarrow u(x) = e^x \\ v(x) = x \Rightarrow v'(x) = 1 \end{cases}$

$$\int v(x) \cdot u'(x) dx = u(x) \cdot v(x) - \int u(x) \cdot v'(x) dx$$

segue que:

$$\int x \cdot e^x dx = x \cdot e^x - \int e^x dx = x \cdot e^x - e^x + c$$

208. Um outro exemplo: procuremos $\int x \cdot \cos x \, dx$.

Fazendo $v(x) = x$ e $u'(x) = \cos x$, segue que:

$$\int x \cdot \cos x \, dx = \int v(x) \cdot u'(x) dx.$$

Como $\begin{cases} u'(x) = \cos x \Rightarrow u(x) = \operatorname{sen} x \\ v(x) = x \Rightarrow v'(x) = 1 \end{cases}$

$$\int v(x) \cdot u'(x) dx = u(x) \cdot v(x) - \int u(x) \cdot v'(x) dx$$

segue que:

$$\int x \cdot \cos x \, dx = x \cdot \operatorname{sen} x - \int \operatorname{sen} x \, dx = x \cdot \operatorname{sen} x + \cos x + c$$

EXERCÍCIO

323. Calcule:

a) $\int x \cdot \operatorname{sen} x \, dx$

b) $\int (3x + 7) \cdot \cos x \, dx$

c) $\int (2x - 1) \cdot e^x \, dx$

d) $\int (-3x + 1) \cdot \cos 5x \, dx$

e) $\int (2x - 3) \cdot e^{1 - 3x} \, dx$

V. Uma aplicação geométrica: cálculo de volumes

209. Consideremos o sólido de revolução gerado a partir da rotação do gráfico de *f* em torno do eixo dos *x*, sendo f(x) ⩾ 0 em [a, b] (ver figura).

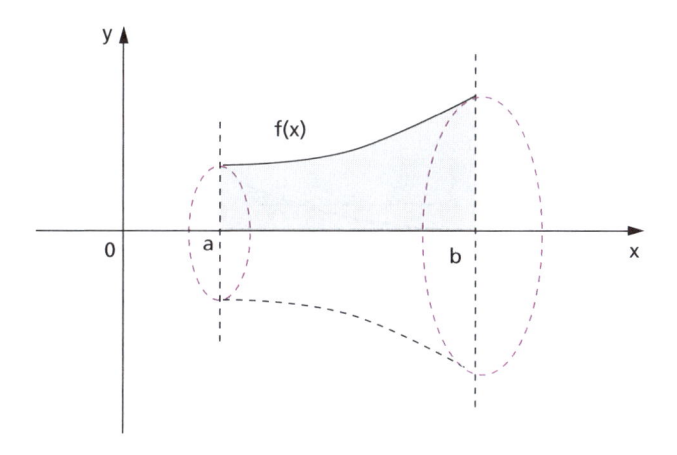

Vamos descrever um modo de calcular o seu volume V.

Seja *f* constante e igual a *c* em [a, b],

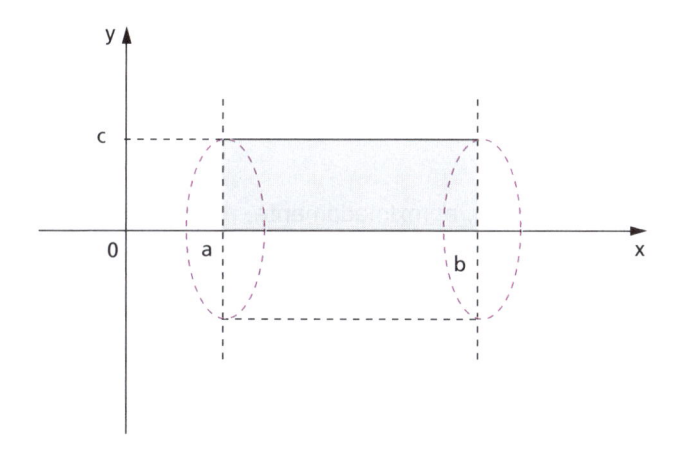

O sólido gerado seria um cilindro e teria volume V igual a $\pi c^2 \cdot (b - a)$:

$$V = \pi c^2 \cdot (b - a)$$

NOÇÕES DE CÁLCULO INTEGRAL

Não sendo *f* constante, vamos divididir [a, b] em pequenos subintervalos e em cada um deles, aproximando f(x) por uma função constante, vamos calcular o volume da fatia do sólido gerado como se fosse o de uma fatia cilíndrica.

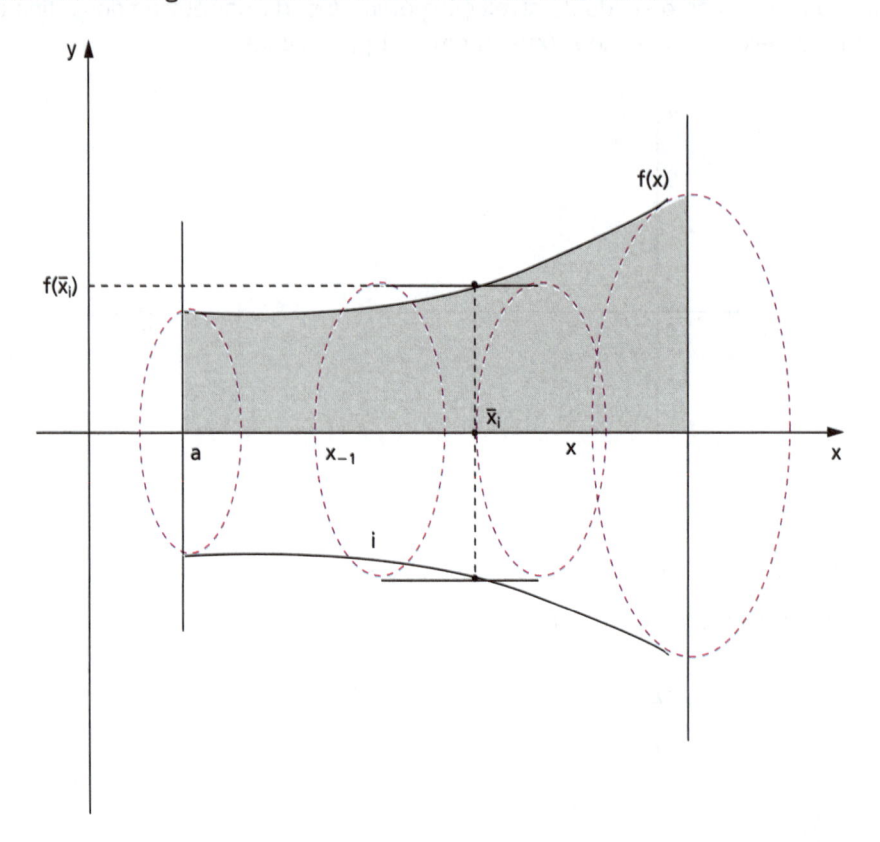

Assim, o volume V será, aproximadamente, a soma dos volumes das fatias cilíndricas consideradas, ou seja:

$$V \cong \sum_{i=1}^{n} \pi \cdot [f(\bar{x}_i)]^2 \cdot \Delta_i x$$

em que $\bar{x}_i \in [x_{i-1}, x_i]$ e $\Delta_i x = x_i - x_{i-1}$.

Lembrando da definição de integral, resulta:

$$V = \int_a^b \pi \cdot [f(x)]^2 \, dx = \pi \int_a^b [f(x)]^2 \, dx$$

210. No caso de um cone circular de raio da base r e altura h, podemos ter:

$f(x) = \dfrac{r}{h} x$

Logo:

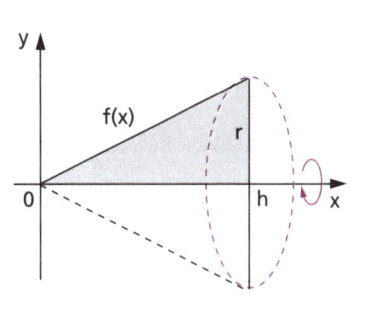

$V = \pi \cdot \displaystyle\int_0^h \left(\dfrac{r}{h} x\right)^2 dx =$

$= \pi \cdot \dfrac{r^2}{h^2} \cdot \displaystyle\int_0^h x^2 dx =$

$= \pi \cdot \dfrac{r^2}{h^2} \cdot \dfrac{x^3}{3} \bigg|_0^h = \pi \cdot \dfrac{r^2}{h^2} \cdot \dfrac{h^3}{3} = \dfrac{\pi r^2 \cdot h}{3}$

211. No caso de uma esfera de raio r, podemos ter:

$f(x) = \sqrt{r^2 - x^2}$

Logo:

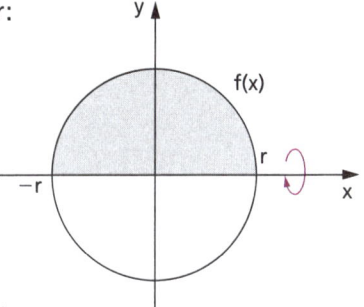

$V = \pi \displaystyle\int_{-r}^r (\sqrt{r^2 - x^2})^2 dx =$

$= \pi \displaystyle\int_{-r}^r (r^2 - x^2) dx =$

$= \pi \cdot \left(r^2 x - \dfrac{x^3}{3}\right)\bigg|_{-r}^r = \pi \cdot \dfrac{2}{3} r^2 - \pi \left(-\dfrac{2}{3} r^3\right) = \dfrac{4}{3} \pi r^3.$

EXERCÍCIOS

324. Determine o volume do tronco de cone gerado pela rotação do segmento de reta AB, em torno do eixo dos x, sendo $A = (1, 1)$ e $B = (2, 3)$.

325. Calcule o volume do sólido obtido pela rotação do gráfico de $f(x) = x^2$, $x \in [1, 3]$, em torno do eixo dos x.

326. A curva $y = \dfrac{1}{x}$, $x \in [1, 4]$, ao ser girada em torno do eixo dos x determina um sólido de volume V. Calcule V.

Respostas dos exercícios

Capítulo I

1. a)

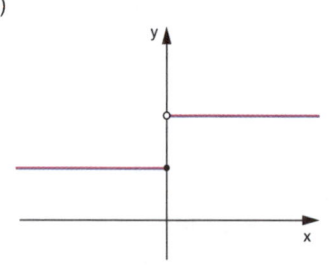

b)

c)

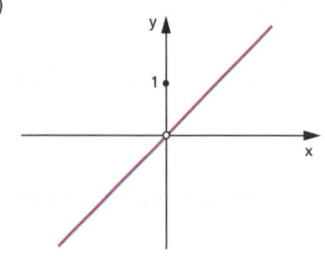

d)

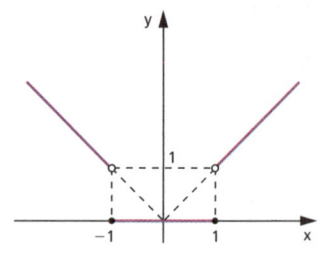

e)

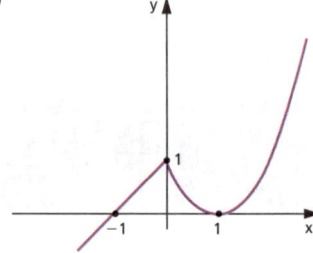

f)

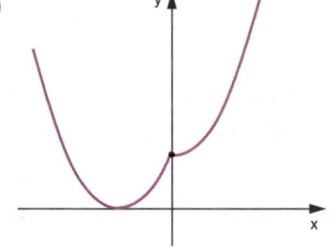

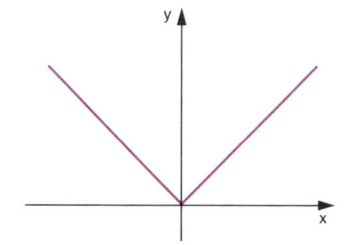

RESPOSTAS DOS EXERCÍCIOS

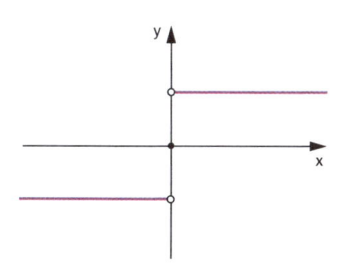

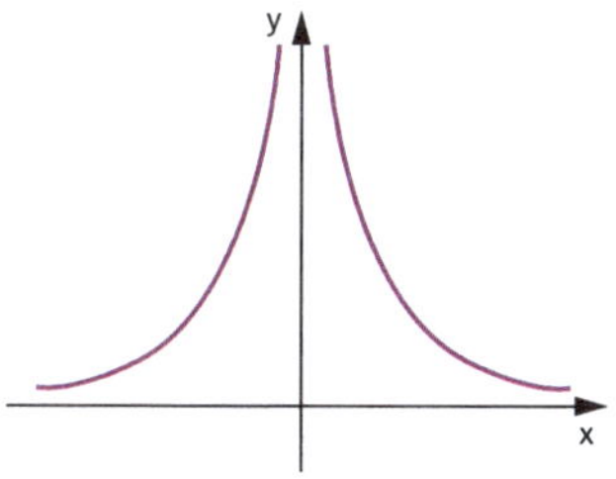

2. a) [gráfico]
b) [gráfico]
c) [gráfico]
d) [gráfico]
e) [gráfico]

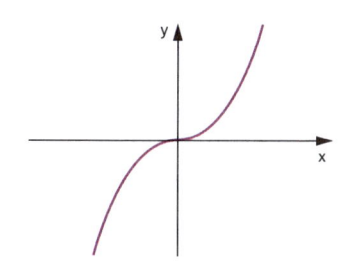

3. [gráfico]

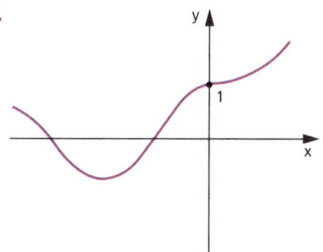

4. $g \circ f = \{(1, 1), (2, 3), (3, 5)\}$

5. $(g \circ f)(x) = x^3 + 1$
$(f \circ g)(x) = (x + 1)^3$
$(f \circ f)(x) = x^9$
$(g \circ g)(x) = x + 2$

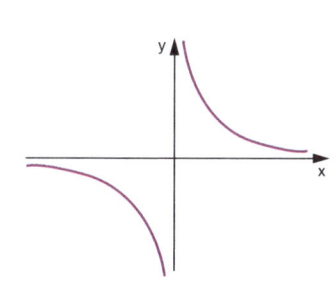

6. $(h \circ g \circ f)(x) = 2^{(x + 2)^2}$
$(f \circ g \circ h)(x) = 2^{2x} + 2$

7. a) $g(x) = |x|$ e $f(x) = x^2 + 1$
b) $g(x) = \text{sen } x$ e $f(x) = x^2 + 4$
c) $g(x) = \text{tg } x$ e $f(x) = x^3$
d) $g(x) = x^2$ e $f(x) = \text{tg } x$
e) $g(x) = 2^x$ e $f(x) = \cos x$
f) $g(x) = \text{sen } x$ e $f(x) = 3^x$

8. $f(x) = x + 3$, $g(x) = 2^x$ e $h(x) = \cos x$

9. a) $f^{-1}(x) = \{(a', a), (b', b), (c', c)\}$
b) g não é inversível
c) $h^{-1}(x) = \dfrac{1 - x}{5}$
d) $i^{-1}(x) = \sqrt[3]{x + 2}$
e) $j^{-1}(x) = -\sqrt{x}$
f) $p^{-1}(x) = \dfrac{1}{x}$

10. $f^{-1}(x) = \begin{cases} x & \text{quando } x \leq 1 \\ 2x - 1 & \text{quando } 1 < x \leq 2 \\ \sqrt{x + 7} & \text{quando } x > 2 \end{cases}$

11. $(g^{-1} \circ f^{-1})(x) = \dfrac{x^3 + 9x^2 + 27x + 35}{8}$

12. $f^{-1}(x) = 10^{2x}$

13. $f^{-1}(x) = 2 \cdot \text{arc sen } x$

RESPOSTAS DOS EXERCÍCIOS

Capítulo II

14. Demonstração

15. $0 < \delta \leq \dfrac{0{,}01}{3}$

16. $0 < \delta \leq 0{,}0005$

17. $0 < \delta \leq 0{,}01$

18. $0 < \left|x - \dfrac{2}{3}\right| < \delta$ e $0 < \delta \leq \dfrac{0{,}0001}{3}$

20. Demonstração
22. Demonstração
24. Demonstração
25. Demonstração
26. Demonstração

28. a) 2 b) 4 c) $-\dfrac{8}{3}$ d) -12 e) 0 f) $\dfrac{1}{8}$ g) $\dfrac{9}{4}$ h) $\dfrac{\sqrt{5}}{3}$ i) 2 j) -2

30. a) 2 b) 4 c) 6 d) $\dfrac{2}{5}$ e) $-\dfrac{7}{3}$ f) $\dfrac{7}{11}$ g) $\dfrac{3}{2}$ h) 3 i) $-\dfrac{8}{3}$

32. 5

33. -3

35. a) $-\dfrac{4}{5}$ b) $\dfrac{21}{19}$ c) 1 d) $\dfrac{11}{2}$

37. a) $\dfrac{1}{2}$ b) $-\dfrac{1}{5}$ c) 8 d) $\dfrac{7}{8}$

38. a) $2a$ b) $\dfrac{2}{3a}$ c) n d) $\dfrac{m}{n}$ e) $n \cdot a^{n-1}$ f) $\dfrac{m}{n} \cdot a^{m-n}$

40. a) $\dfrac{1}{2}$ b) $\dfrac{1}{2}$ c) $\dfrac{1}{4}$ d) -1 e) 1 f) $\dfrac{\sqrt{2}}{4}$

41. a) $\dfrac{1}{12}$ b) $-\dfrac{1}{24}$ c) $-\dfrac{1}{4}$ d) -8 e) 3

43. a) $\dfrac{2\sqrt{2}}{3}$ b) $-\dfrac{1}{2}$ c) 1 d) 2

44. a) $\dfrac{5}{14}$ b) -4

46. a) $\dfrac{1}{3}$ b) $\dfrac{3}{2}$ c) $-\dfrac{1}{6}$

47. a) $\dfrac{1}{3}$ b) $-\dfrac{3}{8}$ c) $\dfrac{5}{3}$

48. a) $\dfrac{5}{2}$ b) $\dfrac{5}{6}$ c) -3

50. a) $\dfrac{1}{3}$ b) $\dfrac{3}{2}$ c) $\dfrac{4}{3}$ d) $\dfrac{3}{2}$

51. a) $3a$ b) $\dfrac{1}{n}$ c) $\dfrac{n}{m}$ d) $\dfrac{\sqrt[n]{a}}{na}$ e) $\dfrac{n \cdot \sqrt[mn]{a^{n-m}}}{m}$

52. a) 1 b) 5 c) não existe
53. a) 5 b) 5 c) 5
54. a) 1 b) -11 c) não existe
55. a) 1 b) -3 c) não existe
56. a) 2 b) 2 c) 2
57. a) 1 b) 1 c) 1
59. a) 1 b) -1 c) não existe
60. a) -1 b) 1 c) não existe
61. a) -3 b) 3 c) não existe
62. a) 7 b) -7 c) não existe
63. a) -1 b) 1 c) não existe
64. a) -3 b) 3 c) não existe
65. a) 1 b) 0 c) não existe d) 0 e) 1 f) não existe g) 2 h) 1 i) não existe
66. $a = -10$
67. $a = 1$
68. $a = -4$

Capítulo III

70. a) $+\infty$ b) $+\infty$ c) $-\infty$ d) $+\infty$ e) $-\infty$ f) $-\infty$

72. a) $-\infty$ b) $+\infty$ c) $+\infty$ d) $-\infty$ e) $+\infty$ f) $-\infty$ g) $-\infty$ h) $+\infty$ i) $-\infty$ j) $+\infty$

73. Demonstração **74.** Demonstração

76. a) $+\infty$ b) $+\infty$ c) $+\infty$ d) $-\infty$ e) $-\infty$ f) $+\infty$

77. a) $+\infty$
b) $-\infty$ se n for par e $+\infty$ se n for ímpar
c) $+\infty$ se $c > 0$ e $-\infty$ se $c < 0$
d) $-\infty$ se $c > 0$ e $+\infty$ se $c < 0$

78. a) $+\infty$ b) $+\infty$

80. a) $-\dfrac{2}{5}$ b) $\dfrac{4}{3}$ c) $+\infty$ d) $-\infty$ e) 0 f) 0 g) $\dfrac{1}{3}$ h) 8 i) $\dfrac{9}{8}$ j) 72 k) $\dfrac{3}{2}$

82. a) 1 b) -1 c) 2 d) 2 e) $+\infty$ f) 0 g) 1 h) 0

84. a) $\dfrac{3}{2}$ b) $+\infty$ c) 0 d) $-\dfrac{1}{2}$ e) 0 f) $-\dfrac{1}{2}$ g) 0 h) $\dfrac{a}{2}$

85. a) 2 b) 1 c) 2

86. a) $+\infty$ b) 0 c) $\dfrac{1}{2}$

87. Demonstração **88.** Demonstração

Capítulo IV

90. a) $\dfrac{3}{2}$ b) 2 c) $\dfrac{a}{b}$ d) $\dfrac{a}{b}$ e) $\dfrac{2}{3}$ f) $\dfrac{a}{b}$

92. a) $-\text{sen } a$ b) $\sec^2 a$ c) $\sec a \cdot \text{tg } a$ d) $-\dfrac{\sqrt{2}}{2}$ e) 0 f) 1 g) $\dfrac{5}{2}$ h) $\cos a$ i) $-\text{sen } a$ j) 0 k) $-\dfrac{\sqrt{3}}{3}$ l) 0 m) $\sqrt{2}$ n) $\dfrac{3}{2}$ o) $a - b$ p) 0 q) $-\dfrac{1}{4}$ r) $\dfrac{1}{2}$ s) $\dfrac{\pi}{2}$ t) 1

93. a) 0 b) 1 c) $\dfrac{2}{\pi}$ d) $\dfrac{1}{2}$

94. a) 9 b) 2 c) e^2 d) e^{-3}

95. a) $+\infty$ b) 0 c) 0 d) $+\infty$ e) $+\infty$ f) 0

96. a) 2^{10} b) 3^{-6} c) e^{-2} d) 10^{-1}

97. a) 81 b) 4 c) 1 d) 3 e) e^2 f) e^{-12}

98. a) $\log_3 2$ b) -2 c) 2 d) 3

99. a) $+\infty$ b) $-\infty$ c) $+\infty$ d) $-\infty$ e) $-\infty$ f) $+\infty$

100. a) 4 b) $\ell n\, 37$ c) $\log \dfrac{4}{3}$ d) 0

101. a) -1 b) 0 c) $\ell n\, 4$ d) $\log \dfrac{8}{3}$

103. a) e^3 d) e^6 g) e^{ab}
b) e e) $e^{\frac{3}{4}}$ h) $\frac{1}{e}$
c) e^4 f) e^a

104. a) $\frac{1}{e}$ c) $\frac{1}{e^3}$
b) $\frac{1}{e^2}$ d) $\frac{1}{e^6}$

106. a) e^7 c) e^{-5} e) e^4
b) e d) e^{-3}

107. a) e b) e^{-1} c) e^2

108. a) 2 e) e^2
b) $3 \cdot \ln 2$ f) e^a
c) $\frac{2}{3}$ g) $2^a \cdot \ln 2$
d) $\frac{2 \cdot \ln 3}{5 \cdot \ln 2}$

109. a) 1 c) 2
b) $\log e$ d) $\frac{3}{\ln 10}$

110. e^{-2}

Capítulo V

112. a) descontínua c) contínua
b) descontínua d) descontínua

113. a) descontínua c) contínua
b) contínua d) descontínua

114. a) contínua c) descontínua
b) contínua d) descontínua

115. a) descontínua c) descontínua
b) descontínua

116. a) $a = -1$ d) $a = \frac{\sqrt{2}}{4}$
b) $a = -\frac{1}{3}$ e) $a = \frac{1}{3}$
c) $a = -\frac{47}{4}$

117. $a = \pm\frac{\pi}{3} + 2k\pi, k \in \mathbb{Z}$

Capítulo VI

118. 3 **119.** 4
120. 3 **121.** 1
122. Não existe. **123.** $-\frac{\sqrt{2}}{2}$
124. $\frac{1}{2}$ **125.** $\frac{1}{3\sqrt[3]{4}}$
126. Não existe. **127.** 0

130. a) $y = x + 1$ e) $y = \frac{1}{4}x + 1$
b) $y = -1$
c) $y = x$ f) $y = \frac{\sqrt{2}}{3}x + \frac{2}{3}$
d) $y = -x + 2$

132. $-\frac{1}{9}$ m/s

134. 53 m/s^2

135. $f'(x) = 0$
$g'(x) = 6x^5$
$h'(x) = 15x^{14}$

136. $f'(x) = c \cdot n \cdot x^{n-1}$
$g'(x) = \sec^2 x$
$h'(x) = \sec x \cdot \text{tg } x$

138. $y = e^2 x - e^2$

140. a) 32 m/s c) $t = 3$ s
b) 108 m/s^2 d) $t = 2$ s

Capítulo VII

142. a) $f'(x) = 88x^{10}$
b) $f'(x) = -\frac{21}{5}x^2$
c) $f'(x) = 6x + 1$
d) $f'(x) = 4x^3 + 10x$
e) $f'(x) = 3x^2 + 2x + 1$
f) $f'(x) = 2nx^{2n-1} + 2nx^{n-1}$

144. a) $f'(x) = 15x^4 + 4x^3 + 9x^2 + 8x + 1$
b) $f'(x) = 9x^8 + 7x^6 + 12x^5 + 4x^3 + 3x^2$
c) $f'(x) = 5(2x + 3)(x^2 + 3x + 2)^4$

d) $f'(x) = 104 \cdot (2x + 3)^{51}$
e) $f'(x) = (x^3 + 3x^2) \cdot e^x$
f) $f'(x) = (1 + x) \cdot e^x - \text{sen } x$
g) $f'(x) = 2a^{2x} \cdot x^3 (2 + x \ln a)$
h) $f'(x) = 3 \cdot e^{3x}$
i) $f'(x) = 5 \, e^{5x+1}$
j) $f'(x) = -5 \cdot \cos^4 x \cdot \text{sen } x$
k) $f'(x) = \text{sen}^6 x \cdot \cos^2 x (7 \cdot \cos^2 x - 3 \cdot \text{sen}^2 x)$
l) $f'(x) = a \cdot \cos x - b \cdot \text{sen } x$

145. $f'(0) = 4$

146. $y = -3840x + (3840\pi - 1024)$

147. $v = -a \cdot e^{-t} \cdot (\cos t + \text{sen } t)$
$\alpha = 2a \cdot e^{-t} \cdot \text{sen } t$

149. a) $f'(x) = -14 \cdot x^{-8}$
b) $f'(x) = -15 \cdot x^{-6}$
c) $f'(x) = -\dfrac{2x + 1}{(x^2 + x + 1)^2}$
d) $f'(x) = -\dfrac{2}{(x - 1)^2}$
e) $f'(x) = -\dfrac{5x^2 + 6x + 5}{(x^2 - 1)^2}$
f) $f'(x) = \dfrac{x^2 - 4x - 7}{(x - 2)^2}$
g) $f'(x) = \dfrac{x(2 \cdot \text{sen } x + x \cdot \cos x - x \cdot \text{sen } x)}{e^x}$
h) $f'(x) = -\dfrac{x(\text{sen } x + \cos x) + \cos x}{x^2 \cdot e^x}$

150. a) $f'(x) = -\text{cossec}^2 x$
b) $f'(x) = \sec x \cdot \text{tg } x$
c) $f'(x) = -\text{cotg } x \cdot \text{cossec } x$
d) $f'(x) = 2 \cdot \text{tg } x \cdot \sec^2 x$
e) $f'(x) = \sec x \cdot (\text{tg } x - \sec x)$
f) $f'(x) = 2x \cdot \text{tg } x + (x^2 + 1) \cdot \sec^2 x$
g) $f'(x) = \dfrac{\sec^2 x \cdot (\text{sen } x + \cos x) - \text{tg } x \cdot (\cos x - \text{sen } x)}{(\text{sen } x + \cos x)^2}$
h) $f'(x) = \dfrac{2 \cdot e^{2x}}{\text{tg}^3 x} \cdot (\text{tg } x - \sec^2 x)$

151. $y = \left(\dfrac{1}{e} - 1\right)(x + 2)$

152. $f'\left(\dfrac{\pi}{4}\right) = -\dfrac{128}{\pi^3} - \dfrac{1}{e^{\frac{\pi}{4}}} + 4$

153. a) $y' = \dfrac{2x}{(x^2 + 1)^2}$

b) 1
c) $(0, 0)$, $\left(1, \dfrac{1}{2}\right)$, $\left(-1, \dfrac{1}{2}\right)$

155. a) $F'(x) = 4 \cdot \cos 4x$
b) $F'(x) = -\dfrac{7x \cdot \text{sen } 7x + \cos 7x}{x^2}$
c) $F'(x) = ab \cdot \cos bx$
d) $F'(x) = -(6x + 1) \cdot \text{sen}(3x^2 + x + 5)$
e) $F'(x) = e^x \cdot \cos e^x$
f) $F'(x) = 1 + 12 \cdot \sec^2 4x$
g) $F'(x) = a^{\text{sen } x} \cdot \cos x \cdot \ln a$
h) $F'(x) = -3 \cdot \text{cossec}^2 (3x - 1)$
i) $F'(x) = (2x + 5) \cdot a^{x^2 + 5x + 1} \cdot \ln a$
j) $F'(x) = -\text{sen } x \cdot \sec^2 (\cos x)$
k) $F'(x) = 6 \cdot \text{tg}^2 2x \cdot \sec^2 2x$
l) $F'(x) = 2 \cdot e^{\text{sen } 2x} \cdot \cos 2x$

156. $f'\left(\dfrac{\pi}{2}\right) = 0$

157. $f'(-1) = 3 \cdot e^{-4}$

158. $y = \dfrac{e^{-2} - e^2}{2} \cdot x + \dfrac{3e^{-2} - e^2}{2}$

159. Sim: $a'_1 = \cos x = a_2$
$a'_2 = \cos\left(x + \dfrac{\pi}{2}\right) = a_3$
$a'_3 = \cos(x + \pi) = a_4$
$\vdots$
$a'_n = \cos\left(x + \dfrac{n\pi}{2}\right) = a_{n+1}$

161. a) $f'(x) = -\dfrac{1}{x^2} + \dfrac{1}{x}$
b) $f'(x) = x^{n-1}(n \cdot \ln x + 1)$
c) $f'(x) = a \cdot \ln x + \dfrac{ax + b}{x}$
d) $f'(x) = \cos x \cdot \ln x + \dfrac{\text{sen } x}{x}$
e) $f'(x) = \dfrac{\cos x + x \cdot \ln x \cdot \text{sen } x}{x \cdot \cos^2 x}$
f) $f'(x) = \dfrac{2ax + b}{ax^2 + bx + c}$
g) $f'(x) = \text{cotg } x$
h) $f'(x) = \dfrac{1}{x \cdot \ln x \cdot \ln a}$

162. a) $f'(x) = \dfrac{4}{7 \cdot x^{3/7}}$
b) $f'(x) = \dfrac{8}{3} \cdot \sqrt[3]{x^5}$

RESPOSTAS DOS EXERCÍCIOS

c) $f'(x) = \dfrac{9}{2}\sqrt{x^7}$

d) $f'(x) = -\dfrac{2^5\sqrt{3}}{5} \cdot x^{-\frac{7}{5}}$

e) $f'(x) = \dfrac{1}{2\sqrt{x}}$

f) $f'(x) = \dfrac{1}{2\sqrt{x}} + \dfrac{1}{3\sqrt[3]{x^2}} + \dfrac{2}{x^3}$

g) $f'(x) = \dfrac{a}{2\sqrt{ax+b}}$

h) $f'(x) = \dfrac{2ax + b}{3\sqrt[3]{ax^2 + bx + c}}$

i) $f'(x) = \dfrac{b}{4\sqrt[4]{ax + bx^{\frac{3}{2}}}}$

j) $f'(x) = \dfrac{(a-c) \cdot [bx^2 + 2(a+c)x + b]}{2\sqrt{(ax^2+bx+c)(cx^2+bx+a)^3}}$

k) $f'(x) = -\dfrac{4ab}{3\sqrt[3]{(ax+b)(ax-b)^5}}$

l) $f'(x) = \dfrac{8x + 4\sqrt[3]{1+x+x^2}}{3}$

m) $f'(x) = \dfrac{5x^2 + 3}{3\sqrt[3]{(x^2+1)^2}}$

n) $f'(x) = \dfrac{15x^2 + 8x + 3}{2\sqrt{3x+2}}$

o) $f'(x) = \dfrac{5}{2\sqrt{x} \cdot (2-\sqrt{x})^2}$

p) $f'(x) = \dfrac{x-3}{2(x-1)^{\frac{3}{2}}}$

q) $f'(x) = -\dfrac{\text{sen}\sqrt{x}}{2\sqrt{x}}$

r) $f'(x) = -\dfrac{\text{sen } x}{2\sqrt{\cos x}}$

s) $f'(x) = \dfrac{1}{1-x^2}$

t) $f'(x) = \dfrac{1}{2(1+x) \cdot \ell n\, a}$

163. a) $f'(x) = \dfrac{3}{\sqrt{1-9x^2}}$

b) $f'(x) = -\dfrac{3x^2}{\sqrt{1-x^6}}$

c) $f'(x) = -\dfrac{1}{x^2 + 1}$

d) $f'(x) = 2x + \dfrac{1}{\sqrt{1-x^2}}$

e) $f'(x) = -\dfrac{1}{\sqrt{1-x^2}} - \dfrac{1}{2\sqrt{x}}$

f) $f'(x) = \text{arc tg } x + \dfrac{x}{1+x^2}$

g) $f'(x) = \dfrac{\sqrt{1-x^2} \cdot \text{arc sen } x - 3x}{3\sqrt[6]{x^4(1-x^2)^3}\,(\text{arc sen } x)^2}$

h) $f'(x) = -\dfrac{1}{\sqrt{1-x^2} \cdot \text{arc cos } x}$

i) $f'(x) = \dfrac{1}{2(1+x^2)\sqrt{\text{arc tg } x}}$

j) $f'(x) = \text{arc sen } x^2 + \dfrac{2x^2}{\sqrt{1-x^4}} - 3x^2 e^{x^3}$

k) $f'(x) = -\dfrac{2x-1}{2\sqrt{xe^{2x} - x^2}}$

l) $f'(x) = \dfrac{\text{arc sen } x + \text{arc cos } x}{\sqrt{1-x^2} \cdot \text{arc sen } x \cdot \text{arc cos } x}$

164. $y = \dfrac{11}{4}x - \dfrac{9}{4}$

165. $(3, 2\sqrt{2})$ **167.** $\dfrac{1}{9}$

170. a) $f'(x) = (\text{sen } x)^{x^2} \cdot [2x \cdot \ell n\,\text{sen } x + x^2 \cdot \text{cotg } x]$

b) $f'(x) = x^{x^3} \cdot x^2[3 \cdot \ell n\, x + 1]$

c) $f'(x) = x^{e^x} \cdot e^x \cdot \left[\ell n\, x + \dfrac{1}{x}\right]$

d) $f'(x) = (e^x)^{\text{tg } 3x} \cdot [3x \cdot \sec^2 3x + \text{tg } 3x]$

171. a) $f'(x) = 4x^3 + 10x$
$f''(x) = 12x^2 + 10$
$f'''(x) = 24x$
$f^{IV}(x) = 24$
$f^{(n)}(x) = 0, \forall n \geq 5$

b) $f^{(n)}(x) = (-1)^n \cdot n! \cdot x^{-n-1}, \forall n \in \mathbb{N}^*$

c) $f^{(n)}(x) = e^x, \forall n \in \mathbb{N}^*$

d) $f^{(n)}(x) = (-1)^n \cdot e^{-x}, \forall n \in \mathbb{N}^*$

e) $f^{(n)}(x) = \cos\left(x + \dfrac{n\pi}{2}\right), \forall n \in \mathbb{N}^*$

172. a) $v(t) = -a\omega\,\text{sen}\,(\omega t + \varphi)$

b) $v(0) = -a\omega\,\text{sen}\,\varphi$

c) $\alpha(t) = -a\omega^2 \cos(\omega t + \varphi)$

d) $\alpha(1) = -a\omega^2 \cos(\omega + \varphi)$

173. $A = 6$ e $k = 2$

Capítulo VIII

175. Sim.

176. Não, não existe f'(2).

177. Não, não existe f'(0).

178. f(x) = x², no intervalo [−1, 4], tem derivada nula para x = 0 e, no entanto, f(−1) = 1 ≠ f(4) = 16; g(x) = $\frac{1}{x^2 - 1}$, no intervalo [−2, 2], tem derivada nula para x = 0, f(−2) = f(2) = $\frac{1}{3}$ e, no entanto, g não é contínua no intervalo.

179. c = 3

180. c = $\frac{2 \pm \sqrt{7}}{3}$

181. c = $\frac{4\sqrt{3}}{3}$

183. c = $\frac{1}{2}$

184. c = $\frac{8}{27}$

185. c = ± $\sqrt{2}$

186. c = 1 + $\sqrt{5}$

188. f não é contínua em I.

189. f não é contínua em I.

190. f não é derivável em x = 1 ∈ I.

192. f: x ≤ −2 ou x ≥ 7

g: $\frac{7\pi}{6}$ + 2kπ ≤ x ≤ $\frac{11\pi}{6}$ + 2kπ, k ∈ ℤ

h: −$\frac{\pi}{4}$ + 2kπ ≤ x ≤ $\frac{3\pi}{4}$ + 2kπ, k ∈ ℤ

i: −1 ≤ x ≤ 0 ou x ≥ 1

194. f: x ≤ −2 ou 0 ≤ x ≤ 1

g: x ≤ 0

h: não existe x

i: não existe x

195. crescente para x ≤ 1 ou x ≥ 5

decrescente para 1 ≤ x ≤ 5

196. crescente para x ≥ −1

decrescente para x ≤ −1

197. crescente para x ≤ −2 ou −1 ≤ x ≤ 1 ou x ≥ 2

decrescente para −2 ≤ x ≤ −1 ou 1 ≤ x ≤ 2

198. crescente para x ≤ −1 ou x ≥ 1

decrescente para −1 ≤ x ≤ 1 e x ≠ 0

199. crescente para $\frac{-3\sqrt{2}}{2}$ ≤ x ≤ $\frac{3\sqrt{2}}{2}$

decrescente para −3 < x ≤ −$\frac{3\sqrt{2}}{2}$ ou $\frac{3\sqrt{2}}{2}$ ≤ x < 3

200. decrescente para todo x ∈ ℝ

201. crescente para x ≤ 2

decrescente para x > 2

202. crescente para x ≥ 0

decrescente para x ≤ 0

203. crescente para −$\frac{1}{2}$ ≤ x ≤ 1

decrescente para x ≤ −$\frac{1}{2}$ ou x ≥ 1

204. crescente para todo x ∈ ℝ$_+^*$

205. crescente em ℝ$_+$

decrescente em ℝ$_-$

206. crescente para 0 ≤ x ≤ $\frac{5\pi}{12}$ ou

$\frac{11\pi}{12}$ ≤ x ≤ $\frac{17\pi}{12}$ ou $\frac{23\pi}{12}$ ≤ x ≤ 2π

decrescente para $\frac{5\pi}{12}$ ≤ x ≤ $\frac{11\pi}{12}$ ou

$\frac{17\pi}{12}$ ≤ x ≤ $\frac{23\pi}{12}$

207. crescente para π + 2kπ ≤ x ≤ 2π + 2kπ

decrescente para 2kπ ≤ x ≤ π + 2kπ

208. Demonstração   **209.** Demonstração

210.

RESPOSTAS DOS EXERCÍCIOS

212. Demonstração

213. Demonstração

214. $x = -\dfrac{5}{2}$ é ponto de máximo

215. $x = 2$ é ponto de mínimo

216. $\begin{cases} x = 3 \text{ é ponto de mínimo e} \\ x = -3 \text{ é ponto de máximo} \end{cases}$

217. $x = 2$ é ponto de inflexão

218. $\begin{cases} x = 6 \text{ é ponto de máximo e} \\ x = \dfrac{50}{7} \text{ é ponto de mínimo} \end{cases}$

219. $x = -\dfrac{5}{2}$ é ponto de máximo

220. $\begin{cases} x = \dfrac{2k\pi}{3} \ (k \in \mathbb{Z}) \text{ é ponto de máximo e} \\ x = \dfrac{(2k+1)\pi}{3} (k \in \mathbb{Z}) \text{ é ponto de mínimo} \end{cases}$

221. $\begin{cases} x = \dfrac{3\pi}{8} + k\pi \, (k \in \mathbb{Z}) \text{ é ponto de máximo e} \\ x = \dfrac{7\pi}{8} + k\pi \, (k \in \mathbb{Z}) \text{ é ponto de mínimo} \end{cases}$

222. $x = e^{-1}$ é ponto de mínimo

223. $x = 0$ é ponto de mínimo

224. $x = -1$ é ponto de máximo e $x = 1$ é ponto de mínimo

226. $f(2) = -5$ é valor mínimo

227. $f(\sqrt[3]{-2}) = 2\sqrt[3]{2} + 8\sqrt[3]{-2}$ é valor mínimo

228. $\begin{cases} f(1) = \dfrac{1}{2} \text{ é valor máximo e} \\ f(-1) = -\dfrac{1}{2} \text{ é valor mínimo} \end{cases}$

229. $\begin{cases} f(0) = 0 \text{ é valor mínimo e} \\ f(-2) = 4e^{-2} \text{ é valor máximo} \end{cases}$

230. Não tem extremos.

231. $f(1) = 0$ é valor mínimo

232. $\begin{cases} (-\sqrt{3}, 6\sqrt{3}) \text{ é ponto máximo e} \\ (\sqrt{3}, -6\sqrt{3}) \text{ é ponto mínimo} \end{cases}$

233. $\left(\dfrac{1}{2}, \dfrac{5}{3}\right)$ é ponto máximo

234. $\left(\sqrt[3]{-2}, \dfrac{3}{\sqrt[3]{4}}\right)$ é ponto mínino

235. $\left(\sqrt{e}, \dfrac{1}{2e}\right)$ é ponto máximo

236. $a = -\dfrac{3}{2}$ e $b = \dfrac{11}{2}$

238. $x = 2$ é ponto de mínimo absoluto
$x = 5$ é ponto de máximo absoluto

239. $x = 6$ é ponto de mínimo absoluto
$x = 3$ é ponto de máximo absoluto

240. $t = 2$ s

241. a) $t = \dfrac{1}{k}\left(\dfrac{3\pi}{2} + 2n\pi - \ell\right)$ e $s = 0$

b) $t = \dfrac{1}{k}(2n\pi - \ell)$ e $s = a$

243. $x = y = \dfrac{a}{2}$

244. $5R$

246. $h = \dfrac{4R}{3}$ e $r = \dfrac{2R\sqrt{2}}{3}$

247. $r = R\sqrt{2}$ e $h = 4R$

248. 4 cm

249. 13,4 km de B e 6,6 km de C

250. $x = \dfrac{\pi L}{\pi + 4}$ e $y = \dfrac{4L}{\pi + 4}$

251. $\dfrac{r}{h} = \dfrac{1}{\sqrt{2}}$

252. $4\sqrt{3}A$

253. $\theta = \dfrac{2\pi}{3}$ rad

254. $x = \dfrac{1}{2}$ é o ponto de mínimo

255. $\begin{cases} x = -1 \text{ é ponto de mínimo e} \\ x = 1 \text{ é ponto de máximo} \end{cases}$

RESPOSTAS DOS EXERCÍCIOS

256. $\begin{cases} x = 0 \text{ é ponto de mínimo e} \\ x = -2 \text{ é ponto de máximo} \end{cases}$

257. $x = 0$ é ponto de mínimo

258. $x = 0$ é ponto de mínimo

259. Não é possível determinar os extremos usando o critério da derivada segunda.

260. $\left(4, \dfrac{1}{4\ell n\, 2}\right)$ é ponto de máximo

261. $x = 1$ é ponto de máximo absoluto e $x = -2$ é ponto de mínimo absoluto

262. $x = -1$ é ponto de máximo absoluto e $x = 2$ é ponto de mínimo absoluto

263. $x = -6$ é ponto de mínimo absoluto e $x = 1$ e $x = 5$ são pontos de máximo absoluto

265. (1, 2)

267. $h = \dfrac{4R}{3}$ e $r = \dfrac{2\sqrt{2}R}{3}$

268. $h = 4R$ e $r = R\sqrt{2}$

269. $\dfrac{\sqrt[3]{6V}}{3}$, $\sqrt[3]{6V}$, $\dfrac{\sqrt[3]{6V}}{2}$

270. 18 cm e 24 cm

271. 7 dias

272. $\dfrac{c - b}{2d}$

273. $\begin{cases} \text{conc. posit. para } x > 0 \\ \text{conc. negat. para } x < 0 \\ \text{ponto de inflexão: } (0, 0) \end{cases}$

274. $\begin{cases} \text{conc. posit. para } x > 1 \text{ ou } -1 < x < 0 \\ \text{conc. negat. para } x < -1 \text{ ou } 0 < x < 1 \\ \text{ponto de inflexão: } (0, 0) \end{cases}$

275. $\begin{cases} \text{conc. posit. para } x < 2 \\ \text{conc. negat. para } x > 2 \\ \text{ponto de inflexão: } (2, 0) \end{cases}$

276. $\begin{cases} \text{conc. posit. para } -\sqrt{6} < x < 0 \text{ ou } x > \sqrt{6} \\ \text{conc. negat. para } x < -\sqrt{6} \text{ ou } 0 < x < \sqrt{6} \\ \text{pontos de inflexão: } (0, 0), \left(\sqrt{6}, \dfrac{\sqrt{60}}{50}\right), \left(-\sqrt{6}, -\dfrac{\sqrt{60}}{50}\right) \end{cases}$

277. $\begin{cases} \text{conc. posit. para } x < 1 \text{ ou } x > \dfrac{4}{3} \\ \text{conc. negat. para } 1 < x < \dfrac{4}{3} \\ \text{pontos de inflexão: } (1, 1) \text{ e } \left(\dfrac{4}{3}, \dfrac{43}{27}\right) \end{cases}$

278. $\dfrac{5\pi}{4} + 2k\pi < x < \dfrac{9\pi}{4} + 2k\pi, k \in \mathbb{Z}$

279. $x < \dfrac{3}{5}$ e $x \neq 0$

280. $\left(-\sqrt{\dfrac{5}{6}}, \dfrac{19}{36}\right)$ e $\left(\sqrt{\dfrac{5}{6}}, \dfrac{19}{36}\right)$

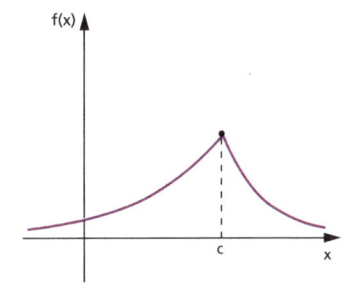

281.

282.

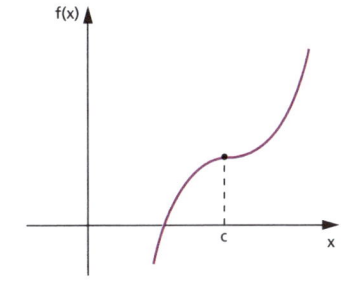

283.

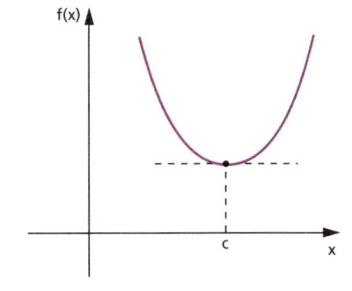

RESPOSTAS DOS EXERCÍCIOS

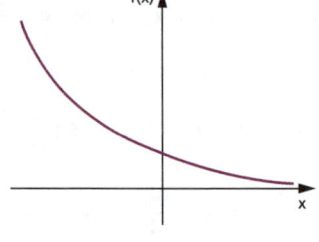

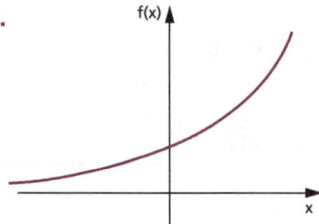

284.

285.

286. $a_0 = 3$, $a_1 = 0$, $a_2 = -6$ e $a_3 = 2$

287. $a_0 = a_1 = a_3 = 0$, $a_2 = -\dfrac{6}{5}$, $a_4 = \dfrac{1}{5}$

288. $f(x) = 2x^3 - 6x$
  a) Seu domínio é $\mathbb{R}$.
  b) A função é ímpar, porque:
  $f(-x) = 2(-x)^3 - 6(-x) =$
  $= -2x^3 + 6x = -(2x^3 - 6x) = -f(x)$.
  c) Não há pontos de descontinuidade em $\mathbb{R}$.
  d) Fazendo $x = 0$, temos $f(0) = 0$.
  Fazendo $f(x) = 0$, temos
  $2x^3 - 6x = 0$, isto é, $x = 0$ ou $x = \pm\sqrt{3}$.
  As interseções com os eixos são os pontos $(0, 0)$; $(-\sqrt{3}, 0)$ e $(\sqrt{3}, 0)$.
  e) $\lim\limits_{x \to +\infty} f(x) = \lim\limits_{x \to +\infty} x^3 = +\infty$
  $\lim\limits_{x \to -\infty} f(x) = \lim\limits_{x \to -\infty} x^3 = -\infty$
  f) $f'(x) = 6x^2 - 6 = 6(x + 1)(x - 1)$
  então: $x \leq -1$ ou $x \geq 1 \Rightarrow$
  $\Rightarrow f'(x) \geq 0 \Rightarrow f$ crescente
  $-1 \leq x \leq 1 \Rightarrow f'(x) \leq 0 \Rightarrow$
  $\Rightarrow f$ decrescente
  g) $f'(x) = 0 \Rightarrow x = -1$ ou $x = 1$
  $f''(x) = 12x \Rightarrow \begin{cases} f''(-1) = -12 < 0 \\ f''(1) = 12 > 0 \end{cases}$

então f tem um máximo em $x = -1$ e um mínimo em $x = 1$.
  h) $f''(x) = 12x$ e, então:
  $x < 0 \Rightarrow f''(x) < 0 \Rightarrow$ concavidade negativa
  $x > 0 \Rightarrow f''(x) > 0 \Rightarrow$ concavidade positiva
  Como o sinal da concavidade muda em $x = 0$, o gráfico tem um ponto de inflexão em $x = 0$.

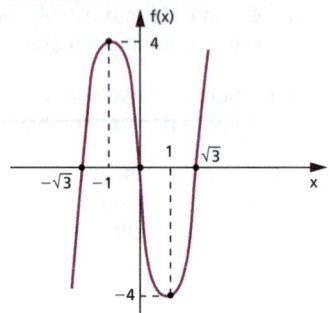

289. a) O domínio é $\mathbb{R}$.
  b) A função não é par nem ímpar porque:
  $f(-x) = -4x^3 - x^2 + 24x - 1 \neq f(x)$ e $-f(x)$.
  c) A função é contínua em $\mathbb{R}$.
  d) $f(0) = -1 \Rightarrow (0, -1) \in$ gráfico
  $f(x) = 0 \Rightarrow 4x^3 - x^2 - 24x - 1 = 0 \Rightarrow$
  $\Rightarrow$ três raízes reais irracionais, sendo uma positiva
  e) $\lim\limits_{x \to +\infty} f(x) = \lim\limits_{x \to +\infty} 4x^3 = +\infty$
  $\lim\limits_{x \to -\infty} f(x) = \lim\limits_{x \to -\infty} 4x^3 = -\infty$
  f) $f'(x) = 12x^2 - 2x - 24 =$
  $= 12\left(x + \dfrac{4}{3}\right)\left(x - \dfrac{3}{2}\right)$
  $x \leq -\dfrac{4}{3}$ ou $x \geq \dfrac{3}{2} \Rightarrow f'(x) \geq 0 \Rightarrow$
  $\Rightarrow f$ é crescente
  $-\dfrac{4}{3} \leq x \leq \dfrac{3}{2} \Rightarrow f'(x) \leq 0 \Rightarrow$
  $\Rightarrow f$ é decrescente
  g) $f''(x) = 24x - 2$

$x = -\dfrac{4}{3} \Rightarrow f'\left(\dfrac{4}{3}\right) = 0 \text{ e } f''\left(-\dfrac{4}{3}\right) < 0 \Rightarrow$

$\Rightarrow -\dfrac{4}{3}$ é ponto de máximo

$x = \dfrac{3}{2} \Rightarrow f'\left(\dfrac{3}{2}\right) = 0 \text{ e } f''\left(\dfrac{3}{2}\right) > 0 \Rightarrow$

$\Rightarrow \dfrac{3}{2}$ é ponto de mínimo

h) $x < \dfrac{1}{12} \Rightarrow f''(x) < 0 \Rightarrow$
$\Rightarrow$ concavidade negativa
$x > \dfrac{1}{12} \Rightarrow f''(x) > 0 \Rightarrow$
$\Rightarrow$ concavidade positiva
Como o sinal da concavidade muda em $x = \dfrac{1}{12}$, este é um ponto de inflexão.

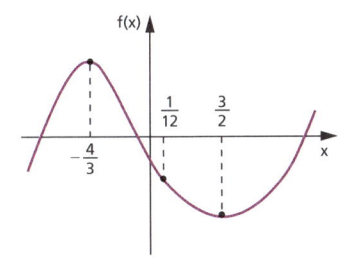

290. a) O domínio é $\mathbb{R}$.
b) A função não é par nem ímpar porque $f(-x) = 3x^4 - 4x^3 + 6x^2 - 4 \neq f(x)$ e $-f(x)$.
c) A função é contínua em $\mathbb{R}$.
d) $f(0) = -4 \Rightarrow (0, -4) \in$ gráfico
$f(x) = 0 \Rightarrow 3x^4 + 4x^3 + 6x^2 - 4 = 0 \Rightarrow$
$\Rightarrow$ duas raízes reais e duas raízes imaginárias.
e) $\lim\limits_{x \to +\infty} f(x) = \lim\limits_{x \to +\infty} 3x^4 = +\infty$
$\lim\limits_{x \to -\infty} f(x) = \lim\limits_{x \to -\infty} 3x^4 = +\infty$
f) $f'(x) = 12x^3 + 12x^2 + 12x =$
$= 12(x - 0)(x^2 + x + 1)$
$x \leq 0 \Rightarrow f'(x) \leq 0 \Rightarrow f$ é decrescente
$x \geq 0 \Rightarrow f'(x) \geq 0 \Rightarrow f$ é crescente
g) $f''(x) = 36x^2 + 24x + 12$
$x = 0 \Rightarrow f'(0) = 0$ e $f''(0) > 0 \Rightarrow$
$\Rightarrow 0$ é ponto de mínimo

h) $\forall x \in \mathbb{R}, f''(x) > 0 \Rightarrow$ concavidade positiva.

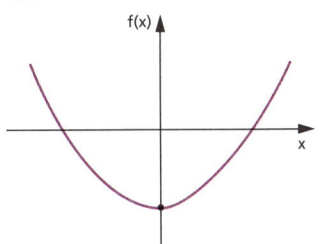

291. $f(x) = (x - 1)^2(x + 2)^3$
a) Seu domínio é $\mathbb{R}$.
b) A função não é par nem ímpar, pois:
$f(-x) = (-x - 1)^2(-x + 2)^3 =$
$= [-(x + 1)]^2[-(x - 2)]^3 =$
$= -(x + 1)^2(x - 2)^3$
c) A função polinomial é contínua em $\mathbb{R}$.
d) Fazendo $x = 0$, temos:
$f(0) = (-1)^2(2)^3 = 8$.
Fazendo $f(x) = 0$, temos $(x - 1)^2(x + 2)^3 =$
$= 0$, isto é, $x = 1$ ou $x = -2$.
As interseções com os eixos são os pontos $(0, 8)$; $(1, 0)$ e $(-2, 0)$.
e) $\lim\limits_{x \to +\infty} f(x) = \lim\limits_{x \to +\infty} x^5 = +\infty$
$\lim\limits_{x \to -\infty} f(x) = \lim\limits_{x \to -\infty} x^5 = -\infty$
f) $f'(x) = (x - 1)(x + 2)^2(5x + 1)$, então
$x \leq -\dfrac{1}{5}$ ou $x \geq 1 \Rightarrow f'(x) \geq 0 \Rightarrow$
$\Rightarrow f$ é crescente
$-\dfrac{1}{5} \leq x \leq 1 \Rightarrow f'(x) \leq 0 \Rightarrow$
$\Rightarrow f$ é decrescente
g) $f'(x) = 0 \Rightarrow x = 1$ ou $x = -2$ ou $x = -\dfrac{1}{5}$
$f''(x) = (x + 2)(20x^2 + 8x - 10) \Rightarrow$
$\Rightarrow \begin{cases} f''(1) = 54 > 0 \\ f''(-2) = 0 \\ f''\left(-\dfrac{1}{5}\right) = -\dfrac{485}{25} < 0 \end{cases}$
então f tem um mínimo em $x = 1$ e um máximo em $x = -\dfrac{1}{5}$.

h) $f''(x) = (x + 2)(20x^2 + 8x - 10)$, então:

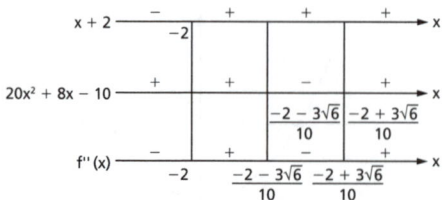

$x + 2$	−	+	+	+ → x
	−2			
$20x^2 + 8x - 10$	+	+	−	+ → x
			$\frac{-2 - 3\sqrt{6}}{10}$	$\frac{-2 + 3\sqrt{6}}{10}$
$f''(x)$	−	+	−	+ → x
	−2		$\frac{-2 - 3\sqrt{6}}{10}$	$\frac{-2 + 3\sqrt{6}}{10}$

para $x < -2$ ou
$\frac{-2 - 3\sqrt{6}}{10} < x < \frac{-2 + 3\sqrt{6}}{10} \Rightarrow$
$\Rightarrow f''(x) < 0 \Rightarrow$ concavidade negativa
para $-2 < x < \frac{-2 - 3\sqrt{6}}{10}$ ou
$x > \frac{-2 + 3\sqrt{6}}{10} \Rightarrow f''(x) > 0 \Rightarrow$
$\Rightarrow$ concavidade positiva
Como o sinal da concavidade muda em $x = -2$, $x = \frac{-2 - 3\sqrt{6}}{10}$ e
$x = \frac{-2 + 3\sqrt{6}}{10}$, o gráfico tem 3 pontos de inflexão.

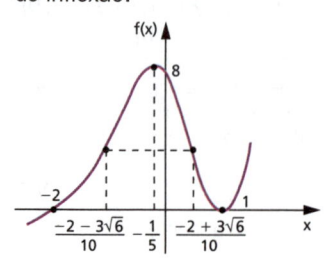

292. $f(x) = 3x^{\frac{2}{3}} - 2x$
  a) O domínio é $\mathbb{R}$.
  b) $f(-x) = 3(-x)^{\frac{2}{3}} - 2(-x) = 3x^{\frac{2}{3}} + 2x$
     A função não é par nem ímpar.
  c) Não há pontos de descontinuidade.
  d) $x = 0 \Rightarrow f(0) = 0$
     $f(x) = 0 \Rightarrow x = 0$ ou $x = \frac{27}{8}$
     Então, os pontos de interseção com os eixos são: $(0, 0)$ e $\left(\frac{27}{8}, 0\right)$.

e) $\lim_{x \to +\infty} f(x) = \lim_{x \to +\infty} (-2x) = -\infty$
   $\lim_{x \to -\infty} f(x) = \lim_{x \to -\infty} (-2x) = +\infty$

f) $f'(x) = \frac{2}{\sqrt[3]{x}} - 2$
   $f'(x) = 0 \Leftrightarrow \frac{2}{\sqrt[3]{x}} - 2 = 0 \Rightarrow$
   $\Rightarrow \sqrt[3]{x} = 1 \Rightarrow x = 1$
   Variação de sinal de
   $f'(x) = \frac{2 - 2\sqrt[3]{x}}{\sqrt[3]{x}}$:

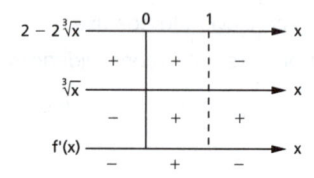

		0	1	
$2 - 2\sqrt[3]{x}$	+	+	−	→ x
$\sqrt[3]{x}$	−	+	+	→ x
$f'(x)$	−	+	−	→ x

   Então: para $0 \leq x \leq 1$, $f'(x) \geq 0 \Rightarrow$
   $\Rightarrow f$ crescente e para $x \leq 0$ ou $x \geq 1$,
   $f'(x) \leq 0 \Rightarrow f$ decrescente

g) $f''(x) = -\frac{2}{3} x^{\frac{2}{3}} \Rightarrow f''(1) = -\frac{2}{3} < 0$,
   tem máximo em $x = 1$

h) $f''(x) = -\frac{2}{3} x^{\frac{2}{3}} \Rightarrow$
   $\Rightarrow \begin{cases} x < 0, f''(x) < 0 \Rightarrow \\ \Rightarrow \text{concavidade negativa} \\ x > 0, f''(x) < 0 \Rightarrow \\ \Rightarrow \text{concavidade negativa} \end{cases}$

Como o sinal da concavidade não muda em $x = 0$, então $x = 0$ não é ponto de inflexão.

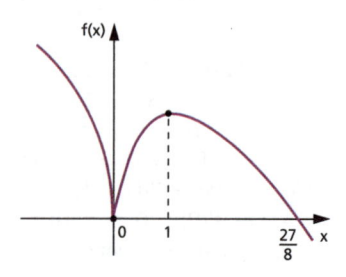

293. a) O domínio é $\mathbb{R}$.

b) A função não é par nem ímpar porque:
$f(-x) = -x^{\frac{1}{3}} + 2x^{\frac{4}{3}} \neq f(x)$ e $-f(x)$.

c) A função é contínua em $\mathbb{R}$.

d) $f(0) = 0 \Rightarrow (0, 0) \in$ gráfico
$f(x) = 0 \Rightarrow x^{\frac{1}{3}} + 2x^{\frac{4}{3}} = 0 \Rightarrow$
$\Rightarrow 2\sqrt[3]{x^4} = \sqrt[3]{x} \Rightarrow 8x^4 = -x \Rightarrow$
$\Rightarrow x = 0$ ou $x = -\dfrac{1}{2} \Rightarrow$
$\Rightarrow (0, 0)$ e $\left(-\dfrac{1}{2}, 0\right)$ estão no gráfico

e) $\lim\limits_{x \to +\infty} f(x) = \lim\limits_{x \to +\infty} 2x^{\frac{4}{3}} = +\infty$

$\lim\limits_{x \to -\infty} f(x) = \lim\limits_{x \to -\infty} 2x^{\frac{4}{3}} = +\infty$

f) $f'(x) = \dfrac{1}{3\sqrt[3]{x^2}} + \dfrac{8\sqrt[3]{x}}{3} = \dfrac{1 + 8x}{3\sqrt[3]{x^2}}$

$x \leq -\dfrac{1}{8} \Rightarrow f'(x) \leq 0 \Rightarrow f$ decrescente

$x \geq -\dfrac{1}{8} \Rightarrow f'(x) \geq 0 \Rightarrow f$ crescente

g) $f''(x) = -\dfrac{2}{9\sqrt[3]{x^5}} + \dfrac{8}{9\sqrt[3]{x^2}} = \dfrac{-2 + 8x}{9\sqrt[3]{x^5}}$

Variação de sinal de $f''(x)$:

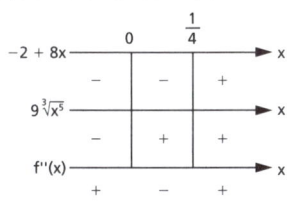

$x < 0$ ou $x > \dfrac{1}{4} \Rightarrow f''(x) > 0 \Rightarrow$
$\Rightarrow$ concavidade positiva

$0 < x < \dfrac{1}{4} \Rightarrow f''(x) < 0 \Rightarrow$
$\Rightarrow$ concavidade negativa

pontos de inflexão: $x = 0$ e $x = \dfrac{1}{4}$.

h) $x = -\dfrac{1}{8} \Rightarrow f'\left(-\dfrac{1}{8}\right) = 0$ e

$f''\left(-\dfrac{1}{8}\right) > 0 \Rightarrow -\dfrac{1}{8}$ é ponto de mínimo

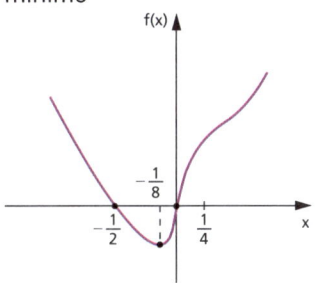

294. a) O domínio é $\mathbb{R}$.

b) A função não é par nem ímpar porque:
$f(-x) = 1 - (x + 2)^{\frac{1}{3}} \neq f(x)$ e $-f(x)$.

c) A função é contínua em $\mathbb{R}$.

d) $f(0) = 1 - \sqrt[3]{2} \Rightarrow (0, 1 - \sqrt[3]{2}) \in$ gráfico
$f(x) = 0 \Rightarrow \sqrt[3]{x - 2} = -1 \Rightarrow x - 2 =$
$= -1 \Rightarrow x = 1 \Rightarrow (1, 0) \in$ gráfico

e) $\lim\limits_{x \to +\infty} f(x) = \lim\limits_{x \to +\infty} (x - 2)^{\frac{1}{3}} = +\infty$

$\lim\limits_{x \to -\infty} f(x) = \lim\limits_{x \to -\infty} (x - 2)^{\frac{1}{3}} = -\infty$

f) $f'(x) = \dfrac{1}{3\sqrt[3]{(x - 2)^2}}$

$\forall x \in \mathbb{R}, f'(x) > 0 \Rightarrow f$ é crescente em $\mathbb{R}$

g) $f''(x) = -\dfrac{2}{9\sqrt[3]{(x - 2)^5}}$

$x < 2 \Rightarrow f''(x) > 0 \Rightarrow$ concavidade positiva

$x > 2 \Rightarrow f''(x) < 0 \Rightarrow$ concavidade negativa

$x = 2$ é ponto de inflexão

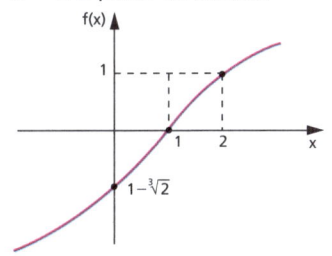

RESPOSTAS DOS EXERCÍCIOS

295. $f(x) = x\sqrt{1-x}$

a) Domínio: $1 - x \geq 0 \Rightarrow x \leq 1$.

b) $f(-x) = -x\sqrt{1+x}$; a função não é par nem ímpar

c) Não há pontos de descontinuidade em $x \leq 1$.

d) $x = 0 \Rightarrow f(0) = 0$

$f(x) = 0 \Rightarrow x\sqrt{1-x} = 0 \Rightarrow \begin{cases} x = 0 \\ \text{ou} \\ x = 1 \end{cases}$

As interseções com os eixos são os pontos $(0, 0)$ e $(1, 0)$.

e) $\lim_{x \to -\infty} f(x) = \lim_{x \to -\infty} x = -\infty$

Como $x \leq 1$, não há $\lim_{x \to +\infty}$.

f) $f'(x) = \dfrac{2 - 3x}{2\sqrt{1-x}}$

$f'(x) = 0 \Rightarrow x = \dfrac{2}{3}$

Então, $x \leq \dfrac{2}{3} \Rightarrow f'(x) \geq 0 \Rightarrow$
$\Rightarrow f$ crescente

$x \geq \dfrac{2}{3} \Rightarrow f'(x) \leq 0 \Rightarrow f$ decrescente

g) $f''(x) = \dfrac{3x - 4}{4\sqrt{(1-x)^3}}$

$f''\left(\dfrac{2}{3}\right) = \dfrac{3 \cdot \dfrac{2}{3} - 4}{4\sqrt{\left(1 - \dfrac{2}{3}\right)^3}} < 0 \Rightarrow$

$\Rightarrow f$ tem máximo em $x = \dfrac{2}{3}$

h) $f''(x) = 0 \Rightarrow x = \dfrac{4}{3} > 1$, o que significa que não há ponto de inflexão no domínio de f.

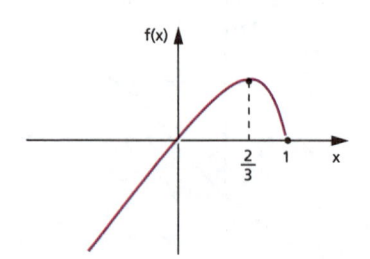

296. a) O domínio é $\mathbb{R} - \{3\}$.

b) A função não é par nem ímpar porque:
$f(-x) = \dfrac{-x + 1}{-x - 3} \neq f(x)$ e $-f(x)$.

c) A função não é contínua em $x = 3$.

d) $x = 0 \Rightarrow f(0) = -\dfrac{1}{3} \Rightarrow$

$\Rightarrow \left(0, -\dfrac{1}{3}\right) \in$ gráfico

$f(x) = 0 \Rightarrow \dfrac{x + 1}{x - 3} = 0 \Rightarrow$

$\Rightarrow x = -1 \Rightarrow (-1, 0) \in$ gráfico

e) $\lim_{x \to +\infty} f(x) = \lim_{x \to +\infty} \dfrac{1 + \dfrac{1}{x}}{1 - \dfrac{3}{x}} = 1$

$\lim_{x \to -\infty} f(x) = \lim_{x \to -\infty} \dfrac{1 + \dfrac{1}{x}}{1 - \dfrac{3}{x}} = 1$

f) $f'(x) = \dfrac{-4}{(x-3)^2}$

$\forall x \neq 3$, $f'(x) < 0 \Rightarrow f$ é decrescente no domínio

g) $f''(x) = \dfrac{8}{(x-3)^3}$

$x < 3 \Rightarrow f''(x) < 0 \Rightarrow$ concavidade negativa

$x > 3 \Rightarrow f''(x) > 0 \Rightarrow$ concavidade positiva

$x = 3$ não é ponto de inflexão, pois não está no domínio de f.

h) $\lim_{x \to 3^-} f(x) = -\infty$ e $\lim_{x \to 3^+} f(x) = +\infty$

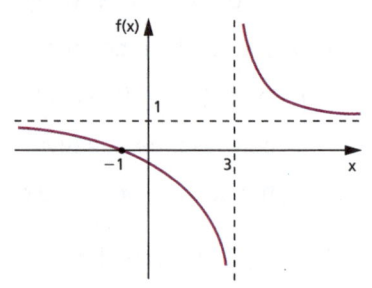

297. $f(x) = \dfrac{9x}{x^2 + 9}$

a) Domínio é $\mathbb{R}$.

b) $f(-x) = \dfrac{9(-x)}{(-x)^2 + 9} = \dfrac{-9x}{x^2 + 9} = -f(x) \Rightarrow$

$\Rightarrow f$ é ímpar

c) Não há pontos de descontinuidade.

d) $x = 0 \Rightarrow f(0) = 0$
$f(x) = 0 \Rightarrow x = 0$
Então $(0, 0)$ é o único ponto de interseção com os eixos.

e) $\lim\limits_{x \to +\infty} f(x) = \lim\limits_{x \to +\infty} \dfrac{9x}{x^2 + 9} =$
$= \lim\limits_{x \to +\infty} \dfrac{9x}{x^2\left(1 + \dfrac{9}{x^2}\right)} = \lim\limits_{x \to +\infty} \dfrac{9}{x^2} = 0$

$\lim\limits_{x \to -\infty} f(x) = \lim\limits_{x \to -\infty} \dfrac{9}{x^2} = 0$

f) $f'(x) = \dfrac{9(-x^2 + 9)}{(x^2 + 9)^2}$
$f'(x) = 0 \Rightarrow -x^2 + 9 = 0 \Rightarrow$
$\Rightarrow x = -3$ ou $x = +3$
$x \leq -3$ ou $x \geq 3 \Rightarrow f'(x) \leq 0 \Rightarrow$
$\Rightarrow f$ decrescente
$-3 \leq x \leq 3 \Rightarrow f'(x) \geq 0 \Rightarrow$
$\Rightarrow f$ crescente

g) $f''(x) = \dfrac{9(2x^3 - 54x)}{(x^2 + 9)^3}$

$f''(-3) = \dfrac{9[2(-3)^3 - 54(-3)]}{(9 + 9)^3} > 0 \Rightarrow$
$\Rightarrow -3$ é ponto de mínimo

$f''(3) = \dfrac{9[2(3)^2 - 54(3)]}{(9 + 9)^3} < 0 \Rightarrow$
$\Rightarrow 3$ é ponto de máximo

h) $f''(x) = 0 \Rightarrow 2x^3 - 54x = 0 \Rightarrow$
$\Rightarrow x = 0$ ou $x = \pm 3\sqrt{3}$
$x < -3\sqrt{3}$ ou $0 < x < 3\sqrt{3} \Rightarrow$
$\Rightarrow f''(x) < 0 \Rightarrow$ concavidade negativa
$-3\sqrt{3} < x < 0$ ou $x > 3\sqrt{3} \Rightarrow$
$\Rightarrow f''(x) > 0 \Rightarrow$ concavidade positiva

Como o sinal da concavidade muda em $x = -3\sqrt{3}$, $x = 0$ e $x = 3\sqrt{3}$, estes são três pontos de inflexão.

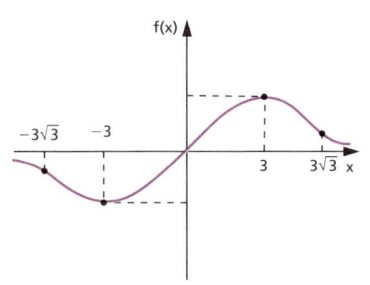

Capítulo IX

299. 314,9

301. a) 88   b) 88

302. 63

304. a) $F(x) = \dfrac{x^4}{4} - x^2 + 7x$

b) $F(x) = -\cos x + 3 \operatorname{sen} x$

c) $F(x) = -\dfrac{x^6}{6} + 3x$

d) $F(x) = -\dfrac{x^8}{24} + \dfrac{x^4}{28}$

e) $F(x) = \dfrac{x^4}{28} + \dfrac{x}{7}$

305. a) $\dfrac{x^4}{4} - \dfrac{4x^3}{3} - x^2 + x + c$

b) $\operatorname{tg} x + c$

c) $\dfrac{1}{x} + c$

d) $\dfrac{-1}{2x^2} + c$

e) $\dfrac{x^2}{2} - \dfrac{1}{x} + c$

306. a) $\dfrac{5}{6} x^{\frac{6}{5}} + c$ d) $2\sqrt{x} + c$

b) $\dfrac{3}{4} x^{\frac{4}{3}} + c$ e) $\dfrac{3}{2} \sqrt[3]{x^2} + c$

c) $\dfrac{3}{5} x^{\frac{5}{3}} + c$

308. a) $\dfrac{1}{2}$ c) $1 - \dfrac{\sqrt{2}}{2}$ e) $\dfrac{1}{2}$

b) $\dfrac{7}{3}$ d) $\dfrac{\sqrt{2}}{2}$

RESPOSTAS DOS EXERCÍCIOS

309. a) 14 c) 0 e) $\dfrac{4}{5}$
b) $\dfrac{2}{3}$ d) $-\dfrac{1}{3}$

310. a) $\dfrac{20}{3}$ c) $\dfrac{\pi}{2} + 1$ e) $\dfrac{20}{3}$
b) 2 d) $-\dfrac{5}{14}$

312. a) $\dfrac{32}{3}$ c) $\dfrac{3\pi}{2} + 1$ e) $\dfrac{\pi}{4}$
b) 30 d) $\dfrac{28}{3}$

315. a)

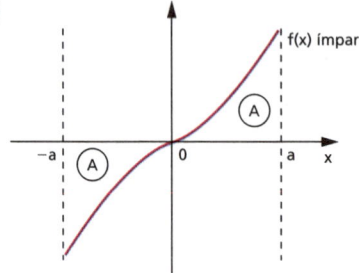

$\int_{-a}^{a} f(x)\,dx = \int_{0}^{a} f(x)\,dx + \int_{-a}^{0} f(x)\,dx =$
$= A - A = 0$

b)

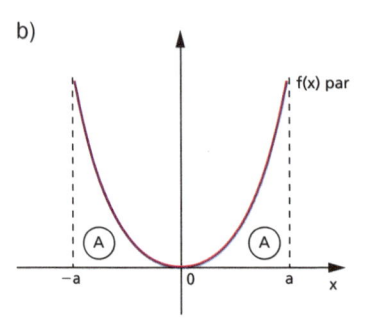

$\int_{0}^{a} f(x)\,dx = \int_{-a}^{0} f(x)\,dx \therefore$

$\therefore \int_{-a}^{a} f(x)\,dx = 2 \cdot \int_{0}^{a} f(x)\,dx$

317. a) $\dfrac{1}{6}$ c) 36 e) $2 + \dfrac{\pi^3}{6}$
b) $\dfrac{8}{3}$ d) $\dfrac{1}{3}$

318. a) $\dfrac{dF}{dx} = 5x + 2$ c) $\dfrac{dF}{dx} = \sqrt{x}$
b) $\dfrac{dF}{dx} = \sqrt{x}$

320. a) $\dfrac{(3x + 7)^{16}}{16} + c$
b) $e^{3x} + c$
c) sen $5x + c$
d) $\dfrac{2}{3}\sqrt{(3x+7)^3} + c$
e) $-\dfrac{1}{x+1} + c$

321. a) $\dfrac{e^{x^3}}{3} + c$
b) $\dfrac{\text{sen } 3x^2}{6} + c$
c) $\dfrac{1}{70}(5x - 1)^{14} + c$
d) $\dfrac{2}{15}\sqrt{(5x-1)^3}$
e) $-\dfrac{1}{3(3x+7)} + c$

322. a) $\dfrac{e^{3x}}{3} + c$
b) $\dfrac{\text{sen}^6 x}{6} + c$
c) $-\dfrac{\cos 5x}{5} + c$
d) $\dfrac{\text{sen }(3x+1)}{3} + c$
e) $-\dfrac{(3-2x)^5}{10} + c$

323. a) $-x \cdot \cos x + \text{sen } x + c$
b) $(3x + 7) \text{ sen } x + 3 \cos x + c$
c) $e^x(2x - 3) + c$
d) $\dfrac{5(-3x+1) \cdot \text{sen } 5x - 3\cos 5x}{25} + c$
e) $\left(-\dfrac{2}{3}x + \dfrac{7}{9}\right)e^{1-3x} + c$

324. $\dfrac{13\pi}{3}$ **325.** $\dfrac{242\pi}{5}$ **326.** $\dfrac{3\pi}{4}$

Questões de vestibulares

Limites — Derivadas — Noções de integral

Limites

1. (UF-PI) Determine $\lim_{x \to 1} \dfrac{3x^3 - 5x^2 + x + 1}{2x^3 - 3x^2 + 1}$

a) 1   b) ∞   c) e   d) $\dfrac{3}{4}$ e) $\dfrac{4}{3}$

2. (UF-PR) O $\lim_{x \to 2} \dfrac{2x^2 - 12x + 16}{3x^2 + 3x - 18}$ é igual a:

a) $-\dfrac{4}{15}$ b) $-\dfrac{2}{5}$ c) $-\dfrac{1}{2}$ d) $-\dfrac{3}{2}$ e) $-\dfrac{5}{2}$

3. (Cefet-PR) Se $f(x) = \dfrac{3x^3 - 2x^2 - x + 4}{2x^2 + 4x + 2}$, então $\lim_{x \to -1} f(x)$ é igual a:

a) 12   b) 0   c) 1   d) inexistente   e) 2

4. (UF-PA) Seja f definida por $f(x) = \begin{cases} x + 3 & \text{se } x \neq 1 \\ 2 & \text{se } x = 1 \end{cases}$. Qual o valor de $\lim_{x \to 1} f(x)$?

a) 1   b) 2   c) 3   d) 4   e) 5

5. (UF-PI) O valor do limite $\lim_{x \to 2} \dfrac{\left(\dfrac{1}{x}\right) - \left(\dfrac{1}{2}\right)}{x^2 - 4}$ é:

a) $-\dfrac{1}{8}$ b) $-\dfrac{1}{16}$ c) 0   d) $\dfrac{1}{16}$ e) $\dfrac{1}{8}$

QUESTÕES DE VESTIBULARES

6. (UF-PI) O valor do limite $\lim\limits_{x \to 1} \left\{ \dfrac{\sqrt{x} - 1}{x - 1} \right\}$ é:

a) $-\dfrac{1}{4}$ b) $-\dfrac{1}{2}$ c) 0 d) $\dfrac{1}{4}$ e) $\dfrac{1}{2}$

7. (UF-AM) O $\lim\limits_{x \to 0} \dfrac{2 - \sqrt{4 - x}}{x}$ é igual a:

a) $\dfrac{1}{2}$ b) 0 c) $\dfrac{1}{4}$ d) 2 e) 4

8. (FCMSC-SP) Calculando o $\lim\limits_{x \to \frac{\pi}{4}} \dfrac{\text{sen } 2x - \cos 2x - 1}{\cos x - \text{sen } x}$, obtém-se:

a) $\sqrt{2}$ b) $-\sqrt{2}$ c) $\dfrac{\sqrt{2}}{2}$ d) $-\dfrac{\sqrt{2}}{2}$ e) n.d.a.

9. (E. Naval-RJ) Calculando-se $\lim\limits_{x \to 0^+} (\text{cotg } x)^{\text{sen } x}$, obtém-se:

a) ∞ b) 0 c) e d) -1 e) 1

10. (UC-MG) O valor do $\lim\limits_{x \to \infty} (e^x - x)$ é:

a) $-\infty$ b) $+\infty$ c) 0 d) 1 e) -1

11. (UF-AM) O $\lim\limits_{x \to -\infty} \left(1 + \dfrac{8}{x}\right)^x$ é igual a:

a) e b) 8e c) $-\dfrac{e}{8}$ d) e^8 e) e^{-1}

12. (UC-MG) Se $f(x) = \ell n \, x - \ell n \, (\text{sen } 5x)$, então $\lim\limits_{x \to 0^+} f(x)$ é:

a) $-\ell n \, 5$ b) $\ell n \, 5$ c) 0 d) 1 e) ∞

13. (E. Naval-RJ) O valor de $\lim\limits_{x \to 1^+} [(\ln x) \cdot \ln (x - 1)]$ é:

a) $+\infty$ b) e c) 1 d) 0 e) -1

14. (Efomm-RJ) Seja f uma função de domínio $D(f) = \mathbb{R} - \{a\}$. Sabe-se que o limite de f(x), quando x tende a a é L, e escreve-se $\lim\limits_{x \to a} f(x) = L$, se para todo $\varepsilon > 0$ existir $\delta > 0$, tal que, se $0 < |x - a| < \delta$ então $|f(x) - L| < \varepsilon$.

Nessas condições, analise as afirmativas a seguir.

I. Seja $f(x) = \begin{cases} \dfrac{x^2 - 3x + 2}{x - 1}, & \text{se } x \neq 1 \\ 3, & \text{se } x = 1 \end{cases}$, logo $\lim\limits_{x \to 1} f(x) = 0$

II. Na função $f(x) = \begin{cases} x^2 - 4, & \text{se } x < 1 \\ -1, & \text{se } x = 1 \\ 3 - x, & \text{se } x > 1 \end{cases}$, tem-se $\lim\limits_{x \to 1} f(x) = -3$

QUESTÕES DE VESTIBULARES

III. Sejam f e g funções quaisquer, pode-se afirmar que $\lim_{x \to a} (f \cdot g)^n (x) = (LM)^n$, $n \in \mathbb{N}$, se $\lim_{x \to a} f(x) = L$ e $\lim_{x \to a} g(x) = M$

Assinale a opção correta:

a) Apenas a afirmativa I é verdadeira.
b) Apenas as afirmativas II e III são verdadeiras.
c) Apenas as afirmativas I e II são verdadeiras.
d) Apenas a afirmativa III é verdadeira.
e) As afirmativas I, II e III são verdadeiras.

15. (UF-PI) Analise as afirmativas abaixo:

I. $\lim_{a \to 1} \left(\dfrac{\sqrt{a} - 1}{a - 1} \right) = \dfrac{1}{2}$ II. $\lim_{x \to 0} \left(x \sqrt{\dfrac{k + x}{k - x}} \right) = e^{\frac{2}{k}}$ III. $\lim_{x \to \frac{\pi}{2}} \left(\dfrac{\tan 2x}{x - \frac{\pi}{2}} \right) = 1$

Assinale a alternativa correta:

a) Apenas a afirmativa III é falsa.
b) Apenas a afirmativa II é verdadeira.
c) As afirmativas I e III são verdadeiras.
d) As afirmativas II e III são falsas.
e) As afirmativas I e III são verdadeiras.

16. (UF-PI) Considere a sequência (x_n) cujo termo geral é dado pela fórmula $x_n = n(\sqrt[n]{3} - 1)$. Assinale V para as verdadeiras ou F para as falsas.

1. $\lim_{n \to +\infty} x_n = \lim_{m \to 0} \left(\dfrac{3^m - 1}{m} \right)$
2. $\lim_{n \to +\infty} x_n = e^{-2}$
3. $\lim_{n \to +\infty} n(\sqrt[n]{3} - 1) = \ln 3$
4. $\lim_{n \to +\infty} x_n = +\infty$

17. (UF-PI) Seja $f: \mathbb{Z} \to \mathbb{R}$, a função tal que $f(x + y) = f(x) \cdot f(y)$ para todo $x, y \in \mathbb{Z}$. Se f é positiva e $f(1) = 2$, analise as afirmativas abaixo e assinale V para as verdadeiras ou F para as falsas.

1. $f(0) = 1$
2. $f(-1) = 2$
3. $f(10) = 1\,024$
4. $\lim_{n \to +\infty} f(-n) = 0$

18. (UF-PI) Para todo número real x, indiquemos por $[x]$ o maior inteiro menor ou igual a x. Se a e b são números reais positivos, sobre o valor do limite $\lim_{x \to 0^+} \dfrac{b}{x} \cdot \left[\dfrac{x}{a} \right]$, é correto afirmar:

a) não existe.
b) é infinito.
c) é zero.
d) é $\dfrac{b}{a}$.
e) é $\dfrac{a}{b}$.

19. (FGV-SP) Seja f: $\mathbb{R}^+ - \{2\} \to \mathbb{R}$ definida por $f(x) = \dfrac{\sqrt[3]{x} - \sqrt[3]{2}}{\sqrt{x} - \sqrt{2}}$. Então, sobre $\lim\limits_{x \to 2} f(x)$ é correto afirmar que:

a) é igual a 1.
b) não existe.
c) é igual a -1.
d) é igual a $\dfrac{2\sqrt{2}}{3\sqrt[3]{4}}$.
e) é igual a $\dfrac{3\sqrt[3]{4}}{2\sqrt{2}}$.

20. (UF-PA) Dado o gráfico da função $y = f(x)$:

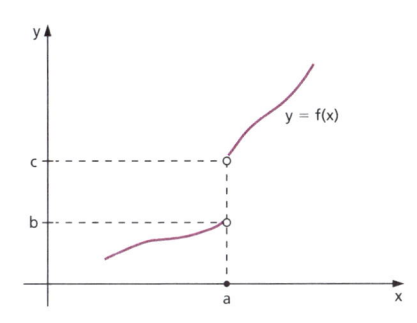

Podemos afirmar que:

a) $\lim\limits_{x \to a} f(x) = b$
b) $\lim\limits_{x \to a} f(x) = c$
c) $\lim\limits_{x \to a} f(x) = 0$
d) $\lim\limits_{x \to a^-} f(x) = c$
e) $\lim\limits_{x \to a^-} f(x) = b$

21. (U.F. Juiz de Fora-MG) Sobre a função f: $\mathbb{R} \to \mathbb{R}$ representada pelo esboço de gráfico abaixo:

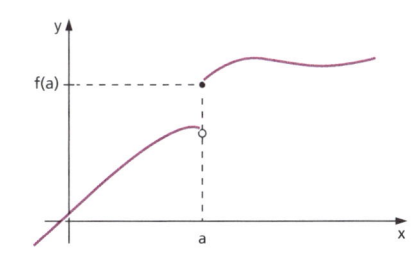

Podemos afirmar que:

a) não existe $\lim\limits_{x \to a} f(x)$.
b) existe $\lim\limits_{x \to a} f(x)$, mas f não é contínua no ponto de abscissa a.
c) não existe o limite lateral de f(x) quando x tende a a pela esquerda.
d) os limites laterais de f(x) quando x tende a a existem e são iguais a f(a).

QUESTÕES DE VESTIBULARES

22. (UF-PR) Observando o gráfico da função f(x), podemos afirmar que:
a) a função f(x) é derivável em x = b.
b) $\lim_{x \to b^+} f(x) = m$.
c) $\lim_{x \to b} f(x) = n$.
d) a função f(x) não é derivável no intervalo (b, c).
e) nenhuma das alternativas anteriores é verdadeira.

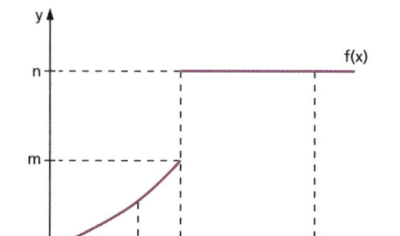

23. (FGV-SP) Considere uma função f(x), cujos valores são dados por $f(x) = \begin{cases} x, & \text{se } 1 \leq x \leq 2 \\ -x, & \text{se } x > 2 \end{cases}$.

Podemos afirmar que:
a) $\lim_{x \to 2} f(x) = -2$
b) $\lim_{x \to 2} f(x) = 2$
c) f(x) não é definida para x = 2.
d) f(x) não é contínua em x = 2.
e) f(2) = −2

24. (FGV-SP) Sendo a função $f(x) = \dfrac{5x + 3}{x - 1}$, o resultado do $\lim_{x \to +\infty} \dfrac{5x + 3}{x - 1}$ é:
a) ∞
b) 0
c) 1
d) 3
e) 5

25. (FGV-SP) O $\lim_{x \to 1} f(x)$ é igual a 2 quando:
a) $f(x) = \dfrac{x^2 - 1}{x - 1}$
b) $f(x) = \dfrac{x^3 - 1}{x - 1}$
c) $f(x) = \dfrac{e^x - e^1}{x - 1}$
d) $f(x) = \dfrac{\ln x - \ln 1}{x - 1}$
e) $f(x) = \dfrac{\sqrt[2]{x} - \sqrt[2]{1}}{x - 1}$

26. (FGV-SP) Se f(x) > 0 para todo x real e diferente de 2 e f(2) = −1, então:
a) $\lim_{x \to 2} f(x)$ não existe.
b) $\lim_{x \to 2} f(x) = -1$.
c) se existir, $\lim_{x \to 2} f(x)$ é positivo.
d) se existir, $\lim_{x \to 2} f(x)$ é negativo.
e) $\lim_{x \to 2} f(x) = 0$.

27. (UF-PI) Se $\lim_{x \to 0} \left(\dfrac{\text{sen } x}{x}\right) = 1$, então o valor de $\lim_{x \to 0} \left(\dfrac{\text{sen } (\sqrt{2}x)}{x}\right)^{x+2}$ é:
a) 2
b) $\sqrt{2}$
c) 1
d) $\dfrac{1}{2}$
e) $\dfrac{\sqrt{2}}{2}$

28. (Fuvest-SP) O valor de $\lim_{x \to 2} \left(\dfrac{1 - \cos(x-2)}{x^2 - 4} + \dfrac{x - 2}{\text{sen}(x^2 - 4)}\right)$ é:
a) $\dfrac{1}{8}$
b) $\dfrac{1}{4}$
c) $\dfrac{1}{2}$
d) 1
e) 0

QUESTÕES DE VESTIBULARES

29. (Fuvest-SP) O valor $\lim\limits_{x \to +\infty} \left(\sqrt{x + 4\sqrt{x}} - \sqrt{x}\right)$ é:

a) 0 b) 1 c) 2 d) 3 e) $+\infty$

30. (Fuvest-SP) Seja $f(x) = (x + 2) \operatorname{sen} \dfrac{1}{x}$. Então:

a) $\lim\limits_{x \to 0} f(x)$ não existe
b) $\lim\limits_{x \to 0} f(x) = 0$
c) $\lim\limits_{x \to 0} f(x) = 1$
d) $\lim\limits_{x \to 0} f(x) = 2$
e) $\lim\limits_{x \to 0} f(x) = +\infty$

31. (Fuvest-SP) O valor de $\lim\limits_{x \to 1} \left(\dfrac{1}{\ln x} - \dfrac{1}{x - 1}\right)$ é:

a) 0 b) 1 c) $\dfrac{1}{2}$ d) $\dfrac{1}{3}$ e) $+\infty$

32. (Fuvest-SP) O valor $\lim\limits_{x \to +\infty} \dfrac{2x^2 + 2}{x} \operatorname{sen}\left(\dfrac{x}{x^2 + 1}\right)$ é:

a) 0 b) $\dfrac{1}{2}$ c) 1 d) 2 e) $+\infty$

33. (Fuvest-SP) O valor de $\lim\limits_{x \to +\infty} \dfrac{(x + 1)^x}{x^x}$ é:

a) $\dfrac{1}{e^2}$ b) $\dfrac{1}{e}$ c) 1 d) e e) e^2

34. (Fuvest-SP) O valor de $\lim\limits_{x \to 0^+} \dfrac{1}{\ln x} \operatorname{sen}\left(\dfrac{1}{\sqrt{x}}\right)$ é:

a) $-\infty$ b) -1 c) 0 d) 1 e) $+\infty$

35. (Fuvest-SP) Considere a função $f(x) = \begin{cases} x^2 - c, \text{ se } x \leqslant c \\ x, \quad\quad \text{ se } x > c \end{cases}$ em que $c \in \mathbb{R}$. O conjunto de todos os valores de c, para os quais f é contínua, é:

a) $\{0, 2\}$
b) $[0, 2]$
c) $]-\infty, 0] \cup [2, +\infty[$
d) $]-\infty, 0[\cup]0, 2[\cup]2, +\infty[$
e) $\mathbb{R}$

36. (Fuvest-SP) O valor de $\lim\limits_{x \to 0} (e^{2x} - 3x)^{\frac{1}{x}}$ é:

a) e^2 b) e c) 1 d) $\dfrac{1}{e}$ e) $\dfrac{1}{e^2}$

37. (Fuvest-SP) Seja f uma função derivável cujo gráfico contém o ponto $(1, 1)$. Sabendo que $\lim\limits_{x \to 1} \dfrac{x f(x) - 1}{x - 1} = 1$ a equação da reta tangente ao gráfico de f em $(1, 1)$ é:

a) $y = 1$
b) $y = x$
c) $y = -x + 2$
d) $y = 2x - 1$
e) $y = -2x + 3$

QUESTÕES DE VESTIBULARES

38. (Efomm-RJ) Analise a função a seguir: $f(x) = \begin{cases} \dfrac{x^2-4}{x-2}, x \neq 2 \\ 3p-5, x = 2 \end{cases}$.

Para que a função acima seja contínua no ponto $x = 2$, qual deverá ser o valor de p?

a) $\dfrac{1}{3}$ b) 1   c) 3   d) -1 e) -3

Derivadas

39. (FGV-RJ) Seja a função $f(x) = 3x^2 - 7x + 9$ e seja $f'(x)$ a função derivada de $f(x)$. Nessas condições, o valor de $f'(5)$ é:

a) 24   b) 20   c) 23   d) 21   e) 22

40. (UF-PA) A função $F(x) = x^2 - x + 35$ é a derivada da função $f(x)$. Qual das expressões abaixo corresponde à função $f(x)$?

a) $2x - 1$ c) $x^3 - x^2 + 35x + 4$ e) $\dfrac{x^3}{2} - \dfrac{x^2}{3} + 35x + 1$

b) $x^3 - x^2 + 35$ d) $\dfrac{x^3}{3} - \dfrac{x^2}{2} + 35x - 1$

41. (U.E. Londrina-PR) A derivada da função f, de $\mathbb{R}$ em $\mathbb{R}$, definida por $f(x) = -2x^5 + 4x^3 + 3x - 6$, no ponto de abscissa $x_0 = -1$, é igual a:

a) 25   b) 19   c) 9   d) 5   e) 3

42. (UC-MG) Um dos valores que anula a derivada primeira de $f(x) = \dfrac{x^2}{x-1}$ é:

a) -2 b) -1 c) 1   d) 2   e) 3

43. (FGV-SP) Considere a função $f(x) = \sqrt{4x+1}$. Sendo $f'(x)$ a sua derivada, o valor de $f'(2)$ é:

a) $\dfrac{2}{3}$ b) $\dfrac{1}{6}$ c) $-\dfrac{2}{3}$ d) $-\dfrac{1}{6}$ e) 2

44. (UF-AM) Se $f(x) = \dfrac{a^3}{x^2}$, então a derivada primeira de f, no ponto $x = a$, é igual a:

a) a^3 b) 2   c) -2 d) $-2a$ e) $-2a^2$

45. (FGV-SP) Considere a função $f(x) = \dfrac{x-1}{x+1}$ e seja $f'(x)$ a sua derivada. Então, o valor de $f'(2)$ é:

a) 0   b) $\dfrac{1}{9}$ c) $\dfrac{2}{9}$ d) $\dfrac{1}{3}$ e) $\dfrac{4}{9}$

46. (FGV-SP) Dada a função $f(x) = x \cdot e^x$, seja $f'(x)$ a sua derivada. Assim, o valor de $f'(0)$ é:

a) -2 b) -1 c) 0   d) 1   e) 2

47. (UF-PR) Se $f(x) = \dfrac{\ln x^2}{e^{2x}}$, então $f'(1)$ é:

a) $2e^{-2}$ b) $-2e^{-2}$ c) e d) 2 e) $2e^2$

48. (E. Naval-RJ) Considere a função real f, de variável real, definida por $f(x) = x + \ln x$, $x > 0$. Se g é a função inversa de f, então $g''(1)$ vale:

a) 1 b) $0,5$ c) $0,125$ d) $0,25$ e) 0

49. (U.F. Uberlândia-MG) A derivada da função $y = \ln\sqrt{\dfrac{1 - \cos x}{1 + \cos x}}$ é:

a) $\operatorname{sen} x$ b) $\cos x$ c) $\operatorname{tg} x$ d) $\operatorname{cossec} x$ e) $\sec x$

50. (Fuvest-SP) Seja $f(x) = (4x + 6)\sqrt[3]{\operatorname{tg} x + 2e^x}$. Então, o valor de $f'(0)$ é:

a) $3\sqrt[3]{2}$ b) $4\sqrt[3]{2}$ c) $5\sqrt[3]{2}$ d) $6\sqrt[3]{2}$ e) $7\sqrt[3]{2}$

51. (UF-PR) A derivada de primeira ordem da função $f(x) = \operatorname{arctg}\sqrt{x} - \dfrac{\sqrt{x}}{x+1}$ é:

a) $\dfrac{\sqrt{x}}{(x+1)^2}$ b) $\dfrac{1}{x^2+1}$ c) $\dfrac{\sqrt{x}}{x^2+1}$ d) $\dfrac{1}{(x+1)^2}$ e) $\dfrac{1}{\sqrt{x}\cdot(x+1)^2}$

52. (Fuvest-SP) Seja $f(x) = \operatorname{arctg}(x-1) + x^3 + 1$ e seja g a função inversa de f. Então, $g'(2)$ vale:

a) 4 b) 2 c) 1 d) $\dfrac{1}{2}$ e) $\dfrac{1}{4}$

53. (Fuvest-SP) Qual a equação da reta tangente ao gráfico da função $y = \dfrac{1}{1+x^2}$ no ponto $\left(1, \dfrac{1}{2}\right)$?

a) $3x + 2y = 4$ c) $3x - 2y = 2$ e) $2x + 3y = 5$
b) $x - 2y = 0$ d) $x + 2y = 2$

54. (Fuvest-SP) Seja $f(x) = x^3 - 3x + k$, em que $k \in \mathbb{R}$. A soma dos valores de k, para os quais a reta $y = 5$ é tangente ao gráfico de f, é:

a) 12 b) 10 c) 8 d) 6 e) 4

55. (UF-PA) A equação da reta tangente a curva $y = 2x^2 - 1$, no ponto de abscissa 1, é:

a) $y = 4x - 3$ c) $y = 2x + 3$ e) $y = 3x + 2$
b) $y = 4x - 1$ d) $y = -2x + 1$

56. (FGV-RJ) O gráfico da função $f(x) = 2x^3 - 9x^2 + 12x + 1$ admite reta tangente que forma ângulo obtuso com o eixo das abscissas nos pontos:

a) $x < 1$ ou $x > 2$ c) $x < -2$ ou $x > -1$ e) $1 < x < 2$
b) $-2 < x < -1$ d) $x = 1$ ou $x = 2$

QUESTÕES DE VESTIBULARES

57. (FGV-SP) O coeficiente angular de uma reta tangente a uma curva f(x), cuja integral indefinida é $F(x) = x^3 + 5x^2 + 4x + C$, pelo ponto $x_0 = 2$, é:

a) -2 b) -1 c) 0 d) 1 e) 2

58. (Fuvest-SP) Seja g uma função derivável cujo gráfico tem $y = 2x + 3$ como reta normal no ponto (0, 3) e seja $f(x) = \dfrac{g(x)(2 + \text{arcsen } x)}{x^2 + 2}$. Então, o valor de f'(0) é:

a) $\dfrac{1}{4}$ b) $\dfrac{1}{2}$ c) 1 d) 2 e) 4

59. (Fuvest-SP) A reta tangente ao gráfico de $f(x) = \dfrac{x^2}{x^2 - 1}$ que passa pelo ponto (1, 1) tangencia o gráfico de f no ponto de abscissa:

a) $\dfrac{1}{2}$ b) $\dfrac{1}{3}$ c) 0 d) $-\dfrac{1}{3}$ e) $-\dfrac{1}{2}$

60. (Fuvest-SP) Seja $f(x) = \dfrac{1}{x^2 + 3}$. Então, o coeficiente angular máximo das retas tangentes ao gráfico de f é:

a) $\dfrac{1}{4}$ b) $\dfrac{1}{8}$ c) 0 d) $-\dfrac{1}{8}$ e) $-\dfrac{1}{4}$

61. (FGV-RJ) A equação da reta tangente ao gráfico da função $f(x) = -x^2 + 2x - 3$, no ponto de abscissa $x = 3$, é:

a) $y = -x - 3$ c) $y = -3x + 3$ e) $y = -5x + 9$
b) $y = -2x$ d) $y = -4x + 6$

62. (Fuvest-SP) Seja f uma função derivável. Sabe-se que a reta tangente ao gráfico de f no ponto (1, 2) tem equação $y = 3x - 1$. Então, $\lim\limits_{x \to 1} \dfrac{f(x^2) - 2}{x - 1}$ é igual a:

a) 9 b) 6 c) 3 d) $\dfrac{3}{2}$ e) 0

63. (E. Naval-RJ) Em que ponto da curva $y^2 = 2x^3$ a reta tangente é perpendicular à reta de equação $4x - 3y + 2 = 0$?

a) $\left(\dfrac{1}{8}, -\dfrac{1}{16}\right)$ c) $(1, -\sqrt{2})$ e) $\left(\dfrac{1}{2}, -\dfrac{1}{2}\right)$
b) $\left(\dfrac{1}{4}, -\dfrac{\sqrt{2}}{16}\right)$ d) $(2, -4)$

64. (E. Naval-RJ) Considere $y = f(x)$ uma função real, de variável real, derivável até 2ª ordem e tal que $f''(x) + f(x) = 0$, $\forall x \in \mathbb{R}$. Se $g(x) = f'(x) \text{ sen } x - f(x) \cos x + \cos^2 x$, então:

a) $g(x) = \dfrac{\text{sen } 2x}{2} + C$ c) $g(x) = \dfrac{\cos 2x}{2} + C$ e) $g(x) = \text{sen } x + \cos^2 x + C$
b) $g(x) = C$ d) $g(x) = 2f(x) - \dfrac{\cos 2x}{2} + C$

QUESTÕES DE VESTIBULARES

65. (Fuvest-SP) Seja $f(x) = \sqrt{1-x^2}$ arcsen x. Então, para todo $x \in\ ]-1, 1[$, $f'(x) + \dfrac{xf(x)}{1-x^2}$ é igual a:

a) $\sqrt{1-x^2}$ b) arcsen x   c) x   d) 0   e) 1

66. (E. Naval-RJ) Seja f a função real, de variável real, definida por $f(x) = \sqrt[3]{x^3 - x^2}$. Podemos afirmar que:

a) f é derivável $\forall x \in \mathbb{R}^*$.
b) f é crescente $\forall x \in \mathbb{R}_+$.
c) f é positiva $\forall x \in \mathbb{R}_+$ e (1, f(1)) é ponto de inflexão.
d) a reta $3y - 3x + 1 = 0$ é uma assíntota do gráfico de f e (0, f(0)) é ponto de máximo local.
e) f é derivável $\forall x \in \mathbb{R}^* - \{1\}$ e $3y - 3x - 1 = 0$ é uma assíntota do gráfico de f.

(FGV-SP) Com relação ao gráfico da função f(x) mostrado abaixo, responda às questões 67 e 68.

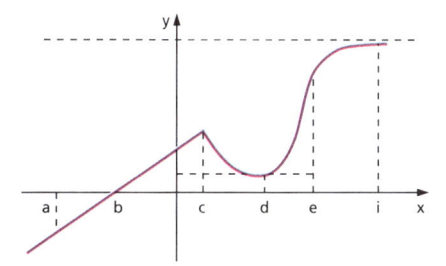

67. (FGV-SP) A afirmação verdadeira é:

a) $\dfrac{f(d) - f(c)}{d - c}$ c) $f(a) \cdot f(0) = 0$ e) $\dfrac{f(e) - f(d)}{e - d} < \dfrac{f(i) - f(d)}{i - d}$

b) $f(b) \leq a$ d) $c \cdot f(b) < b \cdot f(c)$

68. (FGV-SP) A afirmação verdadeira é:

a) $f'(a) < f'(b)$ c) $f'(c) < 0$ d) $\dfrac{f'(e) - f'(d)}{e - d} > 0$

b) $f''(d) \cdot f'(i) < 0$ d) $f''(i) > f'(0)$

69. (FGV-RJ) Observe o gráfico da função f(x) abaixo e determine a afirmação correta.

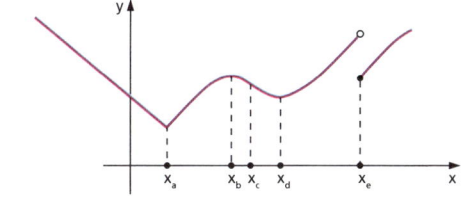

a) f(x) é derivável em x_a.
b) f'(x) é negativa em $]x_a; x_b[$.
c) $f'(x_e) > 0$
d) $f''(x_b) < f'(x_d)$
e) $f''(x_b) > f''(x_d)$

QUESTÕES DE VESTIBULARES

70. (Fuvest-SP) Considere as funções f e g cujos gráficos são uniões de segmentos de reta, conforme as figuras abaixo:

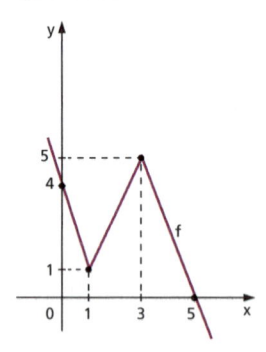

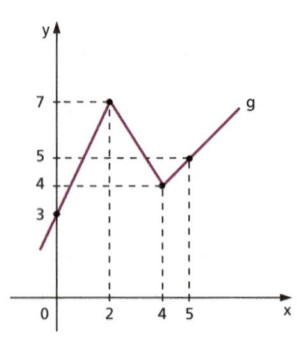

Sejam p(x) = f(g(x)) e q(x) = f(x) · g(x). Então, p'(1) + q'(0) é igual a:
a) −11
b) −6
c) −1
d) 4
e) 11

71. (E. Naval-RJ) A equação $\frac{d^2y}{dx^2} = \frac{1}{3}$ sen 5x cos 3x é dita uma equação diferencial ordinária de 2ª ordem. Quando x = 0, $\frac{dy}{dx}$ vale $\frac{43}{48}$ e y vale 2. O volume do cilindro circular reto, cujo raio da base mede $2\sqrt{2}$ m e cuja altura, em metros, é o valor de y quando x = 4π, vale, em metros, cúbicos:

a) $4\pi(2\pi + 1)$
b) $8\pi(4\pi + 1)$
c) $4\pi(4\pi + 2)$
d) $16\pi(\pi + 1)$
e) $16\pi(2\pi + 1)$

72. (E. Naval-RJ) Cada termo de uma sequência de números reais é obtido pela expressão $\left(\frac{1}{n} - \frac{1}{n+1}\right)$ com $n \in \mathbb{N}^*$. Se $f(x) = x \arcsin\left(\frac{x}{6}\right)$ e S_n é a soma dos n primeiros termos da sequência dada, então $f'\left(\frac{301}{100} S_{300}\right)$ vale:

a) $\frac{2\sqrt{3} + \pi}{6}$
b) $\frac{6\sqrt{5} + 5\pi}{30}$
c) $\frac{\sqrt{3} + 2\pi}{18}$
d) $\frac{4\sqrt{3} + 3\pi}{12}$
e) $\frac{\sqrt{3} + \pi}{3}$

73. (Efomm-RJ) Sejam f e g duas funções reais e deriváveis tais que $f'(x) = \text{sen}(\cos \sqrt{x})$ e $g(x) = f(x^2)$, $x \in \mathbb{R}_+^*$. Pode-se afirmar que $g'(x^2)$ é igual a:

a) $2x \, \text{sen}(\cos x^2)$
b) $2x^2 \cos(\cos x^2)$
c) $2x^2 \, \text{sen}(\cos x^2)$
d) $2x \cos(\cos x)$
e) $2x^2 \, \text{sen}(\cos x)$

QUESTÕES DE VESTIBULARES

74. (FGV-SP) A função f(x) está representada graficamente na figura abaixo. Para quais valores reais de x, f(x) apresenta derivadas de primeira e de segunda ordem positivas?

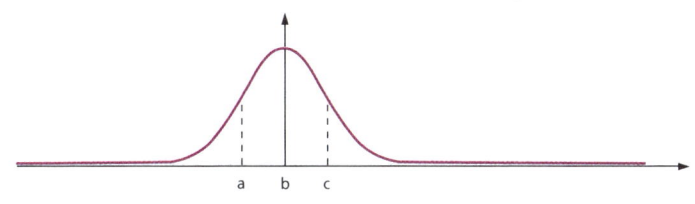

a) $x < a$ ou $x > c$
b) $a < x < c$
c) $x > c$
d) $x < b$
e) $x < a$

75. (FGV-SP) Sendo $f(x) = e^{2x} \cdot \ln x$ e $f'(x)$ a derivada da função $f(x)$, então:
a) $f'(1) = 3 \cdot e^2$
b) $f'(1) = 2 \cdot e^2$
c) $f'(1) = 0$
d) $f'(1) = e^2$
e) $f'(1) = e^{-2}$

76. (Fuvest-SP) Seja $f(x) = (x + e)^{\sqrt{x+1}}$. Então, $f'(0)$ vale:
a) $\dfrac{1}{2}$
b) $\dfrac{e}{2}$
c) $\dfrac{e}{2} + 1$
d) e
e) $e + \dfrac{1}{2}$

77. (Fuvest-SP) Seja $f(x) = \begin{cases} \text{sen}(x+1), \text{ se } x \leq -1 \\ x, \text{ se } -1 < x \leq 1 \\ e^x - e + 1, \text{ se } x > 1 \end{cases}$

Então, é correto afirmar que f é:
a) contínua em $x = 1$, mas não derivável nesse ponto.
b) derivável em $x = -1$ e também em $x = 1$.
c) derivável em $x = 1$ e descontínua em $x = -1$.
d) contínua em $x = -1$, mas não derivável nesse ponto.
e) descontínua em $x = -1$ e também em $x = 1$.

Estudo de funções

(FCMSC-SP) [Texto para as questões 78 a 79]:

Considere um móvel deslocando-se sobre um segmento de reta, obedecendo à equação horária $s = \cos 2t$ (unidade SI). Sabe-se da Física que a derivada de s em relação ao tempo nos dá a velocidade do móvel em cada instante e que a derivada da velocidade V, ainda em relação ao tempo, nos dá a aceleração do móvel para cada instante.

78. Um dos instantes para o qual a velocidade do móvel vale $\sqrt{2}$ m/s é:
a) $t = \dfrac{5\pi}{8}$ s
b) $t = \dfrac{5\pi}{4}$ s
c) $t = \dfrac{\pi}{4}$ s
d) $t = \dfrac{\pi}{3}$ s
e) n.d.a.

79. O gráfico que melhor representa a aceleração α (m/s²) em função do tempo (s) é:

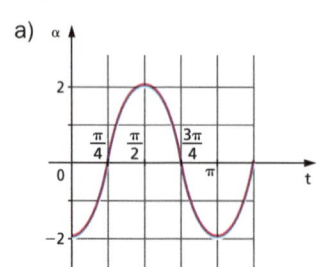

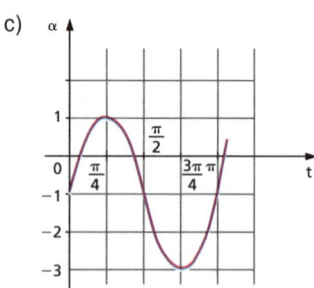

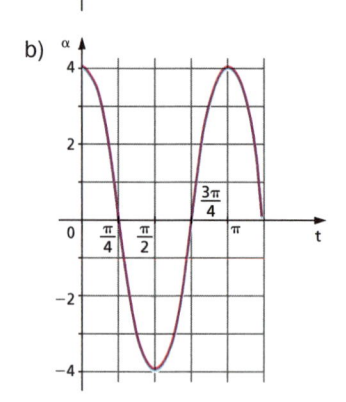

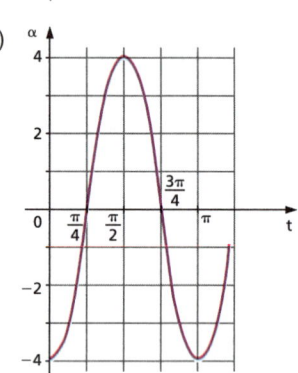

a) [gráfico]   c) [gráfico]

b) [gráfico]   d) [gráfico]

80. (FGV-SP) A função $f(x) = x^3 - 27x$ tem um ponto de máximo relativo para x igual a:
a) -1
b) -3
c) -2
d) 3
e) 2

81. (FGV-SP) Em qual intervalo abaixo a função $f(x) = \frac{1}{3}x^3 - 2x^2 + 3x + 5$ é decrescente?
a) $]1; 3[$
b) $]2; 4[$
c) $]3; 5[$
d) $]4; 6[$
e) $]5; 7[$

82. (U.F. Uberlândia-MG) A função real de variável real definida por $y = 2x^3 + 9x^2 - 24x + 6$ é decrescente no intervalo:
a) $-4 < x < 1$
b) $x < -4$
c) $x > 0$
d) $x > 1$
e) $-1 < x < 4$

83. (UF-PA) A função $y = x^2(x - 3)$ é decrescente no intervalo:
a) $[0, 2]$
b) $[0, 3]$
c) $]-\infty, 0] \cup [2, +\infty[$
d) $]-\infty, 0] \cup [3, +\infty[$
e) $[3, +\infty[$

QUESTÕES DE VESTIBULARES

84. (FGV-RJ) Considere a função $f(x) = 20 + 3x - 5x^2 + x^3$. Pode-se afirmar que:

a) $x = \dfrac{1}{3}$ é ponto de máximo relativo de f(x).

b) $x = \dfrac{1}{3}$ é ponto de mínimo relativo de f(x).

c) $x = 3$ é ponto de máximo relativo de f(x).

d) $x = \dfrac{1}{3}$ é abscissa de um ponto de inflexão de f(x).

e) A função f(x) admite dois pontos de máximo relativos.

85. (FGV-SP) A função $f(x) = -x^3 + 12x$, de domínio real, é crescente para:

a) $x \geqslant 0$
b) $-2 \leqslant x \leqslant 2$
c) $x \geqslant 4$
d) $-1 \leqslant x \leqslant 3$
e) $x \leqslant 2$

86. (UC-MG) O valor de m, para que a equação $x^3 + mx - 1 = 0$ tenha duas raízes reais iguais, é:

a) $-\sqrt{2}$

b) $-\dfrac{1}{\sqrt[3]{2}}$

c) $-\dfrac{1}{\sqrt[3]{4}}$

d) $-\dfrac{2}{\sqrt[3]{4}}$

e) $-\dfrac{3}{\sqrt[3]{4}}$

87. (FGV-SP) Sobre a função $f(x) = \dfrac{1}{1 + x^2}$, pode-se afirmar que:

a) (0, 1) é ponto de máximo.
b) (0, 1) é ponto de mínimo.
c) não admite extremos.
d) (1, 0) é o ponto de mínimo.
e) (1, 0) é ponto de máximo.

88. (UF-PI) Seja f: $\mathbb{R} - \{-2\} \to \mathbb{R}$ a função definida pela lei de formação $f(x) = \dfrac{x+1}{x+2}$. Assinale V (verdadeira) ou F (falsa) em cada afirmação abaixo:

1) f é uma função decrescente.
2) f possui derivada positiva em todo seu domínio.
3) f é uma função sobrejetiva.
4) f possui concavidade voltada para baixo no intervalo $]-2, +\infty[$

89. (UF-PI) Seja f: $\mathbb{R} \to \mathbb{R}$ uma função derivável. Analise as afirmações a seguir e assinale V para as verdadeiras ou F para as falsas.

1) Se $f'(x) = 0$, para todo $x \in \mathbb{R}$, então f é uma função constante.
2) Se $f'(a) = 0$, então $a \in \mathbb{R}$ é um ponto de máximo global de f.
3) $f'(a)$ é o coeficiente angular da reta tangente ao gráfico da função f no ponto (a, f(a)).
4) Sejam a, b $\in \mathbb{R}$, tais que $a < b$ e $f(a) = f(b)$, então existe sempre $c \in \mathbb{R}$, com $a < c < b$, tal que $f'(c) > 0$.

QUESTÕES DE VESTIBULARES

90. (UF-PI) Em relação à função f: $\mathbb{R} \to \mathbb{R}$ tal que $f(x) = \dfrac{x}{x^2 + 1}$, analise as afirmativas abaixo e assinale V (verdadeiro) ou F (falso):

1) A função f atinge seu valor máximo $\dfrac{1}{2}$ para $x = 1$.

2) A função f é crescente no intervalo $[-1, 1]$ e decrescente em cada um dos intervalos $(-\infty, -1]$, $[1, +\infty)$.

3) O gráfico da função g: $\mathbb{R} \to \mathbb{R}$ tal que $g(x) = |f(x)|$ para todo $x \in \mathbb{R}$ é simétrico em relação à reta de equação $x = 0$.

4) Para $0 < y_0 < \dfrac{1}{2}$, a reta de equação $y = y_0$ intersecta o gráfico de f exatamente uma vez.

91. (FGV-SP) Seja f'(x) a derivada da função f(x). Se f'(x) é uma função crescente em todo o seu domínio e tal que $f'(a) = 0$, então:

a) $f(a) = 0$

b) $f(a) < 0$

c) $f(a) > 0$

d) f(a) é um mínimo de f(x).

e) f(a) é um máximo de f(x).

92. (UF-PI) Seja f: $\mathbb{R} - \{0\} \to \mathbb{R}$ a função definida por $f(x) = x + \dfrac{1}{x}$.

1) A derivada de f é maior do que zero no intervalo $(-\infty, -1)$.

2) O gráfico de f é côncavo para baixo no intervalo $(-\infty, 0)$.

3) f é crescente no intervalo $(-1, 0)$.

4) f é decrescente no intervalo $(0, 1)$.

93. (Fuvest-SP) Considere o polinômio $p(x) = x^3 + ax^2 + bx + c$, em que a, b, c são números reais. Qual a alternativa verdadeira?

a) Se $c > 0$, então p(x) terá pelo menos uma raiz positiva.

b) p(x) sempre terá pelo menos um ponto crítico.

c) p(x) sempre terá exatamente um ponto de inflexão.

d) Se $a^2 < 3b$, então p(x) não será injetora.

e) Se $a^2 < 3b$, então p(x) não será sobrejetora.

94. (FGV-SP) Sejam f e g funções reais de variável real tais que o limite de f, quando x tende para x_0, existe e g é contínua em $x = x_0$. Se $h(x) = f(x) \cdot g(x)$ e $p(x) = f(x) + g(x)$, é correto afirmar que:

a) h é contínua em $x = x_0$.

b) h não é contínua em $x = x_0$.

c) p é contínua em $x = x_0$.

d) p não é derivável em $x = x_0$.

e) o limite de h quando x tende para x_0 existe.

QUESTÕES DE VESTIBULARES

95. (E. Naval-RJ) Sejam f e g funções reais de variável real definidas por
f(x) = 2 − arcsen (x² + 2x) com $\frac{-\pi}{18} < x < \frac{\pi}{18}$ e g(x) = f(3x). Seja L a reta normal ao gráfico da função g^{-1} no ponto (2, g^{-1}(2)), onde g^{-1} representa a função inversa da função g. A reta L contém o ponto:
a) (−1, 6) b) (−4, −1) c) (1, 3) d) (1, −6) e) (2, 1)

96. (FGV-SP) A figura abaixo representa o gráfico da função real de variável real f.

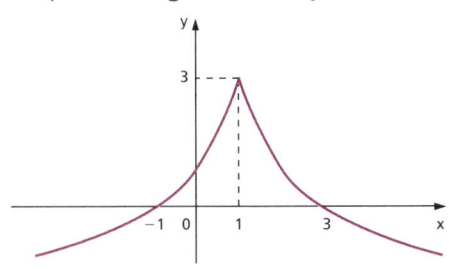

1) f é crescente para x > 1.
2) A derivada de f é positiva para x < 1.
3) A derivada de f não existe em x = 1.
4) A derivada de f é sempre negativa.

97. (Fuvest-SP) Qual das figuras melhor representa o gráfico da função $y = -1 + \ln x + \frac{1}{x}$?

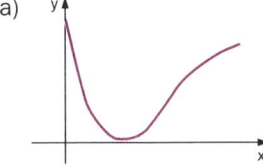

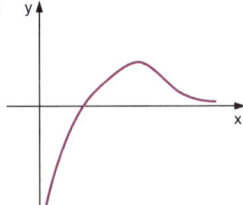

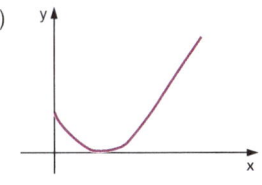

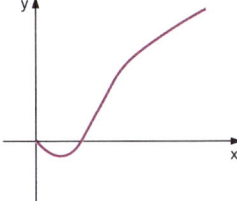

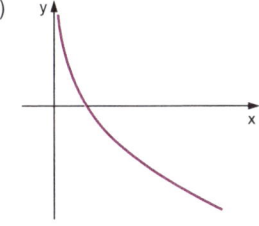

QUESTÕES DE VESTIBULARES

98. (Fuvest-SP) Assinale a alternativa verdadeira a respeito da função $f(x) = x^2 \ln x$, para $x > 0$.

a) f tem dois pontos de extremo local.

b) f tem um ponto de máximo absoluto.

c) f é estritamente crescente em $\left]0, e^{-\frac{1}{2}}\right[$.

d) $\lim\limits_{x \to 0^+} f(x) = -\infty$.

e) f tem um ponto de inflexão no intervalo $]0, 1[$.

99. (U.E. Londrina-PR) A equação horária de um móvel é $y = \dfrac{t^3}{3} + 2t$, sendo y sua altura em relação ao solo, medida em metros, e t o número de segundos transcorridos após sua partida. Sabe-se que a velocidade do móvel no instante $t = 3$ s é dada por $y'(3)$, ou seja, é a derivada de y calculada em 3. Essa velocidade é igual a:

a) 6 m/s   b) 11 m/s   c) 15 m/s   d) 27 m/s   e) 29 m/s

100. (UF-MG) A área de uma peça retangular é menor que 147 cm². O comprimento e a largura dessa peça, em centímetros, são números inteiros, sendo o comprimento 14 cm maior que a largura. A área da peça, em cm², é o maior inteiro possível. Tal número não é múltiplo de:

a) 3   b) 4   c) 5   d) 6   e) 7

101. (Fuvest-SP) Deseja-se construir uma calha de 1 m de comprimento cuja seção transversal seja um trapézio regular, conforme a figura abaixo.

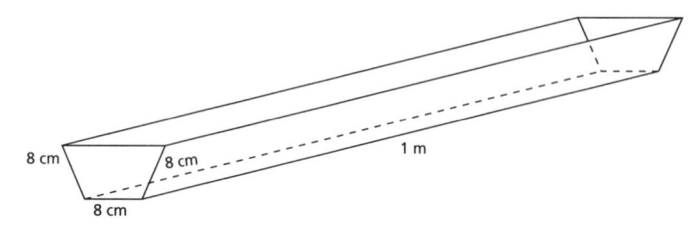

A inclinação θ dos lados do trapézio com relação à vertical deve ser escolhida de maneira que a calha comporte o maior volume possível de água.

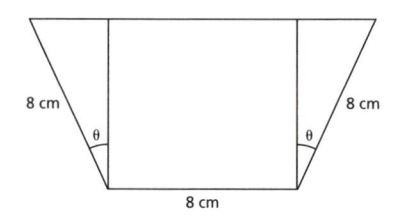

Nessas condições, a capacidade da calha, em cm³, será de:

a) $4800\sqrt{2}$ c) $4800\sqrt{5}$ e) $5000\sqrt{5}$

b) $4800\sqrt{3}$ d) $5000\sqrt{3}$

QUESTÕES DE VESTIBULARES

102. (Puccamp-SP) Considere a função dada por $y = 3t^2 - 6t + 24$, na qual y representa a altura, em metros, de um móvel, no instante t, em segundos. O ponto de mínimo da função corresponde ao instante em que:

a) a velocidade do móvel é nula.

b) a velocidade assume valor máximo.

c) a aceleração é nula.

d) a aceleração assume valor máximo.

e) o móvel se encontra no ponto mais distante da origem.

103. (Fuvest-SP) Em um laboratório, é realizado um experimento químico no qual a massa m, em gramas, de uma determinada substância dentro de um recipiente varia com o tempo t, em minutos, de acordo com a seguinte fórmula:

$$m(t) = \frac{t^2 - 3t + 3}{t^2 - 4t + 5}$$

Qual é a razão entre a massa máxima e a massa mínima da substância no recipiente, se o experimento dura 10 minutos?

a) $\dfrac{3}{2}$ b) 2   c) $\dfrac{5}{2}$ d) 3   e) $\dfrac{7}{2}$

104. (UnB-DF) Uma escada de 10 cm de comprimento apoia-se no chão e na parede, formando o triângulo retângulo AOB. Utilizando-se um sistema de coordenadas cartesianas, a situação pode ser representada como na figura abaixo:

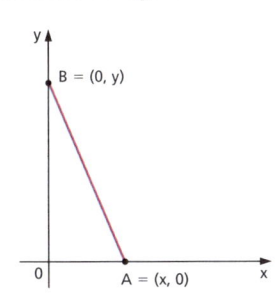

Considerando que, em função de x, a área S do triângulo AOB é dada por $S(x) = \dfrac{x\sqrt{10^2 - x^2}}{2}$, julgue os itens seguintes.

a) O domínio da função S é o intervalo [0, 10].

b) Existe um único valor de x para o qual a área S correspondente é igual a 24 cm².

c) Se $S(x) = 24$ e $x > y$, então o ponto médio da escada tem coordenadas (4, 3).

d) Se $B = (0, 9)$, então à área do triângulo AOB é a maior possível.

QUESTÕES DE VESTIBULARES

105. (U.F. Santa Maria-RS) A figura mostra um retângulo com dois lados nos eixos cartesianos e um vértice na reta que passa pelos pontos A(0, 12) e B(8, 0).

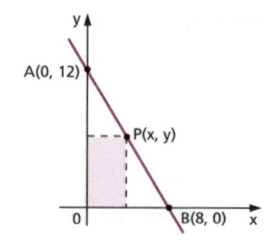

As dimensões x e y do retângulo, para que sua área seja máxima, devem ser, respectivamente, iguais a:

a) 4 e 6   b) 5 e $\frac{9}{2}$ c) 5 e 7   d) 4 e 7   e) 6 e 3

106. (FGV-SP) O valor de revenda de um equipamento, em reais, x anos depois de adquirido, é dado pela função: $1\,200 + (8\,000) \cdot e^{-0,25x}$. Sendo assim, o valor de sucata previsto para o equipamento, depois de ser utilizado por longo período de tempo (x → ∞), será:

a) R$ 1 200,00   c) R$ 6 800,00   e) R$ 9 200,00
b) R$ 2 000,00   d) R$ 8 000,00

107. (FGV-SP) Considere um mercado em que o preço de venda de determinado produto é constante e igual a R$ 24,00. Se o custo total de produção de x centenas de unidades por mês é dado por $C(x) = x^3 - 3x^2 + 15x$, a produção mensal que resulta em lucro máximo é:

a) 300 unidades   c) 100 unidades   e) 340 unidades
b) 500 unidades   d) 34 unidades

108. (FGV-SP) O gerente de uma fábrica fez um estudo da sua linha de produção e descobriu que um trabalhador médio, que inicia o trabalho às 7h30min, terá montado f(x) monitores, x horas após o início do turno de produção.

Se $f(x) = -\frac{x^3}{8} + x^2 + 2x$; $0 \leq x \leq 6$, o horário em que um trabalhador médio atingirá o máximo de produtividade será:

a) 11h00min   c) 10h00min   e) 11h30min
b) 9h00min   d) 13h30min

109. (Fuvest-SP) A massa P, medida em miligramas, de uma população de bactérias, em uma cultura de laboratório, varia com o tempo t, em minutos, conforme a seguinte lei:
$P'(t) = cP(t)$,
em que c é uma constante real. Sabendo que a massa da população de bactérias dobra após o primeiro minuto, o valor numérico da constante c é:

a) 2   b) $\ln\frac{1}{2}$ c) $\ln 2$ d) $e^{\frac{1}{2}}$ e) e^2

110. (FGV-SP) Uma caixa de base quadrada e volume igual a 128 m³ deve ser construída com o menor custo total de material. Sabe-se que o custo, por metro quadrado, do material do fundo e da tampa é o dobro do custo do material das paredes. Dessa forma, o lado do quadrado, base da caixa, deve ser igual a:

a) 8 m   b) 2 m   c) 3,5 m   d) 4,5 m   e) 4 m

111. (FGV-SP) Considere que, em certa indústria, o volume mensal de produção de cada operário esteja relacionado com o tempo de trabalho, através da função $P(x) = 96\sqrt{x}$ sendo x o número de horas trabalhadas e P(x) o número de unidades produzidas pelo operário naquele mês. A taxa segundo a qual a produção mensal estará crescendo em x = 144, isto é, na 144ª hora de trabalho do mês, é igual a:

a) 8 unidades   c) 12 unidades   e) 16 unidades
b) 4 unidades   d) 1 152 unidades

112. (FGV-SP) O custo de armazenamento de um produto é proporcional à quantidade armazenada por um período. Já o custo de transporte de um lote é um valor fixo que deve ser rateado pela quantidade transportada. Considerando o custo de armazenagem unitário como C_a e o custo de transporte de um lote como C_t, o custo total de transporte e armazenamento é $CT(x) = C_a \cdot x + \dfrac{C_t}{x}$, onde x é a quantidade transportada e armazenada.

Então, a quantidade que minimiza o custo total é:

a) $x = \sqrt{\dfrac{C_t - C_a}{2}}$ c) $x = \dfrac{C_t}{C_a}$ e) $x = \dfrac{C_t^2}{C_a}$

b) $x = \sqrt[3]{\dfrac{C_a}{C_t}}$ d) $x = \sqrt{\dfrac{C_t}{C_a}}$

113. (FGV-SP) Chamamos de função de utilidade aquela que relaciona a quantidade consumida de certo produto com o grau de satisfação que ele proporciona. Considere a função de utilidade $U(x) = 12 \cdot x \cdot e^{-0,2x}$ em que x representa a quantidade de *pizzas* consumidas no mês. Então, em um mês, a quantidade de *pizzas* consumidas que maximizará a satisfação é:

a) 4   b) 5   c) 6   d) 7   e) 8

114. (FGV-SP) A demanda de um produto é dada peça função $x(p) = 20 - 2p^2$, para $0 \leq p \leq \sqrt{10}$; considere que atualmente o preço praticado é $P_0 = 1,5$. A elasticidade da demanda, definida por $e = \dfrac{P_0}{x_0} \cdot \left|\dfrac{dx(P_0)}{dp}\right|$, nesse ponto é:

a) 1,10   b) 1,00   c) 0,85   d) 0,58   e) 0,24

115. (UF-PI) A população de uma espécie animal, cuja população inicial é de 80 elementos, é estimada em t (t ⩾ 0) anos pela função f definida por
$f(t) = 80 + \dfrac{1\,200t}{t^2 + 49}$.

Analise as afirmativas a seguir e assinale V (verdadeiro) ou F (falso).
1) No primeiro ano, a população é menor do que em 49 anos.
2) A população máxima ocorre em 7 anos.
3) Existirá um ano em que a população será menor que a população inicial.
4) A população não ultrapassará 150 elementos.

116. (E. Naval-RJ) A taxa de depreciação $\frac{dV}{dt}$ de determinada máquina é inversamente proporcional ao quadrado de t + 1, onde V é o valor, em reais, da máquina t anos depois de ter sido comprada. Se a máquina foi comprada por R$ 500 000,00 e seu valor decresceu R$ 100 000,00 no primeiro ano, qual o valor estimado da máquina após 4 anos?
a) R$ 350 000,00
b) R$ 340 000,00
c) R$ 260 000,00
d) R$ 250 000,00
e) R$ 140 000,00

Noções de integral

117. (Fuvest-SP) Seja F a primitiva de $f(x) = \frac{3\sqrt{1 + \ln x}}{x}$ que satisfaz $F(1) = 3$. Então, $F(e)$ vale:
a) $4\sqrt{2} - 1$
b) $4\sqrt{2} - \frac{1}{2}$
c) $4\sqrt{2}$
d) $4\sqrt{2} + \frac{1}{2}$
e) $4\sqrt{2} + 1$

118. (E. Naval-RJ) Sejam a e b constantes reais positivas, $a \neq b$. Se x é uma variável real, então $\int \frac{(a^x - b^x)^2}{a^x b^x} dx$ é:

a) $(\ln a - \ln b)\left(\frac{a^x}{b^x} - \frac{b^x}{a^x}\right) - 2x + c$

b) $(\ln b - \ln a)\left(\frac{a^x}{b^x} - \frac{b^x}{a^x}\right) - 2x + c$

c) $\frac{1}{(\ln a - \ln b)}\left(\frac{a^x}{b^x} - \frac{b^x}{a^x}\right) - 2x + c$

d) $\frac{a^x}{b^x} - \frac{b^x}{a^x} - 2x + c$

e) $\frac{1}{(\ln b - \ln a)}\left(\frac{a^x}{b^x} - \frac{b^x}{a^x}\right) - 2x + c$

119. (E. Naval-RJ) O valor de $\int \frac{1 + x^2 + \sqrt{1 - x^2}}{\sqrt{(1 - x^4)(1 + x^2)}} dx$ é:
a) arccos x + arccotg x + c
b) arcsen x − arctg x + c
c) −arcsen x − arccotg x + c
d) arccos x + arctg x + c
e) −arccos x + arctg x + c

120. (Fuvest-SP) O valor de $\int_1^{\frac{3}{2}} \frac{dx}{\sqrt{2x - x^2}}$ é:
a) $\frac{\pi}{6}$
b) $\frac{\pi}{4}$
c) $\frac{\pi}{3}$
d) $\frac{\pi}{2}$
e) π

QUESTÕES DE VESTIBULARES

121. (E. Naval-RJ) Seja $y = y(x)$ uma função real que satisfaz à equação $8y - \left(\dfrac{x^6 + 2}{x^2}\right) = 0$, $x \in \mathbb{R}_-^*$. O valor de $\displaystyle\int x^2 \sqrt{1 + \left(\dfrac{dy}{dx}\right)^2}\, dx$ é:

a) $\dfrac{x^6}{12} + \dfrac{\ln|x|}{2} + c$
c) $-\dfrac{x^6}{12} - \ln|x| + c$
e) $\dfrac{x^4}{8} - \dfrac{x^{-2}}{4} + c$

b) $-\dfrac{x^4}{8} + \dfrac{x^{-2}}{4} + c$
d) $-\dfrac{x^6}{12} - \dfrac{\ln|x|}{2} + c$

122. (E. Naval-RJ) O valor de $\displaystyle\int 4 \operatorname{sen} 2x \cos^2 x\, dx$ é:

a) $-\dfrac{\cos 2x}{2} + \dfrac{\cos 4x}{4} + c$
d) $-\dfrac{3}{2}\cos 2x + c$

b) $-\cos 2x - \dfrac{\operatorname{sen}^2 2x}{2} + c$
e) $-\cos 2x - \dfrac{\cos^2 4x}{4} + c$

c) $-\dfrac{4\cos^3 x}{3} + c$

123. (E. Naval-RJ) Qual o valor de $\displaystyle\int (\operatorname{cossec} x \cdot \sec x)^{-2}\, dx$?

a) $\dfrac{1}{32}(4x - \operatorname{sen} 4x) + c$
d) $\dfrac{1}{16}(4x - \operatorname{sen} 4x) + c$

b) $\dfrac{\operatorname{sen}^5 x}{5} - \dfrac{\operatorname{sen}^3 x}{3} + c$
e) $\dfrac{1}{16}(4x + \operatorname{sen} 4x) + c$

c) $\dfrac{\operatorname{sen}^3 x \cdot \cos^3 x}{9} + c$

124. (Fuvest-SP) O valor de $\displaystyle\int_0^{\pi/2} 3(1 - \operatorname{sen} x)(x + \cos x)^2\, dx$ é:

a) $\dfrac{\pi^3}{8} - 2$
b) $\dfrac{\pi^3}{8} - 1$
c) $\dfrac{\pi^3}{8}$
d) $\dfrac{\pi^3}{8} + 1$
e) $\dfrac{\pi^3}{8} + 2$

125. (Fuvest-SP) O valor de $\displaystyle\int_0^{\sqrt{3}} 6x \operatorname{arctg} x\, dx$ é:

a) $2\sqrt{3}\pi$
c) $4\sqrt{3}\pi$
e) $4\pi - 3\sqrt{3}$

b) $2\pi - \sqrt{3}$
d) $3\pi - 2\sqrt{3}$

126. (Fuvest-SP) O valor de $\displaystyle\int_1^2 2x^3 e^{x^2}\, dx$ é:

a) $3e^2$
b) $3e^3$
c) $3e^4$
d) $4e^2$
e) $4e^4$

127. (Fuvest-SP) Seja $g(x) = \int_1^{2\,\text{sen}\,x} e^{t^2}\,dt$. Então, $g'(\pi)$ vale:

a) 2   b) 1   c) 0   d) −1   e) −2

128. (E. Naval-RJ) O cálculo de $\int \dfrac{e^{2x}}{1+e^{4x}}\,dx$ é igual a:

a) $\dfrac{\ln|1+e^{4x}|}{4} + c$

b) $2\,\text{arctg}\,e^{2x} + c$

c) $\dfrac{\text{arctg}\,e^{2x}}{4} + c$

d) $\dfrac{\ln|1+e^{4x}|}{4e^{2x}} + c$

e) $\dfrac{-\text{arccotg}\,e^{2x}}{2} + c$

129. (E. Naval-RJ) Sejam $f(x)\,\ln(\cos x)^2$, $0 \leq x < \dfrac{\pi}{2}$ e $F(x) = \int \left[(f'(x))^2 + \text{sen}^2\,2x\right]dx$. Se $F(0) = \dfrac{7\pi}{8} - 5$, então $\lim\limits_{x \to \frac{\pi}{4}} F(x)$ vale:

a) −2   b) −1   c) 0   d) 1   e) 2

130. (Fuvest-SP) Seja A a área da região delimitada pelos gráficos das funções $f(x) = kx^2$ e $g(x) = 1 - kx^2$, em que $k > 0$.

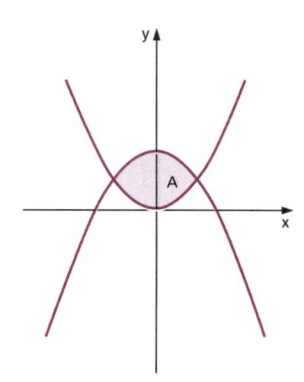

O valor de k para que A seja igual a 1 é

a) $\dfrac{4}{3}$ b) $\dfrac{9}{8}$ c) 1   d) $\dfrac{8}{9}$ e) $\dfrac{3}{4}$

131. (Fuvest-SP) Um sólido, que tem aspecto de uma forma de pudim, é obtido por rotação em torno do eixo Ox da região compreendida entre as retas $x = 0$, $x = 1$, $y = x + 3$ e $y = -x + 2$. Qual é o volume do sólido?

a) 8π b) 10π c) 12π d) 14π e) 16π

132. (Fuvest-SP) Na figura abaixo, estão representados a reta vertical $x = \frac{\pi}{2}$, a reta horizontal $y = L$ e o gráfico da função $f(x) = \cos x$, com $x \in \left[0, \frac{\pi}{2}\right]$.

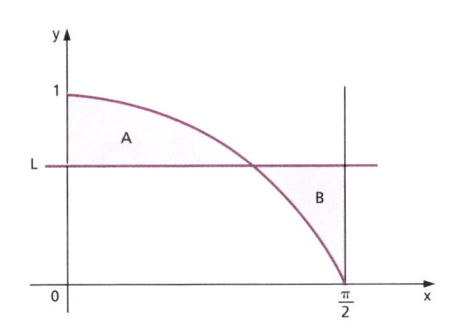

O valor de L para que as áreas das regiões A e B, indicadas na figura, sejam iguais é:

a) $\dfrac{1}{2\pi}$ b) $\dfrac{1}{\pi}$ c) $\dfrac{3}{2\pi}$ d) $\dfrac{2}{\pi}$ e) $\dfrac{5}{2\pi}$

Respostas das questões de vestibulares

1. e
2. a
3. d
4. d
5. d
6. e
7. c
8. b
9. e
10. b
11. d
12. a
13. d
14. d
15. a
16. V, F, V, F
17. V, F, V, V
18. c
19. d
20. e
21. a
22. e
23. d
24. e
25. a
26. c
27. a
28. b
29. c
30. a
31. c
32. d
33. d
34. c
35. a
36. d
37. a
38. c
39. c
40. d
41. d
42. d
43. a
44. c
45. c
46. d
47. a
48. c
49. d
50. e
51. d
52. e
53. d
54. b

RESPOSTAS DAS QUESTÕES DE VESTIBULARES

55. a
56. e
57. e
58. c
59. d
60. b
61. d
62. b
63. a
64. c
65. e
66. d
67. a
68. e
69. d
70. b
71. e
72. a
73. c
74. e
75. d
76. c
77. a
78. e
79. d
80. b
81. a
82. a
83. a
84. a
85. b
86. e
87. a
88. F, V, F, V
89. V, F, V, F
90. V, V, V, F
91. d
92. V, V, F, V
93. c
94. e
95. d
96. F, V, V, F
97. a
98. e
99. b
100. e
101. b
102. a
103. d
104. V, F, V, F
105. a
106. a
107. a
108. d
109. c
110. e
111. b
112. d
113. b
114. d
115. F, V, F, F
116. b
117. e
118. c
119. e
120. a
121. d
122. e
123. a
124. b
125. e
126. c
127. e
128. e
129. b
130. d
131. b
132. d

Significado das siglas de vestibulares

Cefet-MG — Centro Federal de Educação Tecnológica de Minas Gerais
Efomm-RJ — Escola de Formação de Oficiais da Marinha Mercante, Rio de Janeiro
E. Naval-RJ — Escola Naval do Rio de Janeiro
FCMSC-SP — Faculdade de Ciências Médicas da Santa Casa de São Paulo
FGV-RJ — Fundação Getúlio Vargas, Rio de Janeiro
FGV-SP — Fundação Getúlio Vargas, São Paulo
Fuvest-SP — Fundação para o Vestibular da Universidade de São Paulo
Puccamp-SP — Pontifícia Universidade Católica de Campinas, São Paulo
UC-MG — Universidade Católica de Minas Gerais
U.E. Londrina-PR — Universidade Estadual de Londrina, Paraná
U.E. Ponta Grossa-PR — Universidade Estadual de Ponta Grossa, Paraná
UF-AM — Universidade Federal do Amazonas
U.F. Juiz de Fora-MG — Universidade Federal de Juiz de Fora, Minas Gerais
UF-MG — Universidade Federal de Minas Gerais
UF-PA — Universidade Federal do Pará
UF-PI — Universidade Federal do Piauí
UF-PR — Universidade Federal do Paraná
U.F. Santa Maria-RS — Universidade Federal de Santa Maria, Rio Grande do Sul
U.F. Uberlândia-MG — Universidade Federal de Uberlândia, Minas Gerais
UnB-DF — Universidade de Brasília, Distrito Federal